Vojtech Kopecky
EMV, Blitz- und Überspannungsschutz von A–Z

de-FACHWISSEN
Die Fachbuchreihe für Elektro- und Gebäudetechniker
in Handwerk und Industrie

Vojtech Kopecky

EMV, Blitz- und Überspannungsschutz von A–Z

Sicher planen, prüfen und errichten

Hüthig & Pflaum Verlag · München/Heidelberg/Berlin

Produktbezeichnungen sowie Firmennamen und Firmenlogos werden in diesem Buch ohne Gewährleistung der freien Verwendbarkeit benutzt.
Von den in diesem Buch zitierten Normen, Vorschriften und Gesetzen haben stets nur die letzten Ausgaben verbindliche Gültigkeit.
Autor und Verlag haben alle Texte und Abbildungen sowie den Inhalt der CD-ROM mit großer Sorgfalt erarbeitet bzw. überprüft. Dennoch können Fehler nicht ausgeschlossen werden. Deshalb übernehmen weder Autor noch Verlag irgendwelche Garantien für die in diesem Buch gegebenen Informationen. In keinem Fall haften Autor oder Verlag für irgendwelche direkten oder indirekten Schäden, die aus der Anwendung dieser Informationen folgen.

Die Deutsche Bibliothek – CIP-Einheitsaufnahme

Kopecky, Vojtech;
EMV, Blitz- und Überspannungsschutz von A bis Z :
sicher planen, prüfen und errichten / Vojtech Kopecky.
– München ; Heidelberg ; Berlin : Hüthig und Pflaum, 2001
   (de-Fachwissen)
   ISBN 3-8101-0148-6

ISSN 1438-8707
ISBN 3-8101-0148-6

© 2001 Hüthig & Pflaum Verlag GmbH & Co. Fachliteratur GmbH KG, München/Heidelberg/Berlin
Printed in Germany
Titelbild, Layout, Satz, Herstellung: Schwesinger, galeo:design
Druck: Laub GmbH & Co., Elztal-Dallau

Vorwort

Dieses Buch soll allen Praktikern, angefangen von Gesellen und Meistern über Technikern, Planern, Ingenieuren und Architekten behilflich sein.

Bei Prüfungen, Abnahmen und Begutachtungen von Blitzschutzanlagen entdecke ich immer wieder Mängel, die in der handwerklichen Ausführung begründet sind oder auch aus Unkenntnis der Erfordernisse der elektromagnetischen Verträglichkeit entstanden sind. Fast alle diese Fehler könnten verhindert werden, wenn die entsprechenden Details der DIN-VDE-Normen bekannt wären und praktische Erfahrungen in irgendeiner Form weitervermittelt würden. Sehr oft werde ich nämlich bei Prüfungen gefragt: „Wo steht das geschrieben, dass es so oder so sein muss?".

Aus diesem Grund habe ich das vorliegende Buch geschrieben.

Es enthält alle wichtigen Begriffe, die im Zusammenhang mit Blitzschutzbau, Überspannungsschutz und EMV stehen. Aus EMV-Sicht habe ich mich aber nur auf bauliche Anlagen beschränkt, ansonsten würde der Rahmen dieses Buches gesprengt werden. Aus Platzgründen können leider nicht alle Begriffe gleichmäßig ausführlich beschrieben werden. Der Leser wird aber durch Verweise auf weitere Literatur oder Normen hingewiesen.

Das Buch beschreibt praktische Ausführungen sowie Erfahrungen auf dem Gebiet Blitz- und Überspannungsschutz. Es ersetzt aber keine Normen, sondern ist nur eine Ergänzung zur besseren Orientierung bei der Anwendung der Normen und eine Vermittlung von langjährigen Erfahrungen auf diesem Gebiet.

Dieses Buch bietet eine enorme Arbeitserleichterung. Nach Begriffen geordnet, findet der Fachmann rasch alle praktisch relevanten Forderungen, die notwendig sind, um Störungen zu vermeiden bzw. auf ein unbedenkliches Maß zu reduzieren. Zusätzlich zu den Normenaussagen liefern mehrere Stichwörter eine Fülle von Hinweisen und Erfahrungswerten für die Ausführung der Anlage.

Dem Fachmann werden zusätzlich praktische Werkzeuge für seine tägliche Arbeit zur Verfügung gestellt. Am Ende des Buches und auch auf der beiliegenden CD-ROM befindet sich beispielsweise ein von mir erarbeiteter Leitfaden zur Prüfung von Blitzschutzmaßnahmen in Form einer Checkliste. Auf der CD-ROM sind des Weiteren Programme der Blitzschutzmaterialhersteller zusammengestellt, die die Planung und Berechnung des Blitz- und Überspannungsschutzes wesentlich vereinfachen.

An dieser Stelle möchte ich mich bei Herrn Dipl.-Ing. *Klaus-Peter Müller* für seine umfassende Hilfe bei der Ausarbeitung dieses Buches sowie für die vielen Anregungen und Informationen aus seiner langjährigen Tätigkeit bei einem Blitzschutzmaterial-Hersteller bedanken. Bedanken möchte ich mich auch für die gute Zusammenarbeit mit Frau *Heidi Voigt* vom Schreibbüro *Eckhard Voigt*

Vorwort

sowie bei allen Firmen, die Bilder und Fotos für das Buch sowie Software für die beiliegende CD-ROM zur Verfügung gestellt haben. Sehr behilflich war mir auch Frau *Sabine Wendav* vom Hüthig & Pflaum Verlag bei der redaktionellen Bearbeitung des Manuskriptes.

Ergänzende Anregungen und Kritiken sowie Vorschläge für Verbesserungen und Änderungen sind jederzeit willkommen.

Vojtech Kopecky

Hinweise zur Arbeit mit dem Buch

Das vorliegende Buch soll den Praktiker schnell darüber informieren, wie die von ihm zu erledigenden Tätigkeiten richtig durchgeführt werden.

Unter jedem Stichwort ist die anzuwendende Norm zu finden, oft gleichzeitig mit der Benennung des Normenabschnittes, in dem der Leser den ausführlichen Normentext zum Stichwort nachschlagen kann. Zahlen in eckigen Klammern (z. B. [L1] oder [N1]) bedeuten Verweise auf Quellen, die unter dem Stichwort „Literatur" oder unter dem Stichwort „Normen" nachzulesen sind.

Innerhalb des laufenden Textes wird durch Pfeile (→) auf Begriffe hingewiesen, die ebenfalls als Stichwörter im Buch auftauchen und unter denen zusätzliche oder weitergehende Informationen nachgeschlagen werden können.

Durch kursiv geschriebene Texte sind Zitate aus DIN-Normen bzw. DIN-VDE-Normen oder anderen Vorschriften und Gesetzen gekennzeichnet.

Inhalt der CD-ROM
Auf der beiliegenden CD-ROM befinden sich über 1000 weitere Anwendungsbilder, Leistungsverzeichnistexte, Überspannungsschutzvorschläge, mehrere Programme der Blitzschutzmaterial-Hersteller und ein Leitfaden zur Prüfung von Blitz- und Überspannungsschutzmaßnahmen.

Die einzelnen Ordner auf der CD enthalten:

- ■ Prüfung
  - Prüfungsleitfaden für Blitz- und Überspannungsschutzmaßnahmen in Form einer Checkliste
- ■ DEHN
  - DEHNguide mit Anwendungsbildern verschiedener Schutzgeräte
  - Seminarunterlagen
  - Überspannungsschutzvorschläge
  - Professionelles CAD-System für den äußeren Blitzschutz (DEMO-Version)
- ■ OBO
  - Planungssoftware zum Erstellen von Überspannungsschutzkonzepten in TN-, TT- und IT-Netzsystemen
  - Produktübersichten, Schaltpläne, Stücklisten und technische Informationen zu den Produkten

Hinweise zur Arbeit mit dem Buch

- Phoenix
  - Planungssoftware für umfassendes Überspannungsschutzkonzept mit Überspannungsschutzgeräten der Firma PHOENIX CONTACT
  - Seminarunterlagen
- Pröbster
  - Software zur Blitzschutzklassenberechnung nach DIN V ENV 61024-1 (VDE V 0185 Teil 100): 1996-08, Anhang F; mit Speichermöglichkeit
  - Fotos mit Musterbeispielen isolierter Fangeinrichtungen

Modale Hilfsverben

Um eine gute Übereinstimmung der Texte in den Normen zu erreichen, ist es notwendig, den Begriffsinhalt, mit dem bestimmte Verben in Normen zu verwenden sind, genau zu definieren. Damit werden gleichbedeutende Aussagen in jeder Sprachversion eindeutig getroffen, so dass Missverständnisse und uneinheitliche Übersetzungen vermieden werden. Die folgenden Begriffsdefinitionen sind DIN 820-2 „Normungsarbeit; Teil 2: Gestaltung von Normen": 1996-9; entnommen.

Sie sollten vom Prüfer auch in Prüfberichten, Gutachten und ähnlichen Berichten verwendet werden, selbst wenn sich damit mitunter sehr monotone Texte mit vielen Wortwiederholungen ergeben. Nur so sind eindeutige Aussagen möglich.

Nach Abschnitt C.4 DIN 820-2 müssen bestimmte Verben vermieden werden. In diesem Buch werden sie nur dann verwendet, wenn es sich um ein Zitat oder eine frühere Norm handelt. Das ist z. B. das Verb „sollen", das in der Umgangssprache eine Bedeutung zwischen den Begriffen „müssen" und „sollten" hat.

In den Tabellen der DIN 820-2 werden die ausgewählten Verben mit gleichbedeutenden Ausdrücken verglichen (siehe folgende Tabelle).

Verb	Gleichbedeutende Ausdrücke
muss	ist zu ... Ist erforderlich ... Es ist erforderlich, dass ...
darf nicht	es ist nicht zulässig (erlaubt, gestattet) ...
darf keine	es ist unzulässig. ... (es ist nicht möglich) es ist nicht zu ... es hat nicht zu ...
sollte	ist nach Möglichkeit ... es wird empfohlen ist in der Regel ... ist im allgemeinen ...
sollte nicht	ist nach Möglichkeit nicht ... ist nicht zu empfehlen ... ist in der Regel nicht ist im allgemeinen nicht ist nur ausnahmsweise
darf	ist zugelassen (erlaubt, gestattet) ist zulässig ... auch ...
braucht nicht ... zu ...	muss nicht ist nicht nötig es ist nicht erforderlich keine ... nötig
kann	vermag (sich) eignen zu ... es ist möglich, dass ... lässt sich ... in der Lage (sein), zu ...
kann nicht	vermag nicht eignet sich nicht zu ... es ist nicht möglich, dass ... ... lässt sich nicht ...

Schnellübersicht:
Zu allen diesen Stichwörtern finden Sie Erläuterungen im Buch

ABB - Allgemeine Blitzschutz Bestimmungen
ABB - Ausschuss für Blitzschutz und Blitzforschung
Abdichtungsleisten
Ableiter
Ableiter-Bemessungsspannung U_C
Ableitung
Ableitungen aus der Sicht der handwerklichen Ausführung
Ableitungen und die Mindestmaße
Ablufthaube
Abnahmeprüfung
AC
Akzeptierte Einschlaghäufigkeit N_c
Alarmanlagen
Anerkannten Regeln der Technik
Anforderungsklassen
Anschlussfahne
Anschlussleiter
Anschlussstab
Ansprechwert und Ansprechspannung
Antennen
Äquivalente Erdungswiderstände
Äquivalente Fangfläche
Architekten
Attika
Aufzug
Ausblasöffnung
Ausbreitungswiderstand
Auskragenden Teile
Ausschmelzen von Blechen
Außenbeleuchtung
Äußere leitende Teile
Äußerer Blitzschutz
AVBEltV

Balkongeländer und Sonnenblenden
Banderder
Baubegleitende Prüfung
Bauordnungen
Bauteile
Begrenzung von Überspannung
Beleuchtungsreklamen
Bemessungsspannung
Berechnung der Erdungsanlage
Berufsgenossenschaften
Berührungsspannung
Beschichtung mit Farbe oder PVC
Beseitigen von Mängeln
Besichtigen bei Prüfung
Bestandschutz
Bestandteile, natürliche
Bewehrung
Bezugserde
BGB
BGV A 2
Bildtechnische Anlagen
Bildübertragungsanlagen
Blechdicke
Blechkante
Blechverbindungen
BLIDS
Blitzableiter
Blitzdichte
Blitzkugel
Blitzkugelverfahren
Blitzortungssystem
Blitzschutzzonenkonzept
Blitzstrom
Blitzstromableiter
Blitzprüfstrom
Blitzschutz
Blitzschutzanlage
Blitzschutzbauteile

Blitzschutzexperte
Blitzschutzfachkraft
Blitzschutzklasse
Blitzschutzmanagement
Blitzschutznormung
Blitzschutz-Potentialausgleich
  in explosionsgefährdeten
  Bereichen
Blitzschutz-Potentialausgleich
  in explosivstoffgefährdeten
  Bereichen
Blitzschutz-Potentialausgleich nach
  DIN 57185-1 (VDE 0185 Teil 1)
Blitzschutz-Potentialausgleich nach
  DIN V ENV 61024-1 (VDE V 0185
  Teil 100)
Blitzschutz-Potentialausgleich nach
  DIN VDE 0185-103 (VDE 0185
  Teil 103)
Blitz-Stoßstrom
Blitzschutzsystem, Blitzschutzanlage
  oder auch Blitzschutz (LPS)
Blitzstoßstromtragfähigkeit
  der Überspannungs-
  Schutzeinrichtungen
Blitz-Schutzzonen (LPZ)
Blitzstromdaten
Blitzstromkennwerte zu den
  Schutzklassen
Blitzstrom-Parameter
  des ersten Stoßstromes
Blitzstrom-Parameter
  des Folgestromes
Blitzstrom-Parameter
  des Langzeitstromes
Blitzstrom-Parameter und
  seine Definitionen
Blitzstromverteilung
Bodenwiderstände
BPA
Brandmeldeanlagen
Breitbandkabel
Brennbare Flüssigkeiten und
  explosionsgefährdete Bereiche
Brüstungskanäle
Bürgerliches Gesetzbuch

CE-Kennzeichen
CF

Dachaufbauten
Dachaufbauten auf dem Blechdach
Dachausbau mit Metallständern
Dachrinne
Dachrinnenheizung
Dachständer
Dachtrapezbleche
Dämpfung
Datenverarbeitungsanlagen
dB
DC
DEHNdist
Dehnungsstücke
DF
Dichte der Erdblitze
Differenzstrom-Überwachungs-
  geräte RCM
Direkt-/Naheinschlag
Distanzhalter (Isoliertraverse)
Doppelboden
Drahtverarbeiten
Dreieinhalb-Leiter-Kabeln
Durchgangsmessung
Durchhang der Blitzkugel
Durchschmelzungen
Durchverbundener
  Bewehrungsstahl

EDV Anlagen und Räume
Eigensichere Stromkreise in
  EX-Anlagen
Einbruchmeldeanlage (EMA)
Eingangsbereich der Gebäude
Einschlaghäufigkeit in die
  bauliche Anlage
Einschlagpunkt
Einzelerder
Elektrische Feldkopplung
Elektroinstallationen
Elektromagnetische Verträglichkeit
Elektrostatische Aufladung
Elektrotechnische Regeln
ELV
EMI

Stichwortübersicht

EMV
EMVG
EMV-Planung
EMV-Umgebungsklasse
Enddurchschlagstrecke
Endgerätesschutz
Energiewirtschaftsgesetz
Entfanbahre Wände
Entkopplung
Entkopplungsdrossel
Erdblitz
Erde
Erdeinführung
Erder
Erder-Reparatur
Erdertiefe
Erder-Werkstoffe
Erder, Typ A
Erder, Typ B
Erdfreier örtlicher Potentialausgleich
Erdungsanlage
Erdungsanlage – Berechnung
Erdungsanlage – Größe
Erdungsanlage – Prüfung
Erdungsanlage auf Felsen
Erdungsmessgerät
Erdungswiderstand
Errichter von Blitzschutzsystemen
ESD
ESE-Einrichtungen

Fangeinrichtung
Fangeinrichtung auf Isolierstützen
Fangspitzen
Fangstangen
FE
FELV
Fernmeldeanlagen
Fernmeldekabel
Fernschreibanlagen
Fernsehanlagen
Fernsprechanlagen
Fernwärmeleitung
Fernwirkanlagen
Filterung
FI-Schutzschaltung
Flussdiagram

Folgeschäden
Fourier-Analyse
Fundamenterder
Fundamenterder und
   die handwerkliche Verlegung
Fundamenterder und Normen
Fundamenterderfahnen

Galvanische Einkopplung
Gasleitungen
Gebäudebeschreibung und
   Planungsunterlagen
Gebäudeschirmung
Gefahrenmeldeanlagen
Gefährliche Funkenbildung
Gegensprechanlagen
geometrischen Anordnung
Gesamtableitstoßstrom
Gesamterdungswiderstand
Gesetz zur Beschleunigung
   fälliger Zahlungen
Getrennter äußerer Blitzschutz
Grafische Symbolen
Großtechnischen Anlagen
Grundwellen-Klirrfaktor THD

Halterabstand
Hauptpotentialausgleich
Hauptschutzleiter
Heizungsanlagen
HEMP
HF-Abschirmung
Hilfserder
HPA

IEC Normen
Induktive Einkopplung
Informationsanlagen
Informationstechnik
Innenliegende Rinnen
Innere Ableitung
Innerer Blitzschutz
Isolationskoordination
Isoliermaterial
Isolierte Blitzschutzanlage
Isolierung des Standortes
IT-System

Stichwortübersicht

Kabel
Kabelführung und Kabelverlegung
Kabelkategorien
Kabellänge in Abhängigkeit
 des Schirmes
Kabelrinnen und Kabelpritschen
Kabelschirm
Kabelschirmbehandlung
Kabelschirmung
Kabelstoßspannungsfestigkeit
Kabelverschraubungen (EMV)
Kehlblech
Kirche
Kläranlagen
Klassische Nullung
Klimaanlagen
Koeffizient
Kombiableiter
Kopplungen
Kopplungen bei Überspannungs-
 schutzgeräten
Korrosion
Korrosion der Metalle
Krankenhäuser und Kliniken
Kreuzerder

Landwirtschaftliche Anlagen
Lautsprecheranlagen
Leitungsschirmung
LEMP-Schutz-Management
Leuchtreklamen
Lichtwellenleiteranlagen
Literatur
Lötverbindung
LPS
Lüftungsanlagen

Magnetfelder
Magnetische Feldkopplung
Mangel
Mangel-Beseitigung
Maschenerder
Maschenförmige Potentialausgleich
Maschenverfahren
Maschenweite
Maximale Ableitstoßstrom I_{max}
Mehrdrahtiger Leiter (H07V-K)

Messen
Messgeräte und Prüfgeräte
Messstelle
Messungen – Erdungsanlage
Messungen – Potentialausgleich
Metalldach
Metalldachstuhl
Metallene Installationen
Metallfassade und Metalldach
Metallfolie
Metallschornstein
Mindestschirmquerschnitt
 für den Eigenschutz der Kabel
 und Leitungen.
Mittlerer Radius
Mobilfunkanlagen und Antennen
Moderne Nullung
Mülldeponie

Naheinschlag
Näherungen
Näherungen aus Sicht
 der Architekten
Näherungen aus Sicht
 der Blitzschutzexperten
Näherungsformel
Natürliche Erder
Natürliche Gebäudebestandteile
NEMP
Nennspannung
Nennstrom
Netzrückwirkungen
Netzsysteme
Neue Normen
Neutralleiter
Normen
Notstromaggregat
N-PE-Ableiter
Nulleiter
Nullung
Nutzungsänderung

Oberflächenerder
Oberschwingungen
Oberschwingungen und die
 zugehörigen Schutzmaßnahmen
Oberschwingungsspannungen

13

Stichwortübersicht

Oberschwingungsströme
Oberwellen-Klirrfaktor DF

PA
Parkhäuser
PAS
PE
PE-Leiter
PELV
PEN-Leiter
Photovoltaikanlage
Planer von Blitzschutzsystemen
Planungsprüfung
Potentialausgleich (PA)
Potentialausgleich Prüfung
Potentialausgleichsleiter
 – Querschnitte
Potentialausgleichsnetzwerk
Potentialausgleichsschiene (PAS)
Potentialsteuerung
Projektgruppe Überspannungsschutz
Prüfbericht
Prüfer
Prüffristen
Prüfklasse der SPD
Prüfturnus für Wiederholungs-
 prüfungen
Prüfung der Planung
Prüfung der technischen Unterlagen
Prüfungsleitfaden
Prüfungsmaßnahmen
Prüfungsmaßnahmen Besichtigen
Pylon

Querspannung

RAL 642
Raumschirm-Maßnahmen
RCD (Fi Schalter)
Rechtliche Bedeutung der
 DIN-VDE-Normen
Regeln der Technik
Regenfallrohre
Reusenschirme
Ringerder
Ringleiter
Rinnendehnungsausgleicher

Risikoabschätzung
Rückkühlgeräte
Rückwirkungen
Rufanlagen
Rundfunkanlagen

Sachverständiger
Schadenshäufigkeit
Schadensrisiko
Schadenswahrscheinlichkeit
Schaltüberspannungen
Scheitelfaktor (crest factor) CF
Scheitelwert (I)
Schirmanschlussklemmen
Schirmdämpfung
Schirmung
Schirmungsmaßnahmen
Schleifenbildung
Schnelle Nullung
Schornstein
Schrankenanlage
Schraubverbindung
Schritt- und Berührungsspannung
Schritt- und Berührungsspannung
 und die Schutzmaßnahmen
Schutzbedürftige bauliche Anlagen
Schutzbereich oder auch Schutzraum
Schutzerdung
Schutzfunkenstrecke
Schutzklasse
Schutzklasse Ermittlung
Schutzklasse und die Wirksamkeit
Schutzleiter
Schutzleitungssystem
Schutz-Management
Schutzpegel
Schutzraum
Schutzwinkel und Schutzwinkel-
 verfahren
Schweißverbindung
SELV
SEMP
SEP Prinzip
Sicherheitsabstand s
Sicherungen
Sicherungsanlagen
Sichtprüfung

Signalanlagen
Sinnbilder für Blitzschutzbauteile
Sondenmessung
Sonnenblenden
Spannungsfall
Spannungstrichter
Spannungswaage
SPD
Spezifischer Erdwiderstand
Spezifischer Oberflächenwiderstand
Staberder
Stahlbewehrung
Stand der Normung
Stand der Technik
Stand von Wissenschaft und Technik
Standortisolierung
Sternpunkt
Störgrößen
Störphänomene
Störsenke
Stoßerdungswiderstand
Stoßspannungsfestigkeit
Strahlenerder
Strahlenförmige Potentialausgleich
Suchanlagen
Summenstromableiter

TAB
Tankstellen
Technische Anschlussbedingungen
    (TAB)
Teilblitz
Teilblitzstrom
Telekommunikationsendeinrichtung
THD
Tiefenerder
TN-C-S-System
TN-C-System
TN-S-System
Tonanlagen
Traufenblech
Trennfunkenstrecken
Trennstelle
Trenntransformatoren
Trennungsabstand d
Tropfbleche
TT-System

Umgebungskoeffizient C_e
Unfallverhütungsvorschriften
Unterdachanlage
USV-Anlagen

Überbrückung
Überbrückungsbauteil
Überspannungen
Überspannungsableiter (SPD)
Überspannungsableiter (SPD)
    Kategorie C
Überspannungskategorien
Überspannungsschutz an Blitzschutz-
    zonen LPZ
Überspannungsschutz für die
    Informationstechnik
Überspannungsschutz für die
    Telekommunikationstechnik
Überspannungsschutz im IT-System
Überspannungsschutz im TN-C-,
    TN-C-S- und TN-S-System
Überspannungsschutz im TT-System
Überspannungsschutz nach RCDs
    (FI-Schalter)
Überspannungsschutz und die Praxis
Überspannungsschutz
    vor dem Zähler
Überspannungs-Schutzeinrichtungen
Übertragungseinrichtungen
Überwachungsanlagen
Überwachungskamera

V-Ausführung
VBG 4
VDE
Ventilableiter
Verbinder
Verbindungen
Verbindungsbauteil
Verdrillte Adern
Verkabelung und Leitungsführung
Vermaschte Erdungsanlage
Verteilungsnetzbetreiber (VNB)
Verträglichkeitspegel für
    Oberschwingungen
VOB
Vorschriften

Stichwortübersicht

Vorsicherungen

Wandanschlussprofil
Wasservorbereitungsanlage
Wechselanlagen
Weichdächer
Wenner Methode
Werkstoffe
Wiederholungsprüfung
Wirksamkeit eines Blitzschutz-
   systems (E)
Wolke-Wolke-Blitz

Zeitabstände zwischen den
   Wiederholungsprüfungen
Zeitdienstanlagen (elektrische)
Zündspannung
Zusatzprüfung
Zusatzspannung
Zwischentransformator

A

ABB - Allgemeine Blitzschutzbestimmungen. Die 8. Auflage des Buches „Blitzschutz und Allgemeine Blitzschutzbestimmungen" ist im Jahr 1968 von dem damaligen Ausschuss für Blitzableiterbau ABB herausgegeben worden.

Im November 1982 wurde es durch die DIN VDE 0185-1 (VDE 0185 Teil 1): 1982-11 Blitzschutzanlage, Allgemeines für das Errichten [N27] und Teil 2: Errichten besonderer Anlagen ersetzt [N28].

Bestehende Anlagen, die bis Oktober 1984 nach ABB gebaut wurden, dürfen noch heute nach ABB überprüft und müssen nicht an die neuen Normen angepasst werden, vorausgesetzt, dass die geschützten Gebäude und Einrichtungen außen und innen nicht verändert wurden.

Seit 1984 wurden fast alle Gebäude umgebaut oder mit besserer, somit aber auch auf Überspannung empfindlicher reagierender Technik ausgestattet. Allein aus diesem Grund ist die Alternative, die Anlagen nach ABB zu überprüfen, in der Regel heute nicht zulässig und die Gebäude müssen den heutigen Normen angepasst werden.

ABB-Ausschuss für Blitzschutz und Blitzforschung. Der Ausschuss Blitzschutz und Blitzforschung befasst sich mit dem Schutz von Menschen sowie von Gebäuden und deren technischen Einrichtungen bei Blitzeinwirkungen.

Die Einhaltung der Elektromagnetischen Verträglichkeit (EMV) hat aufgrund der Einhaltung eines wirksamen Blitzschutzes der immer empfindlicher werdenden Elektronik an Bedeutung gewonnen. Einen Schwerpunkt des ABB stellt neben dem inzwischen weitgehend standardisierten „klassischen" Personen- und Gebäudeblitzschutz der Schutz informationstechnischer Geräte, Systeme und komplexer Anlagen dar. Der ABB hat einen Förderkreis, dem Einzelpersonen, Firmen, Organisationen und Behörden beitreten können.

Anschrift: Ausschuss Blitzschutz und Blitzforschung (ABB) des VDE, Stresemannallee 15, 60596 Frankfurt am Main. Telefon: 069/6308235, Telefax: 069/6312925, Internet http://www.vde.com/abb, e-mail: ABB@VDE.com.

Abdichtungsleisten → Wandanschlussprofil

Ableiter → Überspannungsableiter (SPD). In der Umgangssprache (kein technischer Begriff) wird das Wort auch für → Ableitungen benutzt.

Ableiter-Bemessungsspannung U_C

Ableiter-Bemessungsspannung U_C (maximale zulässige Betriebsspannung) ist der Effektivwert der max. Spannung, die betriebsmäßig an die dafür gekennzeichneten Anschlussklemmen des Überspannungs-Schutzgerätes angelegt werden darf. Sie ist diejenige maximale Spannung, die am Ableiter im definierten, nicht leitenden Zustand liegt und nach seinem Ansprechen das Wiederherstellen dieses Zustandes sicherstellt.

Der Wert von U_C richtet sich nach der Nennspannung des zu schützenden Systems sowie den Vorgaben der Errichter-Bestimmungen (DIN V VDEV 0100-534 (VDE V 0100 Teil 534): 1999-4 [N11]) [L25].

Ableitung ist eine elektrisch leitende Verbindung zwischen der → Fangeinrichtung und der → Erde.

Die Ableitungen müssen nach DIN 57185-1 (VDE 0185 Teil 1): 1982-11 [N27], Abschnitt 5.2, so angeordnet werden, dass die Blitzenergie auf dem kürzesten Weg von der Fangeinrichtung zur → Erdungsanlage abgeleitet wird. Bezogen auf den Umfang der Dachaußenkanten ist jeweils im Abstand von 20 m eine Ableitung vorzusehen. Ergibt sich daraus eine ungerade Zahl, ist diese bei symmetrischen Gebäuden um eine Ableitung zu erhöhen. Bei Gebäuden mit einer Länge oder Breite bis 12 m darf eine ungerade Zahl um eine Ableitung vermindert werden. Die Ableitungen sollen möglichst an den Eck- und Knotenpunkten der vermaschten Fangeinrichtung installiert werden.

Bei baulichen Anlagen mit geschlossenen Innenhöfen sind ab 30 m Umfang des Innenhofes auch die Ableitungen in einem Abstand von 20 m zu installieren, mindestens jedoch zwei Ableitungen sind vorgeschrieben.

Bei baulichen Anlagen mit größeren Grundflächen als 40 m x 40 m dürfen auch → innere Ableitungen installiert werden, vorausgesetzt die innere technische Einrichtung wird nicht gefährdet. Überwiegend ist das jedoch nicht der Fall. Wenn ja, dann muss die Anzahl der äußeren Ableitungen erhöht werden, aber ihr Abstand braucht nicht kleiner als 10 m zu sein. Näheres → Innere Ableitungen.

Die mit Fangstangen geschützten Anlagen müssen über mindestens eine Ableitung je → Fangstange mit der Erdungsanlage verbunden werden.

Bei Gebäuden aus Mauerwerk oder Stahlbeton-Fertigteilen, die zu Krankenhäusern und Kliniken gehören, müssen Ableitungen nach DIN 57185-2 (VDE 0185 Teil 2): 1982-11 [N28], Absatz 4.6, alle 10 m Gebäudeumfang angebracht werden; sie müssen mindestens 0,5 m Abstand zu den Fensterkanten haben. Das gilt nicht für → Metallfassaden.

Freistehende Schornsteine, Kirchtürme und andere bauliche Anlagen bis zu 20 m Umfang und 20 m Höhe benötigen nur eine Ableitung. Bauwerke über 20 m müssen jedoch über zwei außen installierte Ableitungen verfügen ([N28], Absätze 4.1 und 4.2). Nach [N28], Absatz 4.2.2, darf im Inneren des Turmes keine Ableitung installiert werden. Nach [N28], Absatz 4.2.4, muss die → Blitzschutzanlage des Kirchenschiffs auf kürzestem Wege mit einer Ableitung des Turmes verbunden werden. Bei der Installation von Ableitungen an Kirchtürmen müssen → Näherungen vermieden werden. Es ist daher sorgfältig zu überlegen, wo diese montiert werden sollen. Im Notfall müssen durch Ableitungen gefährdete Installationen verlegt oder isoliert werden.

Ableitung

Die Abstände der Ableitungen und auch der → Ringleitungen untereinander sind nach der Vornorm DIN V ENV 61024-1 (VDE V 0185 Teil 100):1996-08 [N30], Tabelle 5, (**Tabelle A1**) abhängig von der → Blitzschutzklasse.

Blitzschutzklasse	Typische Abstände in m
I	10
II	15
III	20
IV	25

Tabelle A1 *Typische Abstände der Ableitungen und Ringleiter nach Blitzschutzklassen*
Quelle: DIN V ENV 61024-1 (VDE V 0185 Teil 100): 1996-08 [N30], Tabelle 5

Um das Auftreten von Schäden zu verringern, sind nach [N30], Absatz 2.2.1, die Ableitungen so installiert, dass vom Einschlagpunkt zur Erde
a) mehrere parallele Strompfade bestehen;
b) die Länge der Stromwege so kurz wie möglich gehalten wird;
c) Verbindungen zum → Potentialausgleich überall dort hergestellt werden, wo sie notwendig sind.

Die geometrische Anordnung der Ableitungen und → Ringleiter sowie die Verbindung der Ableitungen untereinander nahe der Erdoberfläche beeinflussen die → Sicherheitsabstände.

Anordnung der Ableitungen bei getrennten Blitzschutzsystemen
Wenn es sich um ein getrenntes Blitzschutzsystem handelt, kommen nach [N30], Absatz 2.2.2, folgende Ausführungen zur Anwendung:
a) Besteht die → Fangeinrichtung aus einer → Fangstange oder einem Mast, ist mindestens eine Ableitung erforderlich. Besteht die Fangeinrichtung aus mehreren nicht verbundenen Fangstangen oder Masten, dann ist für jede → Fangstange oder jeden Mast wenigstens eine Ableitung erforderlich. Wenn die Stahlmasten mit → durchverbundenem Bewehrungsstahl verbunden sind, benötigen sie keine zusätzlichen Ableitungen.
b) Besteht die Fangeinrichtung aus gespannten Drähten oder Seilen (oder einer Leitung), ist für jedes Leitungsende wenigstens eine Ableitung erforderlich.
c) Falls die Fangeinrichtung ein vermaschtes Leitungsnetz enthält, ist mindestens eine Ableitung je Mast notwendig. Bei der kombinierten Befestigung (keine Masten) des Leitungsnetzes sind aber zumindest zwei Ableitungen notwendig, die gleichmäßig auf den Umfang des zu schützenden Volumens verteilt sind.

Ableitung

Anordnung der Ableitungen bei nicht getrennten Blitzschutzsystemen ([N30], Absatz 2.2.3)

a) Besteht die Fangeinrichtung aus einer → Fangstange, ist mindestens eine Ableitung erforderlich. Besteht die → Fangeinrichtung aus mehreren nicht verbundenen Fangstangen, dann ist für jede Fangstange wenigstens eine Ableitung notwendig.
b) Besteht die Fangeinrichtung aus gespannten Drähten oder Seilen (oder einer Leitung), ist für jedes Leitungsende wenigstens eine Ableitung erforderlich.
c) Falls die Fangeinrichtung ein vermaschtes Leitungsnetz enthält, sind wenigstens zwei Ableitungen notwendig, die gleichmäßig auf den Umfang des zu schützenden Volumens verteilt sind.

Ableitungen aus der Sicht der handwerklichen Ausführung.

Die → Ableitungen sind gerade und senkrecht zu verlegen, sodass sie die kürzeste Verbindung zwischen der → Fangeinrichtung und der → Erdungsanlage darstellen. Nicht immer ist das einfach realisierbar. Zum Beispiel muss bei überhängendem Dach, oder bei anderen Ausbuchtungen die → Schleifenbildung vermieden werden, → **Bild A1**. Die „Eigennäherung" muss auch nach der → Näherungsformel beurteilt werden.

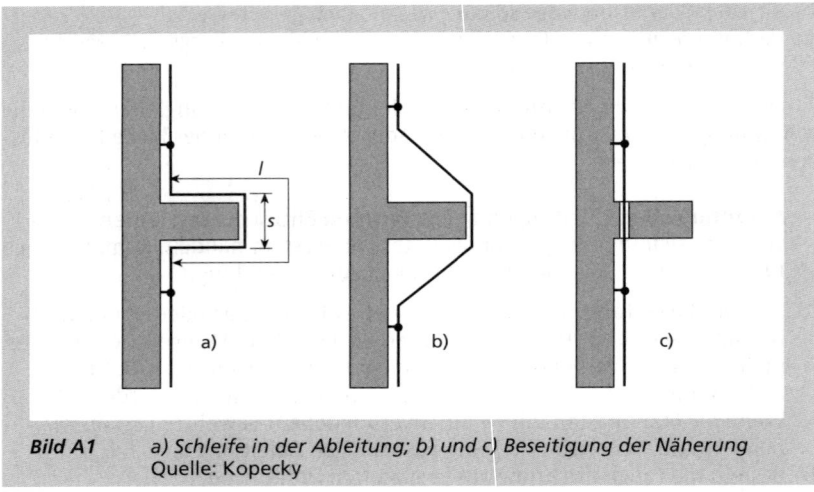

Bild A1 *a) Schleife in der Ableitung; b) und c) Beseitigung der Näherung*
Quelle: Kopecky

Die Ableitungen können direkt auf oder in Wänden installiert werden, wenn die Wände aus nicht brennbarem Material bestehen und das Ableitungsmaterial dies erlaubt. Nach DIN V ENV 61024-1 (VDE V 0185 Teil 100):1996-08 [N30], Nationaler Anhang NC (informativ), Absatz zu 2.5, darf Aluminium nicht unmittelbar (ohne Abstand) auf, im oder unter Putz, Mörtel oder Beton sowie nicht im Erdreich verlegt werden. Die Befestigung der Ableitungen hat nach der früheren DIN 48 803 im gleichmäßigen Abstand von 1,2 m und nach dem

→ RAL-Pflichtenheft [L14] im Abstand von 0,8 bis 1,0 m zu erfolgen. Die Abstände sind sowohl für die Befestigung auf → Regenfallrohren, aber auch für die Befestigung an der Wand gültig. Für eine ganz präzise Arbeit benutzt man einen Zollstock; der Monteur weiß aber auch, dass z. B. drei Bohrmaschinenlängen ohne Bohrer (vom Typ abhängig) genau einen Meter betragen. Die Befestigung wird auf einer vorher mit der Schlagschnur markierten Linie ausgeführt. Nicht immer ist die Benutzung der Schlagschnur machbar, z. B. bei heftigem Wind. Befindet sich die Installation in oder an einer Ecke, benutzt man den Abstand von der Ecke als Richtwert, vorausgesetzt die Wand ist lotrecht. Eine andere Alternative ist, die Ableitung zuerst oben zu befestigen. Monteure mit längeren Erfahrungen benutzen dann die Ableitung selbst als Lotstellen für die Befestigungen. Die Ableitungen sollten in einem Stück montiert werden, da jede Verbindungsstelle nach ein paar Jahren zur Problemstelle werden kann; vor allem auch deshalb, weil sie später schwer zugänglich ist. Aus Montagegründen kann aber z. B. bei einem Kirchturm die Ableitung nicht in der gesamten Länge installiert werden. Es empfiehlt sich hier daher die Installation der Verbindungsklemme in der Nähe einer leicht zugänglichen Stelle. Die Erfahrungen zeigen, dass die 4-Schrauben-Muffen nach mehreren Jahren erhöhte Durchgangswiderstände oder auch Unterbrechungen verursachen.

Nicht immer darf man nachträglich die äußeren Ableitungen z. B. über der Marmorfassade oder der Verklinkerung installieren. Auch hier schafft man Abhilfe, indem man die Ableitungen zwischen Marmorfassade und tragender Wand mit NYY 16 mm^2 installiert. Oben auf dem Dach und unten im Erdbereich ist der Hohlraum zugänglich. Vom Dach aus schiebt man die Installationsrohre durch den Hohlraum in Richtung Erde. Die einzelnen Rohre (3 m) müssen richtig miteinander verbunden werden, z. B. mit Isolierband. Die Verbindung der Rohre muss, wenn das Rohr auf einen Gegenstand stößt, teilweise zurückgezogen werden, und darf nicht hinter der Wand bleiben. Die in den Zwischenraum installierten Rohre benutzt man für die Anbringung der nachträglichen Ableitungen aus NYY 1 x 16 mm^2. Es gab schon Fälle, bei denen nachträgliche, nicht sichtbare Ableitungen bis zu 32 m Gebäudehöhe installiert wurden.

Ableitungen und ihre Mindestmaße → Tabelle W1 bei → Werkstoffe

Ablufthaube → Dachaufbauten

Abnahmeprüfung ist eine → Prüfung nach Fertigstellung der kontrollierten Anlage. Bei dieser Prüfung werden die Einhaltung der normgerechten Schutzkonzeption und die handwerkliche Ausführung kontrolliert. Die Kontrollen beinhalten alle unter dem Stichwort → „Prüfmaßnahmen" hier im Buch beschriebenen Aktivitäten. Alle diese Maßnahmen sind auch in DIN V VDEV 0185-110 (VDE 0185 Teil 110): 1997-01 [N39], Abschnitt 6, festgehalten.

AC [„engl." alternating current] Wechselstrom

Akzeptierte Einschlaghäufigkeit N_c

Akzeptierte Einschlaghäufigkeit N_c ist der Wert der vertretbaren jährlichen Anzahl von Blitzeinschlägen in eine bauliche Anlage, die Schäden verursachen können.

Die Ermittlung der akzeptierten Einschlaghäufigkeit N_c ergibt sich aus der Multiplikation folgender Komponenten:

$$N_c = A \cdot B \cdot C$$

N_c akzeptierte Einschlagshäufigkeit
A Komponente, mit der die Gebäudekonstruktion (Bauart, Material) berücksichtigt wird
B Komponente, mit der die Gebäudenutzung und der Gebäudeinhalt berücksichtigt werden
C Komponente, mit der die Folgeschäden berücksichtigt werden

Weiteres → Schutzklassen-Ermittlung, siehe auch Buch-CD-ROM/Pröbster/ Blitzschutzklassenberechnung

Alarmanlagen → Gefahrenmeldeanlagen, → Datenverarbeitungsanlagen.

Anerkannte Regeln der Technik. Dieser Begriff umfasst nach der Definition des Bundesverfassungsgerichtes alle technischen Festlegungen, die von einer Mehrheit repräsentativer Fachleute als Wiedergabe des → Standes der Technik angesehen werden, in Zusammenarbeit oder Konsensverfahren verabschiedet wurden und von den Praktikern allgemein angewendet werden (→ Tabelle S6).

Die Europäischen Normen EN und die DIN-VDE-Normen gelten als → anerkannte Regeln der Technik.

Anforderungsklassen der → Überspannungsschutzgeräte (SPDs) sind in der **Tabelle Ü1** unter dem Stichwort „Überspannungs-Schutzeinrichtungen" enthalten und werden in diesem Buch als Prüfklassen und Klassen bezeichnet.

Anschlussfahne → Erdeinführungen, → Fundamenterderfahnen

Anschlussleiter ist ein Leiter, der mit den Bewehrungsstäben im Stahlbeton eines Gebäudes verbunden und zum Anschluss des Potentialausgleichs innerhalb der baulichen Anlage bestimmt ist. Mit der Verbindung zur Bewehrung werden die eingeführten Ströme auf die Bewehrung verteilt.

Anschlussstab ist ein gewöhnlicher Stahlstab, der mit weiteren Bewehrungsstäben im Stahlbeton der baulichen Anlage verbunden ist. An den Anschlussstab können Anschlussstellen, Erdungsfestpunkte und Verbindungsleiter für den → äußeren und inneren Blitzschutz angeschweißt oder angeklemmt werden.

Ansprechwert und Ansprechspannung → Zündspannung

Antennen. Mit dem Begriff Antennen sind folgende Antennen aus DIN EN 50083-1 (VDE 0855 Teil 1):1994-03 [N60] und DIN 57855-2 (VDE 0855 Teil 2): 1975-11[N61] gemeint:

- Gemeinschaftsantennen-Anlagen (GA-Anlagen)
- Einzelempfangsantennen-Anlagen (EA-Anlagen).

Für Mobilfunkantennen gilt DIN VDE 855-300 (VDE 0855 Teil 300): 2000-04. Die o.g. Antennenanlagen müssen nach [N60], Abschnitt 10.1.1, mit den Gebäudeblitzschutzanlagen verbunden sein. Ebenso sind die Außenleiter aller Koaxialantennen-Niederführungskabel über einen Potentialausgleichsleiter mit einem Mindestquerschnitt von 4 mm^2 Kupfer mit dem Mast zu verbinden.

Bei Gebäuden ohne → Blitzschutzanlage [N60], Abschnitte 10.1.2 und 10.2, wird gefordert, dass Mast und Außenleiter der Koaxialkabel auf kürzestmöglichem Weg über Erdungsleiter mit der Erde verbunden werden. Nach [N60], Abschnitt 10.2.2, sind als → Erdungsanlagen für Antennen zulässig:

- → Fundamenterder,
- → Staberder von 2,5 m Länge,
- zwei horizontale Erder von mindestens 5 m Länge, die mindestens 0,5 m tief liegen und 1 m vom Fundament entfernt sind.

Der Erdungsleiter für die Erdung muss nach [N60], Abschnitt 10.2.3, aus Einzelmassivdraht mit einem Mindestquerschnitt von 16 mm^2 Kupfer, isoliert oder blank, oder aus 25 mm^2 Aluminium isoliert oder 50 mm^2 aus Stahl bestehen.

Diese Schutzmaßnahmen können in folgenden Fällen entfallen ([N60], Abschnitt 10):

- wenn die Außenantennen mit dem obersten Teil mehr als 2 m unterhalb der Dachkante und weniger als 1,5 m vom Gebäude entfernt installiert sind,
- bei Antennenanlagen, die sich innerhalb des Gebäudes befinden.

Gerade bei Installationen von Antennen gibt es häufig grobe Verstöße gegen gültige Normen, da sie sehr oft von Privatleuten angebracht und dann nur selten geerdet werden. Aber auch Fachbetriebe begehen diesen Fehler leider mitunter.

Die Norm [N60], Abschnitt 10, muss um die Gefahr der → Näherungen erweitert werden, da man Antennen oft unterhalb der Dachhaut unmittelbar in der Nähe von → Fangleitungen, an der Wand direkt neben → Ableitungen oder leitfähigen → Regenfallrohren findet. Auch in diesem Fall müssen die Antennen geerdet und mit den „benachbarten" Teilen aus Näherungsgründen verbunden werden.

Bei Antennen mit langen Masten darf man nicht vergessen, auch die Anker zu erden.

In [N62], Abschnitt 10, sowie Bilder 8 und 11, sind Beispiele der Blitz- und Überspannungsschutzmaßnahmen dargestellt; **Bild A2** zeigt eine entsprechende Alternative.

Äquivalente Erdungswiderstände

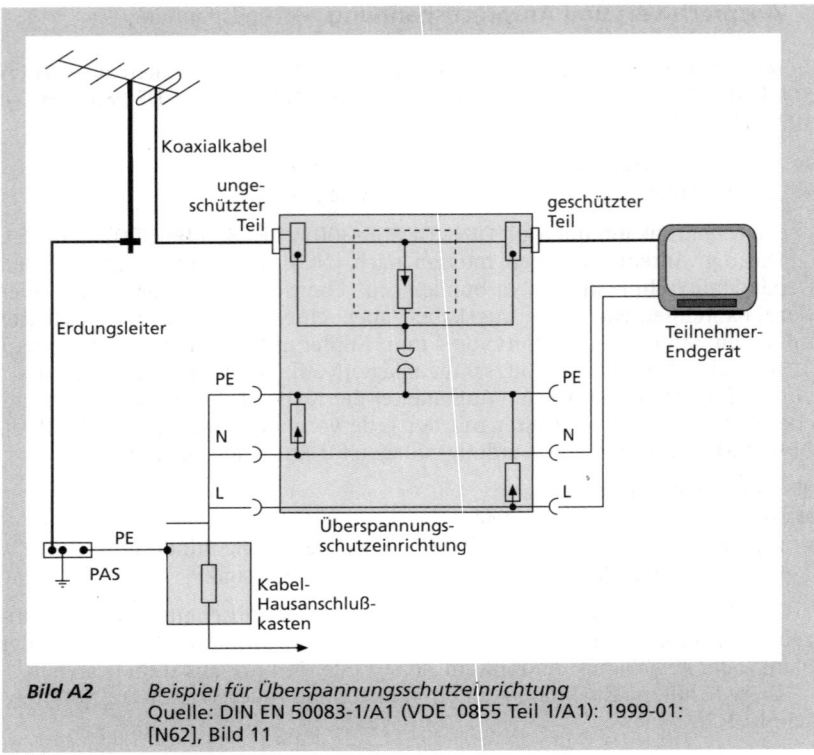

Bild A2 Beispiel für Überspannungsschutzeinrichtung
Quelle: DIN EN 50083-1/A1 (VDE 0855 Teil 1/A1): 1999-01:
[N62], Bild 11

Äquivalente Erdungswiderstände Z und Z_1 in Abhängigkeit des → spezifischen Bodenwiderstandes siehe **Tabelle A2**.

ρ in Ωm	Z_1 in Ω	Äquivalenter Erdungswiderstand Z in Ω für die Schutzklassen		
		I	II	III / IV
100	8	4	4	4
200	13	6	6	6
500	16	10	10	10
1000	22	10	15	20
2000	28	10	15	40
3000	35	10	15	60

Tabelle A2 Äquivalente Erdungswiderstände Z und Z1 in Abhängigkeit
des spezifischen Bodenwiderstandes.
Quelle: DIN V ENV 61024-1 (VDE V 0185 Teil 100):
1996-08 Anhang C (informativ) Tabelle C.1

Äquivalente Fangfläche einer freistehenden baulichen Anlage ist die Fläche, die ermittelt wird aus den Schnittlinien der Grundfläche und einer Geraden mit der Neigung 1 : 3, welche die Oberkanten der baulichen Anlage berührt und um diese rotiert. Die Berechnung der äquivalenten Fangfläche ist zum besseren Verständnis auf **Bild A3** dargestellt. Man geht davon aus, dass die berechnete äquivalente Fangfläche die gleiche jährliche Häufigkeit von Direkteinschlägen wie die bauliche Anlage hat, was auf die Ermittlung der Blitzschutzklasse Einfluss hat. Weiteres → Umgebungskoeffizient C_e und → Schutzklassen-Ermittlung sowie in DIN V ENV 61024-1 (VDE V 0185 Teil 100): 1996-08 [N30], Nationaler Anhang F.2.3.

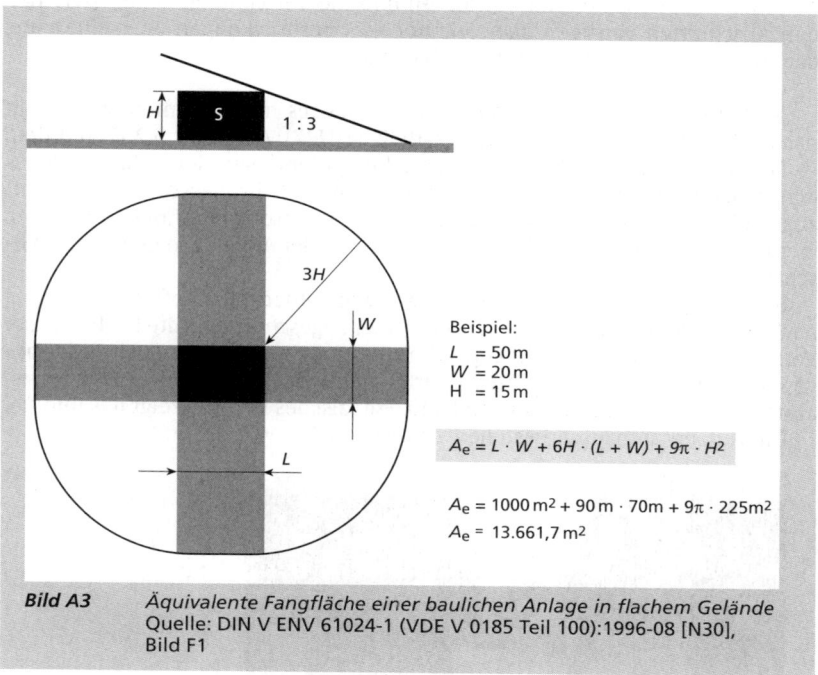

Bild A3 *Äquivalente Fangfläche einer baulichen Anlage in flachem Gelände*
Quelle: DIN V ENV 61024-1 (VDE V 0185 Teil 100):1996-08 [N30], Bild F1

Beispiel:
$L = 50\,m$
$W = 20\,m$
$H = 15\,m$

$$A_e = L \cdot W + 6H \cdot (L + W) + 9\pi \cdot H^2$$

$A_e = 1000\,m^2 + 90\,m \cdot 70\,m + 9\pi \cdot 225\,m^2$
$A_e = 13.661,7\,m^2$

Architekten und Ingenieurbüros sind dafür verantwortlich, schon in der Planungsphase zukünftige EMV- und Blitzschutzmaßnahmen richtig festzulegen. Die Planung der → EMV- und Blitzschutzmaßnahmen erfordert großes Spezialwissen und üblicherweise werden Architekten → Blitzschutzexperten mit diesen fundierten Kenntnissen beauftragen. Für einen fehlerfreien, technisch und wirtschaftlich optimierten Entwurf eines LEMP-Schutz-Systems wird ein LEMP-Schutz-Management benötigt. Der geplante LEMP-Schutz sollte gemeinsam mit dem Entwurf der → LPS durchgeführt werden.

Ohne Heranziehen eines → Blitzschutzexperten durch ein Architekten- oder Ingenieurbüro können bei einer nicht ausreichenden Kenntnis grobe Fehler verursacht werden, die dann nachträglich größere finanzielle Ausgaben erfordern.

Für Architekten- und Ingenieurbüros sind folgende Stichwörter in diesem Buch wichtig: → Unfallverhütungsvorschriften, → Ausbreitungswiderstand, → Erdungsanlagen, → Potentialausgleich,→ Eingangsbereiche,→ Schrittspannung, → Dachaufbauten, → Näherungen, → Netzsysteme und hauptsächlich das → LEMP-Schutz-Management.

Attika. Leitende Attiken sind → „natürliche" Bestandteile von Bauwerken und können als → Fangeinrichtungen verwendet werden, vorausgesetzt das Material entspricht den Mindestdicken und die Verbindungsstellen zwischen den Abschnitten verfügen über leitende → Überbrückungen oder eine gute, dauerhafte Verbindung. Weiteres → Blechkanten.

Aufzug. Die Führungsschienen eines Aufzuges müssen unten im Schacht nach DIN 57185-1 (VDE 0185 Teil 1): 1982-11[N27], Abschnitt 5.2.12, mit dem → Potentialausgleich (PA) oder → Blitzschutzpotentialausgleich (BPA) verbunden sein. Nach dem gleichen Abschnitt müssen die Führungsschienen von Aufzügen oben über bewegliche Leitungen mit dem Maschinenrahmen verbunden werden. In Abschnitt 6.1.1.1 ist die Einbeziehung der Aufzüge in den BPA vorgeschrieben.

Bei → Prüfungen der → Blitzschutzanlagen entdeckt man oft Verbindungen nach außen zum → äußeren Blitzschutz oder abgeschnittene alte Drähte dieser Verbindungen. Falls der Draht abgeschnitten ist, so muss dieser auch außen abgeschnitten werden, da es sonst weiterhin bei einem zu kleinen → Trennungsabstand zum Überschlag kommen kann. Ein falsches Beispiel zeigt das **Bild A4**.

Die Aufzugsaufbauten bestehen zumeist auch – wie der Aufzugsschacht –

Bild A4 *Es reicht nicht aus, nur die Funkenstrecke der ehemaligen Verbindung zum äußeren Blitzschutz zu demontieren. Auch die Verbindungsleitung muss demontiert werden, sonst kann es an der demontierten Stelle bei einem Blitzschlag zum Überschlag kommen.*
Foto: Kopecky

Auskragende Teile

aus Stahlbeton. Bei ordnungsgemäßer Ausführung sind dann die inneren Einrichtungen durch die → Näherungen nicht gefährdet.
In Aufzugsräumen hat man aber auch z.B. in unmittelbarer Nähe von Aufzugsmotoren leitfähige Entlüftungsrohre aus FeZn-Material entdeckt, die auf dem Dach direkt mit der → Fangeinrichtung verbunden waren. Das darf natürlich nicht sein!

Ausblasöffnung. → Blitzstromableiter (SPDs) Kategorie B mit ausblasbaren Funkenstrecken müssen laut Einbauanweisung der Hersteller so installiert werden, dass sich im Ausblasbereich der SPD keine spannungsführenden, blanken Teile befinden. Beim Ansprechen der SPD wird aus der Ausblasöffnung Feuer geblasen und die so ionisierte Luft kann einen Kurzschluss bei blanken spannungsführenden Teilen verursachen. Ältere Typen verfügen über einen Ausblasbereich nur nach unten; die später entwickelten Modelle besitzen einen Ausblasbereich in alle Richtungen, meistens bis 150 mm.

Ausbreitungswiderstand ist der Widerstand einer Erde zwischen dem → Erder und der → Bezugserde in stromlosem Zustand.

Auskragende Teile eines Gebäudes, z.B. → Eingangsbereiche der Gebäude, können bei einem Blitzschlag dort befindliche Personen gefährden, falls der → Sicherheitsabstand s zwischen den auskragenden Teilen und den dort stehenden Personen nicht eingehalten wird. **Bild A5** zeigt, dass die Höhe einer Person mit erhobener Hand 2,5 m beträgt. Der Elektroplaner muss jedoch zusätzlich berücksichtigen, dass z.B. bei einer Sporthalle, in der auch Basketballspieler sind, für die Berechnung größere Personen angenommen werden müssen. Der Sicherheitsabstand wird wie nachfolgend berechnet.

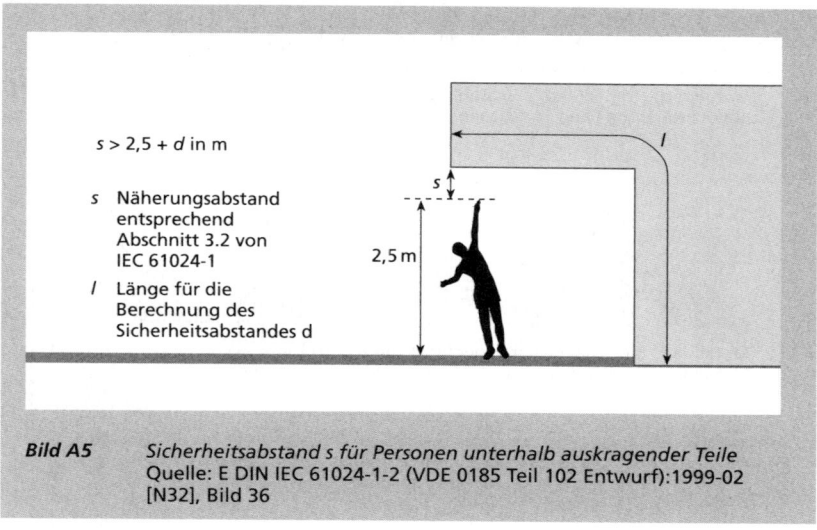

Bild A5 *Sicherheitsabstand s für Personen unterhalb auskragender Teile
Quelle: E DIN IEC 61024-1-2 (VDE 0185 Teil 102 Entwurf):1999-02
[N32], Bild 36*

Ausschmelzen von Blechen

Ausschmelzen von Blechen. Hinsichtlich der Nutzung der → „natürlichen" Bestandteile der → Blitzschutzanlage befand sich in der alten Norm [N27] [N28] kein Hinweis auf mögliche Ausschmelzungen des benutzten Materials. DIN V ENV 61024-1 (VDE V 0185 Teil 100):1996-08 [N30], Abschnitt 2.1.3 und Tabelle 4, wie auch → RAL-Pflichtenheft [L14] legen jedoch Mindestdicke von Metallblechen und Metallrohren in → Fangeinrichtungen ohne Gefahr der Ausschmelzungsdurchdringung fest (**Tabelle A3**).

Blitzschutzklasse	Material	Dicke t in mm
I bis IV	Fe	4
	Cu	5
	Al	7

Tabelle A3   *Mindestdicke von Metallblechen und Metallrohren in Fangeinrichtungen*
Anmerkung: Andere Materialien sind in Bearbeitung
Quelle: DIN V ENV 61024-1 (VDE V 0185 Teil 100): 1996-08 [N30], Abschnitt 2.1.3 und Tabelle 4

Diese Mindestdicken sind notwendig, wenn Durchschmelzungen, unzulässige Erhitzung am Einschlagpunkt oder Entzündung von brennbarem Material unter der Verkleidung nicht erlaubt sind (**Bild A6**, [N28], Abschnitt 2.1.3).

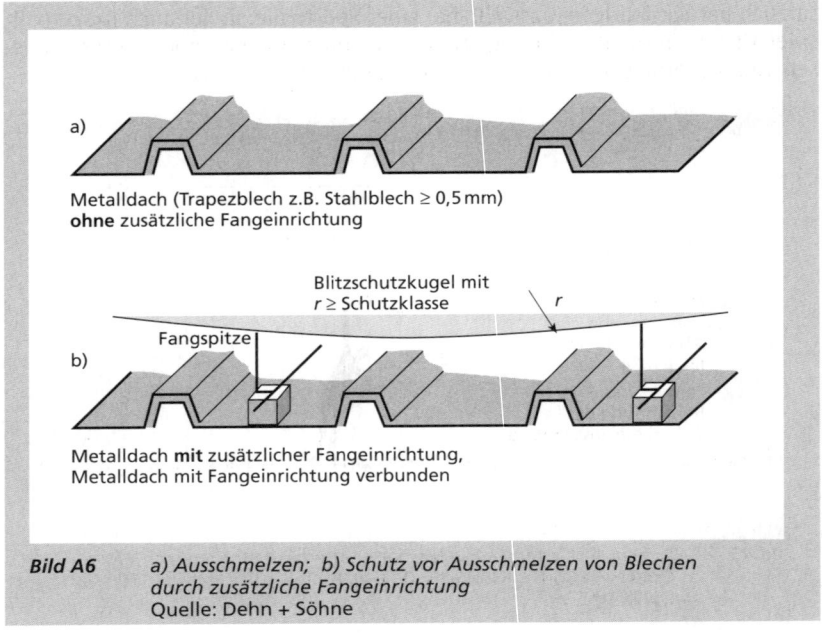

Bild A6   *a) Ausschmelzen; b) Schutz vor Ausschmelzen von Blechen durch zusätzliche Fangeinrichtung*
Quelle: Dehn + Söhne

Wenn dies nicht der Fall ist, betragen die Mindestmaße:

- 0,5 mm für verzinkten Stahl
- 0,4 mm für nicht rostenden Stahl
- 0,3 mm für Kupfer
- 0,7 mm für Aluminium und Zink
- 2,0 mm für Blei.

Der Errichter der Blitzschutzanlage ist verpflichtet, auf die Gefahr der Ausschmelzungen bei einem Blitzschlag hinzuweisen.

Außenbeleuchtung. Vielleicht ist es die Außenbeleuchtung außerhalb einer geschützten Anlage selbst nicht wert geschützt zu werden, jedoch kann deren Verkabelung die Blitz- oder Überspannungsenergie in die geschützte Anlage in umgekehrter Stromrichtung verschleppen. Aus diesem Grund müssen die Austrittsstelle wie auch die Eintrittsstelle in den → Blitzschutzpotentialausgleich mittels Blitz- und Überspannungsschutzgeräten einbezogen werden.

Äußere leitende Teile sind alle leitenden Teile, die in geschützte bauliche Anlagen eingeführt werden oder diese verlassen. Das können z.B. Rohrleitungen, Metallkanäle, → Kabelschirme, leitfähige Konstruktionen und andere Einrichtungen sein, die einen → Teilblitz führen können.

Äußerer Blitzschutz besteht aus → Fangeinrichtung, → Ableitungseinrichtung und → Erdungsanlage ([N30], Abschnitt 1.2.22).

AVBEltV. Alle Stromabnehmer, die Tarifkunden der Elektrizitätsversorgung, sind nach den allgemeinen Bedingungen der Elektrizitätsversorgung für Tarifkunden AVBEltV vom 21.6.1979 (BGBl. I R 684) verpflichtet, eine eigene Anlage nur nach den → anerkannten Regeln der Technik zu errichten, zu erweitern, zu ändern und zu unterhalten.

B

Balkongeländer und Sonnenblenden unterhalb 20 Meter Gebäudehöhe müssen mit den → Ableitungen der → Äußeren Blitzschutzanlage nicht verbunden werden, wenn sie im → Schutzbereich sind und einen größeren Abstand als den → Sicherheitsabstand s von den Ableitungen oder anderen leitfähigen Teilen haben, die mit der → Fangeinrichtung verbunden sind.

Wenn das nicht der Fall ist, müssen sie mit den Ableitungen oder anderen leitfähigen Teilen verbunden werden.

Der vorhandene Abstand ist nach der → Näherungsformel zu beurteilen. Bei Geländern und Sonnenblenden muss die Verbindung zwischen metallenem Geländer, Sonnenblenden und → Ableitungen bei allen → Näherungen durchgeführt werden! Nach DIN 57185-1 (VDE 0185 Teil 1): 1982-11 [N27], Abschnitt 5.1.1.14, müssen bei Gebäuden über 30 m Höhe zum Schutz gegen seitliche Einschläge waagerechte Fangleitungen (→ Ringleiter) in Abständen von nicht mehr als 20 m vorhanden sein. Die Balkongeländer müssen dann in dieses Fangsystem einbezogen werden, auch wenn sie nicht in der Nähe von Ableitungen sind. Nach DIN V ENV 61024-1 (VDE V 0185 Teil 100):1996-08 [N30], Tabelle 5, beträgt der Abstand der Ringleiter (alternativ Balkongeländer als Ringleiter) bei der → Blitzschutzklasse I 10 m, Klasse II 15 m, Klasse III 20 m und Klasse IV 25 m.

Banderder → Oberflächenerder

Baubegleitende Prüfung. Mit dieser → Prüfung nach DIN V VDE V 0185-110 (VDE 0185 Teil 110): 1997-01 [N39], Abschnitt 3.2, werden die Teile des → Blitzschutzsystems, die später nicht mehr zugänglich sind, kontrolliert. Dabei handelt es sich hauptsächlich um die Kontrolle der → Fundamenterder, Bewehrungsanschlüsse, → Erdungsanlage und → Schirmungsmaßnahmen. Es ist zu empfehlen, diese Teile, die später nicht oder nur mit großem finanziellen Aufwand erkennbar sind, mit Fotos zu dokumentieren.

Zur Prüfung gehören auch die Durchsicht der technischen Unterlagen auf Vollständigkeit und Übereinstimmung mit den Normen sowie die Besichtigung der Anlage.

Die baubegleitende Prüfung kann auch für die Überspannungsschutzmaßnahmen empfohlen werden, weil damit erfahrungsgemäß Fehler verhindert werden können.

Bauordnungen → Schutzbedürftige bauliche Anlagen

Bauteile. Für Blitzschutzbauteile gelten z. Z. DIN 48 801 bis DIN 48 852 [N20]. Im April 2000 ist die DIN EN 50164-1 (VDE 0185 Teil 201): 2000-04 [N40] erschienen, die endgültig ab 01.08.2002 die o. g. „alten" Normen ersetzt. Eine Neuheit für die Fachleute ist die Kennzeichnung der Blitzstromtragfähigkeit auf den Bauteilen mit den Buchstaben „H" und „N". Der Buchstabe „H" gilt für hohe Belastung (I_{max} =100 kA) und „N" für normale Belastung (I_{max} = 50 kA). Für Blitzschutzanlagenplaner, -bauer und -prüfer bedeutet das, dass die Verbindungsbauteile in Abhängigkeit von der → Blitzschutzklasse ausgewählt werden müssen. Zu empfehlen wäre jedoch, immer die Bauteile der Klasse H zu verwenden. Ansonsten müssen bei nachträglicher Benutzungsänderung der baulichen Anlage und Änderung der Blitzschutzklasse von z. B. III in Blitzschutzklasse I die Klemmen von „N" auf „H" gewechselt werden.

Begrenzung von Überspannungen wird mittels Überspannungsschutzgeräten durchgeführt. Die Überspannungsschutzgeräte beherrschen nur Überspannungen, aber keine erheblichen Blitzströme.

Beleuchtungsreklamen → Leuchtreklamen

Bemessungsspannung U_c → Ableiter-Bemessungsspannung U_C

Berechnung der Erdungsanlage → Erder Typ A, → Erder Typ B und → Erdungsanlage Größe

Berufsgenossenschaften. Die Berufsgenossenschaften mit ihren eigenen Vorschriften schreiben vor, wie oft das → Blitzschutzsystem überprüft werden muss und auch, wer die Bestandteile des Blitzschutzsystems herstellen darf. Die Berufsgenossenschaften vollziehen gegenwärtig eine Neuordnung ihres Vorschriften- und Regelwerkes. Ziel dieser Maßnahme ist unter anderem, die Anzahl der Vorschriften zu verringern und ihre Transparenz zu erhöhen. Folge und Ausdruck dieser Neuordnung sind eine völlig neue Nummerierung und Gliederung des Vorschriften- und Regelwerkes [L2].

Aus dem Grund sind in diesem Buch die → Unfallverhütungsvorschriften unter eigenem Stichwort und der bisherige Begriff VBG-4 unter dem neuen Begriff → BGV A 2 nachzulesen.

Berührungsspannung → Schritt- und Berührungsspannung

Beschichtung mit Farbe oder PVC. Dünne Beschichtungen mit Farbe, 0,5 mm PVC und 1,0 mm Bitumen sind nach DIN V ENV 61024-1 (VDE V 0185 Teil 100):1996-08 [N30], Abschnitt 2.1.3, Anmerkung 1, nicht als Isolierung zu betrachten.

Beseitigen von Mängeln → Mängelbeseitigung

Besichtigen bei Prüfung → Prüfungsmaßnahmen – Besichtigen

Bestandsschutz

Bestandsschutz. Wenn einmal eine normgerechte Anlage vorhanden ist, die Errichtung mängelfrei überprüft und abgenommen wurde, so muss sie später nicht nach neuen Normen geändert werden, wenn das nicht in der neuen Norm ausdrücklich gefordert wird. Wenn aber, wie auch schon unter dem Stichwort → „ABB-Allgemeine Blitzschutzbestimmungen" beschrieben, eine bauliche Anlage mit neuen eintretenden Kabeln, neuen → Dachaufbauten, anderen baulichen Änderungen oder neuen auf Überspannung empfindlicher reagierenden Einrichtungen ausgerüstet wird, müssen die Installationen des Blitz- und Überspannungsschutzes den aktuellen Normen angepasst werden.

Bestandteile. Natürliche Bestandteile des Blitzschutzsystems können alle Teile der baulichen Anlage sein, die ausreichende Querschnitte und blitzstromtragfähige Verbindungen haben.

Bewehrung → Stahlbewehrung

Bezugserde ist der Teil der Erde, der sich außerhalb des Einflussbereiches eines Erders oder einer → Erdungsanlage ohne Spannungsunterschied zwischen zwei beliebigen Punkten befindet.
Der Begriff Bezugserde wird u.a. bei Messungen der Erdungsanlage gebraucht, auch wenn es sich nicht um eine echte Bezugserde handelt. Mit dem Begriff Bezugserde sind vom Prüfer z.B. der → PE-Leiter (Schutzleiter), die Wasserleitung usw. gemeint.

BGB → Bürgerliches Gesetzbuch (BGB)

BGV A 2. Unfallverhütungsvorschriften für Elektrische Anlagen und Betriebsmittel werden unter dem Stichwort → „Unfallverhütungsvorschriften" teilweise beschrieben.

Bildtechnische Anlagen → Datenverarbeitungsanlagen

Bildübertragungsanlagen → Datenverarbeitungsanlagen

Blechdicke → Ausschmelzen von Blechen

Blechkante kann ein natürlicher Bestandteil der → Fangeinrichtung sein. Siehe Stichworte → Beschichtung mit Farbe oder PVC, → Ausschmelzen von Blechen und → Überbrückungen.

Blechverbindungen müssen nach DIN 57185-1 (VDE 0185 Teil 1): 1982-11 [N27], Abschnitt 4.2.3, an Blechen mit weniger als 2 mm Dicke mit Hilfe von Gegenplatten mit mindestens 10 cm^2 Fläche und mit zwei Schrauben mindestens M8 hergestellt werden. Bei Blechen, die nur einseitig zugänglich sind, sind die Bleche mit mindestens 2 mm Dicke nach [N27], Abschnitt 4.2.4, mittels 5 Blindnieten von 3,5 mm Durchmesser oder 4 Blindnieten von 5 mm Durchmesser bzw. zwei Blechtreibschrauben von 6,3 mm oder 2 Schrauben M6, alles aus nichtrostendem Stahl, zu verbinden. Bei den → Prüfungen werden sehr oft lockere Blechtreibschrauben gefunden, weil der Monteur bei der Installation ein zu starkes Drehmoment benutzt hat.

Nach DIN V ENV 61024-1 (VDE V 0185 Teil 100):1996-08 [N30], Abschnitt 2.2.5, ist eine elektrische Verbindung zweier Fassadenelemente in senkrechter Richtung gegeben, wenn die Überlappungsfläche 100 cm² übersteigt und der Abstand nicht größer als 1 mm ist.

BLIDS → Blitzortungssystem

Blitzableiter. Unter dem Begriff Blitzableiter werden in der Umgangssprache sehr oft die → Blitzschutzanlage oder die → Ableitungen verstanden. Mit diesem Begriff werden zwar auch in neuen Normen, wie in DIN VDE 0100-444 (VDE 0100 Teil 444): 1999-10 [N10], Bild 5, noch Ableitungen bezeichnet, trotzdem ist es aber kein exakter technischer Begriff.

Blitzdichte. Zahl der Erdblitze pro km² und Jahr. Die Zahl der Blitze wird durch Messungen, z. B. mit Hilfe eines → Blitzortungssystems, registriert. Wenn die Blitzdichte der Erdblitze N_g nicht zur Verfügung steht, kann man sie wie folgt berechnen:

$N_g = 0{,}04 \, T_g^{1{,}25}$ je km² und Jahr

T_g = Anzahl der Gewittertage je Jahr,
    entnommen aus Karten des Isokeraunischen Pegels

Die folgende Tabelle zeigt an Hand von Beispielen N_g als Funktion von T_g:

T_d in a⁻¹	5	10	15	20	25	30	35	40	45
N_g in km⁻²a⁻¹	0,3	0,7	1,2	1,7	2,2	2,8	3,4	4,0	4,7

Tabelle B1 Dichte der Erdblitze
Quelle: DIN V ENV 61024-1 (VDE V 0185 Teil 100):1996-08 [N30], Anhang F (normativ) Abschnitt F.2.2

Blitzkugel ist ein Begriff in den neuen Normen und hat nichts mit dem so genannten Kugelblitz zu tun. Näheres → Blitzkugelverfahren.

Blitzkugelverfahren ist nach DIN V ENV 61024-1 (VDE V 0185 Teil 100): 1996-08 [N30], Abschnitt 2.1.2, ein neues Verfahren zur Festlegung der Anordnung und der Lage der → Fangeinrichtung.

Wie im **Bild B1** zu sehen ist, müssen alle Punkte und Kanten, die die Blitzkugel berühren, eine Fangeinrichtung haben. Der Radius der Blitzkugel ist von der → Blitzschutzklasse abhängig (siehe **Tabellen B2** und **S1**). Alle so berührten Teile und Flächen sind mögliche Einschlagpunkte und sollten durch eine natürliche Fangeinrichtung oder durch eine zusätzlich zu installierende

Blitzortungssystem BLIDS

Fangeinrichtung geschützt werden. Nicht nur die waagerechten, sondern auch die senkrechten Flächen aus nicht leitfähigem Material sollten mit einem Maschennetz – abhängig von der Blitzschutzklasse – geschützt werden (→ Maschenverfahren und → Maschenweite).

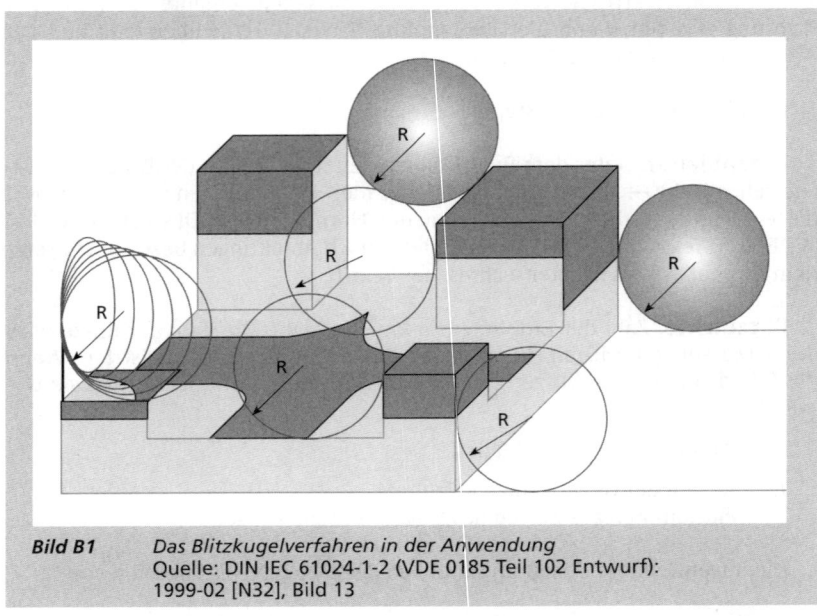

Bild B1 Das Blitzkugelverfahren in der Anwendung
Quelle: DIN IEC 61024-1-2 (VDE 0185 Teil 102 Entwurf): 1999-02 [N32], Bild 13

Blitzschutzklasse	Radius der Blitzkugel R in m
I	20
II	30
III	45
IV	60

Tabelle B2 Radius der Blitzkugel R in m in Abhängigkeit von der Blitzschutzklasse
Quelle: DIN V ENV 61024-1 (VDE V 0185 Teil 100): 1996-08 [N30], Tabelle 3

Blitzortungssystem BLIDS ist ein **BL**itz**I**nformations**D**ienst von **S**iemens.

Die Blitzortung basiert auf dem TOA (time-of-arrival)-Prinzip. Ein durch Blitzentladung erzeugtes elektromagnetisches Feld breitet sich wellenförmig in alle Richtungen mit Lichtgeschwindigkeit aus. Die vierzehn Messstationen, die in Deutschland verteilt sind, registrieren den Zeitpunkt des Eintreffens der elektromagnetischen Welle beim Empfänger.

Blitzschutzzonenkonzept

Die ermittelten Daten werden in der BLIDS-Zentrale archiviert und innerhalb der Dienstleistungen als spezielle Auswertungen, Statistiken und Einzelnachweise angeboten.

Bei Bedarf informiert Sie die BLIDS-Zentrale per Telefon, Fax oder Pager über das Herannahen eines Gewitters.

Blitzschutzzonenkonzept gehört seit der Gültigkeit der DIN VDE 0185-103 (VDE 0185 Teil 103): 1997-09 [N33], seit 1. September 1997, zu den → Anerkannten Regeln der Technik. Die bauliche Anlage wird dabei in → Blitz-Schutzzonen eingeteilt. Die Schutzzonen werden üblicherweise durch die Armierungen, Wände, Böden und Decken, → Schirme des Gebäudes bzw. einzelne Räume (innerhalb der Räume auch weitere Schirme oder → Doppelböden möglich) sowie durch Verteiler, Rangierschränke oder Geräte gebildet. Die günstigste Lösung für die Bildung von Schutzzonen ist die Verwendung von metallenen Strukturen (Schirm). Aber ein Blitzschutzzonenkonzept lässt sich auch nachträglich in einer baulichen Anlage ohne Armierung realisieren. Die nicht bewehrten Wände können von außen mit → Blechfassaden verkleidet oder auch innen geschirmt werden.

Das Prinzip des Blitzschutzzonenkonzeptes ist die deutliche Reduzierung der feld- und leitungsgebundenen Blitzstörgrößen von außen nach innen. Je größer die Ordnungszahlen der Zonen in Richtung Anlageninneres, desto deutlicher wird die Reduzierung der feld- und leitungsgebundenen Blitzstörgrößen.

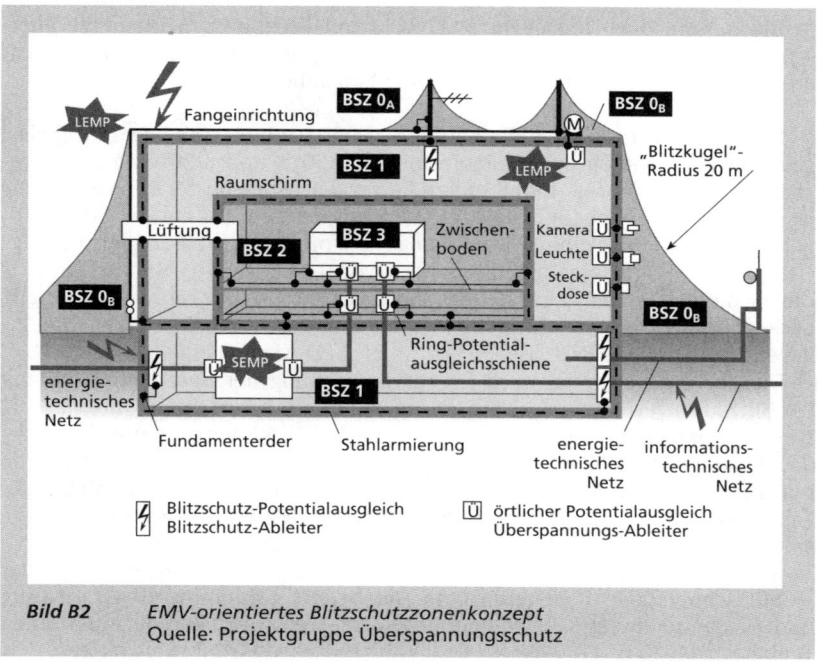

Bild B2 EMV-orientiertes Blitzschutzzonenkonzept
Quelle: Projektgruppe Überspannungsschutz

Blitzstrom

Im **Bild B2** sind als Beispiel drei Blitzschutzzonen angegeben, bei Bedarf sind aber weitere Zonen realisierbar.
Die Schirmungsmaßnahmen gewährleisten nur die → Dämpfung der magnetischen und elektromagnetischen Felder. Die leitungsgebundenen Blitzstörgrößen werden bei jeder „Schnittstelle", am Eintritt in die neue Blitz-Schutzzone mittels Blitz- oder Überspannungsableiter und → Potentialausgleichsmaßnahmen, Zone für Zone auf unbedenkliche Pegel reduziert.
Das Blitzschutzzonenkonzept ist nur mit einem → Potentialausgleichsnetzwerk gut realisierbar. Dies muss bei allen „Durchgängen" durch die Blitz-Schutzzonen mit den Einrichtungen, Leitungen, Schirmen und SPDs verbunden werden.

Blitzstrom → Blitzstoßstrom

Blitzstromableiter ist ein Ableiter, ein → Überspannungsschutzgerät (SPD) der Kategorie B zum Zweck des → Blitzschutz-Potentialausgleiches. Er ist am Übergang der → Blitz-Schutzzone $0_A/1$ zu installieren. Der Blitzstromableiter ist mit der Wellenform des Prüfstroms 10/350 μs geprüft. Er muss in der Lage sein, mehrere Blitzströme zerstörungsfrei abzuleiten und den zu erwartenden netzfrequenten Folgestrom (Kurzschlussstrom) in der Energietechnik selbst zu unterbrechen, oder die vorgeschalteten Überstrom-Schutz-Einrichtungen müssen den Folgestrom abschalten. Weiteres siehe Stichwörter mit → Überspannungsschutz.
Die diesem Buch beiliegende CD-ROM mit Programmen mehrerer Blitzschutzmaterial-Hersteller bietet u. a. auch eine große Auswahl von Blitzstromableitern inklusive technischer Daten und Einbauhinweisen.

Blitzprüfstrom. Die → Blitz- und → Überspannungsschutzgeräte (SPDs) sind mit Prüfströmen der Wellenformen 10/350 μs und 8/20 μs mit entsprechender Ladung geprüft. **Bild B3** zeigt die Vergleichstabelle der Blitzströme. Sie ist für Planer und auch für Installateure wichtig. Es kann z. B. aus der Tabelle abgelesen werden, dass eine SPD der Kategorie C mit 10 kA 8/20 μs „gleichwertig" ist mit einer SPD mit einem Blitzprüfstrom von 0,4 kA 10/35 μs. Bei älteren SPDs, die noch nicht die Markierung B (10/350 μs) oder C (8/20 μs) aufweisen, ist z. B. der → Blitzstromableiter B mit der SPD der Kategorie C gleichzusetzen. Die Angaben 10/350 μs und 8/20 μs sind jetzt in die SPD-Klassen eingegliedert.
Dieser Vergleich muss auch für die Beurteilung der Blitzstromaufteilung (→ Blitzstromverteilung) bei Kabeln mit mehreren Adern durchführt werden, weil die Berechnung hier mit Blitzströmen 10/350 vorgenommen wurde. Schutzgeräte für Telekom-Einrichtungen gibt es aber u. a. auch für Ströme von nur 8/20. Planer, Monteure und zum Schluss auch Prüfer müssen anhand der Tabelle beurteilen, ob die installierten SPDs mit den Werten 8/20 in der Lage sind, die Teilblitzströme der Blitzstromaufteilung zerstörungsfrei abzuleiten.
Beispiel: Eine MSR-/Fernmeldeleitung wird in eine bauliche Anlage der → Blitzschutzklasse I eingeführt, in die bereits Gasleitung, Wasserleitung und Niederspannungskabel hineinführen. Die Fernmeldeleitung muss einen Teilblitzstrom 25 kA (100 kA : 4 = 25 kA (10/350)) zerstörungsfrei ableiten.

Blitzschutzexperte

Die Fernmeldeleitung mit 100 DA (Doppeladern) hat 50 DA in Betrieb, die weiteren Adern sind als Reserven nicht angeschlossen.

Die 50 DA sind in der LSA-Plus-Leiste mit steckbaren Überspannungsableitern geschützt. Der Nennableitstoßstrom je Einzelader beträgt 5 kA (8/20). Das bedeutet: 50 DA = 100 EA x 5 kA = 500 kA (8/20) aller Adern.

Abgeleitet aus dem Bild B3 ist ein Strom 500 kA (8/20) gleichwertig mit einem Strom 20 kA (10/350) (Verhältnis 1:25).

Das bedeutet, die steckbaren → Überspannungsableiter haben ein geringeres Ableitvermögen als der oben angegebene → Teilblitz in Höhe von 25 kA.

Die Beispielzahlen sind absichtlich so gewählt, damit man sieht, dass auch bei einer größeren Anzahl steckbarer Schutzgeräte in LSA-Plus-Leisten noch kein zerstörungsfreier Schutz gewährleistet sein muss. Als teure Nachbesserung in diesem Fall könnte man leistungsfähigere SPDs installieren, eine größere Anzahl DA mit den gleichen Schutzgeräten schützen oder – die günstigste und sowieso vorgeschriebene Maßnahme – die Reserven erden. Die geerdeten Reserven werden dann als geschützte Adern berechnet und dies bedeutet in unserem Beispielfall, dass, wenn die Reserven geerdet werden, auch die Überspannungsschutzmaßnahme ausreichend ist.

Achtung! Dieser Beispielfall ist nur für Blitzschutzklasse I und für vier eintretende Installationen gültig. Bei den anderen Blitzschutzklassen und einer anderen Anzahl eintretender Installationen werden andere Ergebnisse entstehen.

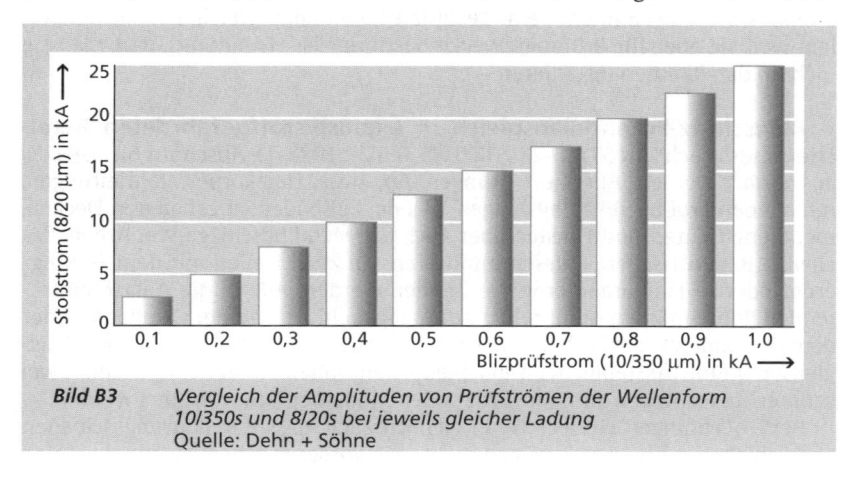

Bild B3   Vergleich der Amplituden von Prüfströmen der Wellenform 10/350s und 8/20s bei jeweils gleicher Ladung
Quelle: Dehn + Söhne

Blitzschutz → Blitzschutzsystem

Blitzschutzanlage → Blitzschutzsystem

Blitzschutzbauteile → Bauteile

Blitzschutzexperte ist eine → Blitzschutzfachkraft mit fundierter Kenntnis der EMV.

Blitzschutzfachkraft

Blitzschutzfachkraft ist nach DIN IEC 61024-1-2 (VDE 0185 Teil 102 Entwurf): 1999-02 [N32] ein Blitzschutzingenieur, Blitzschutzplaner, Blitzschutzerrichter oder eine kompetente Fachkraft mit Qualifikation. Dabei handelt es sich um Revisionsingenieure, behördlich anerkannte Prüfsachverständige, öffentlich bestellte und vereidigte → Sachverständige oder sachkundige Prüftechniker des Fachbereichs Elektrotechnik oder um von unabhängigen Prüforganisationen und Prüfinstituten geschulte Prüfer.

Blitzschutzklasse → Schutzklasse

Blitzschutzmanagement → LEMP-Schutz-Management

Blitzschutznormung → Stand der Normung

Blitzschutz-Potentialausgleich in explosionsgefährdeten Bereichen muss nach DIN 57185-2 (VDE 0185 Teil 2): 1982-11, Abschnitt 6.2.1.6, [N28] ausgeführt werden. Blitzschutz-Potentialausgleich für elektrische und elektronische Einrichtungen in explosionsgefährdeten Bereichen ist nur mittels → Überspannungsschutzgeräten (SPDs) für die eigensicheren Stromkreise möglich. Bei den Installationen findet man z. B. auch → Potentialausgleichsschienen in den Ex-Räumen, die dort jedoch nicht – ebenso wie die Rohrschellen nicht – erlaubt sind. Man kann zwar eine geeignete Potentialausgleichsschiene herstellen, weil sie aber für Prüfungszwecke bestimmt ist (Trennung), darf man sie nicht in den Räumen installieren.

Blitzschutz-Potentialausgleich in explosivstoffgefährdeten Bereichen muss nach DIN 57185-2 (VDE 0185 Teil 2): 1982-11, Abschnitt 6.3.5, [N28] ausgeführt werden. Alle Einrichtungen, Apparate, Heizkörper, Rohrleitungen, metallenen großen Teile, leitfähigen Wände, Fußböden, abgehängten Decken, metallenen Türen und Fenster, aber auch die Metallbeschläge von Arbeitsflächen, z. B. von Tischen, müssen mindestens an zwei Stellen mit dem → Ringerder oder → Fundamenterder verbunden werden. Alle in die Anlage eintretenden Rohre müssen unmittelbar am Anlageneintritt mit dem Ringerder oder dem Fundamenterder verbunden werden. Bei dem → Blitzschutz-Potentialausgleich der Eintrittsstellen in unterschiedlichen Höhen müssen mindestens zwei senkrechte Leitungen zum Ringerder oder Fundamenterder geführt werden.

Bei → Prüfungen entdeckt man vielfach auch, dass z. B. Führungsschienen von Schiebetüren nur einmal und nicht, wie vorgeschrieben, zweimal an eine Verbindungsleitung angeschlossen sind. Die Anschlüsse müssen sowohl oben als auch unten durchgeführt werden.

Gerade bei den Anschlüssen findet der Prüfer zumeist Fehler. Die Schraubenverbindungen sind nicht gegen Selbstlockerung mit Zahnscheiben, Federscheiben oder anderen geeigneten Scheiben abgesichert. Die Rohranschlüsse sind oft mit normalen Rohrschellen angeschlossen, was auch nicht erlaubt ist. Nach DIN 57185-2 (VDE 0185 Teil 2): 1982-11, Abschnitt 6.2.1.6, [N28] dürfen nur die Rohrschellen benutzt werden, die durch Prüfungen die

Blitzschutz-Potentialausgleich

Zündfunkenfreiheit bei Blitzströmen nachweisen können. Bei Herausgabe des Buches waren keine Rohrschellen auf dem Markt, die die Prüfung bestanden haben. Einzige Alternative in explosivstoffgefährdeten Bereichen ist die Realisierung von Anschlüssen an Rohrleitungen mit Hilfe angeschweißter Fahnen, mit Hilfe von Bolzen oder mit Hilfe von Schrauben, die über Gewindebohrungen in den Flanschen aufgenommen werden.

Blitzschutz-Potentialausgleich nach DIN 57185-1 (VDE 0185 Teil 1): 1982-11 [N27]. Grundlage für den Blitzschutz-Potentialausgleich ist ein → Hauptpotentialausgleich, der nach DIN VDE 0100-410 (VDE 0100 Teil 410): 1997-01, Abschnitt 413.1.2.1, [N2] durchgeführt werden muss. Nach selbiger Norm erläutert im nationalen Vorwort, muss zwischen der → Blitzschutzanlage eines Gebäudes und der elektrischen Anlage ein → Potentialausgleich durchgeführt werden. Nach DIN 57185-1 (VDE 0185 Teil 1): 1982-11 [N27], Abschnitt 6.1, muss der → Blitzschutz-Potentialausgleich im Kellergeschoss oder etwa in Höhe der Geländeoberfläche durchgeführt werden. Bei Bauwerken über 30 m Höhe muss, beginnend ab 30 m Höhe, alle 20 m Höhenzunahme ein weiterer Blitzschutz-Potentialausgleich installiert werden.

Blitzschutz-Potentialausgleich nach DIN V ENV 61024-1 (VDE V 0185 Teil 100): 1996-08 [N30]. Der Blitzschutz-Potentialausgleich (BPA) der „neuen Normen" wird hauptsächlich unter dem Stichwort Blitzschutz-Potentialausgleich im VDE 0185/T103 [N33] beschrieben. Folgende Ergänzungen zu den oben unter VDE 0185/T100 gemachten Ausführungen sollten beachtet werden:

- Der BPA muss im Kellergeschoss oder etwa auf Erdniveau installiert werden. Die → Potentialausgleichsschiene muss für Inspektionszwecke leicht zugänglich sein.
- Weiter muss der BPA an Näherungsstellen angeschlossen werden, wenn der notwendige → Sicherheitsabstand nicht eingehalten wird. Die Potentialausgleichsverbindungen werden dort installiert, wo → Näherungen entstanden sind bzw. dort, wo sich die → Ringleiter der → Ableitungen befinden. Damit sind die besten Voraussetzungen gegeben, den gewünschten Schutz zu erreichen.
- Nach [N30], Abschnitt 3.1.2b, ist der BPA im Fall eines getrennten → äußeren Blitzschutzes oder im Fall eines geschirmten Gebäudes (z. B. Stahlbauten mit durchverbundenem Bewehrungsstahl oder Stahlskelettbauten) nur auf Erdbodenniveau auszuführen.
- Der BPA (**Bild B4**) für äußere leitende Teile muss nach Möglichkeit in der baulichen Anlage in der Nähe der Eintrittsstelle durchgeführt werden. Die Potentialausgleichsleitungen müssen den durchfließenden Teil des Blitzstromes ohne Beschädigung führen können ([N30], Abschnitt 3.1.3).
- [N30], Anhang C, sagt aus: „Der Anteil l_f des Blitzstromes auf jedem äußeren leitenden Teil und jeder Leitung hängt ab von deren Anzahl, deren äquivalentem Erdungswiderstand und dem äquivalenten Erdungswiderstand der Erdungsanlage".

Blitzschutz-Potentialausgleich

$$I_f = \frac{Z \cdot I}{n_1 \cdot Z \cdot Z_1}$$

Z äquivalenter Erdungswiderstand der → Erdungsanlage
Z_1 äquivalenter Erdungswiderstand der äußeren leitenden Teile oder der Leitungen (Z und Z_1 siehe Tabelle A2 beim Stichwort → Äquivalente Erdungswiderstände Z und Z_1 in Abhängigkeit des → spezifischen Bodenwiderstandes)
n_1 Gesamtanzahl der äußeren leitenden Teile und der Leitungen
I Blitzstrom entsprechend der Schutzklasse (siehe Tabelle B6 unter → Blitzstromkennwerte zu den Schutzklassen)

Wenn elektrische oder informationstechnische Leitungen nicht geschirmt sind, dann fließt über die aktiven Leiter ein höherer Teilblitzstrom als in
geschirmten Leitungen. Zu seiner Ableitung müssen → Blitzstromableiter an der Eintrittsstelle eingebaut werden. In → TN-Systemen können die → PE- oder → PEN-Leiter direkt mit dem Potentialausgleich verbunden werden.

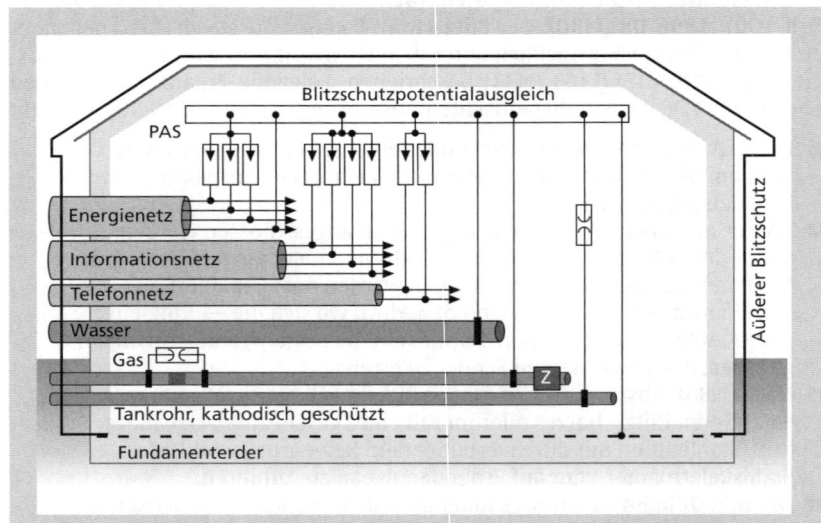

Bild B4   Blitzschutz-Potentialausgleich für „eingeführte" Leitungen. Der gleiche Blitzschutz-Potentialausgleich muss auch für die „ausgeführten" Leitungen, z.B. zur Versorgung von Außenbeleuchtungen, Schrankenanlagen und anderen Einspeisungen installiert werden. Wenn die „eingeführten" und „ausgeführten" Leitungen an mehreren Stellen vorhanden sind, müssen auch mehrere Potentialausgleichsschienen angebracht werden, die miteinander verbunden sein müssen.
Quelle : Projektgruppe Überspannungsschutz

Blitzschutz-Potentialausgleich

- Nach [N30], Abschnitt 3.1.4, ist ein Potentialausgleich für Leiter nicht notwendig, wenn die Leiter der elektrischen Energie- und Informationstechnik geschirmt oder in metallenen Rohren verlegt sind.
  Das gilt aber nur, wenn die Querschnitte dieser → Schirme nicht kleiner als der Wert A sind, was unter dem Stichwort → „Mindestschirmquerschnitt" für den Eigenschutz der Kabel und Leitungen beschrieben ist.
- Nach [N30], Abschnitt 3.1.5, sind noch die zulässigen Temperaturerhöhungen der Isolierung von eingeführten Leitungen der elektrischen Energie- und Informationstechnik zu kontrollieren. Eine unzulässige Temperaturerhöhung kann auftreten, wenn der Blitzstrom in den Leitungen größer ist als:

  $I_t = 8 \cdot A$ für geschirmte Leitungen oder
  $I_t = 8n' \cdot A'$ für nicht geschirmte Leitungen

  I_t Blitzteilstrom auf dem Schirm in kA
  n' Anzahl der Leiter
  A   Querschnitt des Schirmes in mm^2
  A' Querschnitt jedes Leiters in mm^2

- Anders gesagt:
  a) Wenn die eingeführten Kabel ausreichend große → Schirme haben, sind die Schirme direkt und die aktiven Leiter – nur wenn notwendig – zur Begrenzung der Spannung über → Überspannungsableiter mit dem → Blitzschutz-Potentialausgleich (BPA) zu verbinden.
  b) Sind die Schirme nicht ausreichend oder die Leitungen nicht geschirmt, müssen die Schirme direkt und die aktiven Leiter über die → Blitzstromableiter mit dem BPA verbunden werden ([N30], Nationaler Anhang NC, Abschnitt zu 3.1.5).

Blitzschutz-Potentialausgleich nach DIN VDE 0185-103 (VDE 0185 Teil 103): 1997-09 [N33]. Der Schwerpunkt beim Schutz gegen elektromagnetischen Blitzimpuls nach DIN VDE 0185-103 (VDE 0185 Teil 103): 1997-09 [N33], Abschnitt 3.4, ist der → Potentialausgleich. In der Norm wird der Begriff → Blitzschutz-Potentialausgleich nicht benutzt, sondern nur der Begriff Potentialausgleich. Die Anforderungen an den Potentialausgleich sind gestiegen. Der Potentialausgleich muss an allen → Blitz-Schutzzonen LPZ installiert werden. Die → Potentialausgleichsschienen PAS müssen möglichst kurz mit einem → Ringerder, einer → Bewehrung oder → Metallfassaden, falls vorhanden, verbunden werden. Besteht nur eine Verbindung mit dem → Einzelerder, so muss die PAS mittels eines inneren Ringleiters oder eines Teilringleiters mit den weiteren → Erden verbunden werden (**Bild B5**). Alle Metallteile und -systeme, die die → LPZ kreuzen oder sich innerhalb der Zone befinden, müssen mit der PAS an der entsprechenden Zone verbunden werden. Alle metallenen Installationen werden mittels Potentialausgleichsleitern direkt und die spannungsführenden Adern der elektrischen Leitungen mittels SPDs (Störschutzgeräten, Ableiter) mit der PAS verbunden. Ein Beispiel zeigt das **Bild B6**.

41

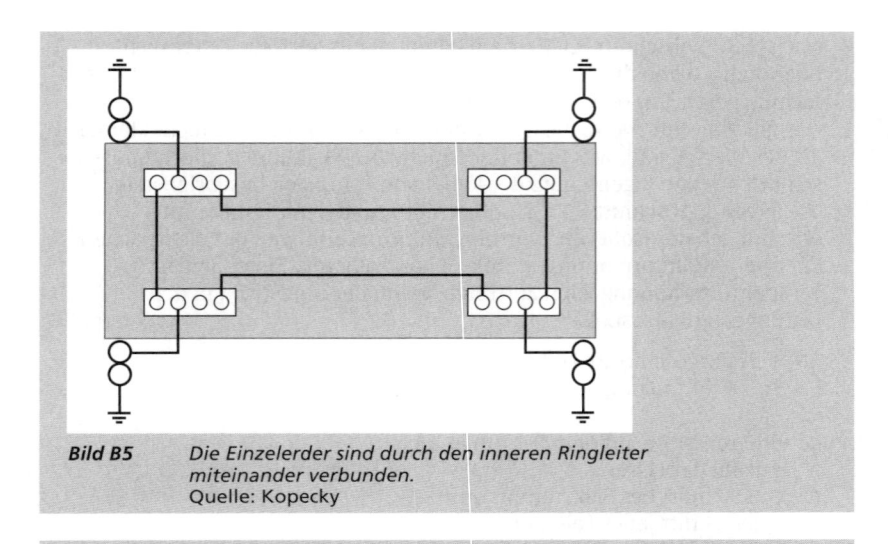

Blitzschutz-Potentialausgleich

Bild B5 *Die Einzelerder sind durch den inneren Ringleiter miteinander verbunden.*
Quelle: Kopecky

Bild B6 Alle ins Gebäude eintretenden und austretenden Kabel der Energieversorgung und der Informationstechnik sind hier in dem Beispiel erst nach unten geführt und dann über SPDs, Anforderungsklasse „B", Entkopplungsspulen und SPDs, Anforderungsklasse „C", zum Elektrohauptverteiler weitergeführt. Die SPDs sind geerdet an Erdungsfestpunkten unterhalb der Gehäuse.
Die abgeleitete Energie muss immer in eine andere Richtung als die geschützte Seite fließen. In dem fotografierten Beispiel bildet die Außenwand die Grenze zur LPZ 0/1 und die Kabelbühne oberhalb der SPD bildet die Grenze zur LPZ 1/2.
Foto: Kopecky

Mit anderen Worten heißt das, dass ohne Ausnahme alle äußeren leitenden Teile, die in die bauliche Anlage hineinführen, an jeder → LPZ mit der → PAS verbunden werden müssen. Kabel wie NYCY, NYCWY (Kabel mit konzentrischen Leitern) oder ähnliche Kabel der Energieversorgung sowie die metallischen Umhüllungen der Fernmeldekabel und Leitungen müssen in den

Blitzschutz-Potentialausgleich

→ Potentialausgleich einbezogen werden. Die richtige Anschlussart der Schirme ist unter dem Stichwort → „Schirmung" beschrieben. Der → PE-Leiter muss mit der PAS an allen LPZs verbunden werden. Der → PEN-Leiter darf nur an die LPZ $0_A/1$ oder an LPZ $0_B/1$ angeschlossen werden, da weiter ins Gebäudeinnere nur das TN-S-System eingeführt werden sollte (siehe → TN-C-System).

Spannungsführende Kabel, ob Energieversorgung oder Kabel der Informationstechnik, sind mittels SPD der Anforderungsklasse „B" mit der PAS an der LPZ $0_A/1$ anzuschließen. An LPZ $0_B/1$ und weiterer LPZs 1/2 sind die spannungsführenden Kabel mit der PAS mittels SPDs der Anforderungsklasse „C" zu verbinden. Eine detaillierte Beschreibung ist unter dem Stichwort → „Überspannungsschutz" an LPZ zu finden.

Der Architekt oder Planer sollte für den Eintritt aller äußeren leitenden Teile in die geschützte Anlage ein und dieselbe Stelle planen. Das ist sehr wichtig, weil man damit geringe Potentialdifferenzen zwischen den eintretenden leitenden Teilen erreichen kann. In den Fällen, wo dies jedoch nicht möglich ist, müssen alle PAS an den Eintrittsstellen mit einem horizontalen → Ringleiter innerhalb oder außerhalb des Gebäudes verbunden werden. Die Ringleiter müssen mit den → Ableitungen und auch mit der Bewehrung, falls vorhanden, verbunden werden. Die Anschlüsse mit der → Bewehrung werden in der Regel alle 5 m durchgeführt. Alle anderen Schirmelemente, z. B. → Metallfassaden, werden nach dem gleichen Prinzip in das System einbezogen.

Wenn die Eintrittsstellen oberhalb des Erdbodens sind, müssen die PASs mit einem vorher installierten Erdungsfestpunkt oder einer → Fundamenterderfahne (mit PAS) verbunden werden. Bei richtiger Planung werden die Erdungsfestpunkte horizontal, aber auch vertikal untereinander verbunden. Wenn das nicht der Fall ist, muss ein horizontaler Ringleiter innerhalb oder außerhalb des Gebäudes installiert werden. Der Ringleiter muss mit den Ableitungen und Bewehrungen, falls vorhanden, verbunden werden.

Der Mindestquerschnitt der → PAS sollte 50 mm² für Kupfer oder verzinkten Stahl betragen.

Die Klemmen und SPDs für den → Potentialausgleich an der Grenze zu LPZ 0_A und LPZ 1 müssen dem → Blitzstrom-Parameter des ersten Stoßstromes, des Folgestromes und Langzeitstromes standhalten. Die Stromaufteilung auf mehrere Leiter der Kabel ist zu beachten. Bei der → LPZ 0_B sind nur induzierte Ströme und kleine Anteile des Blitzstromes zu erwarten. Die Klemmen und SPDs müssen den oben beschriebenen Strömen nicht entsprechen.

Die Belastung der Klemmen und SPDs geschieht mit folgendem Prinzip: Bei dem Blitzeinschlag fließen 50 % des Gesamtblitzstromes i in die → Erdungsanlage des Blitzschutzsystems (→ LPS). Die weiteren 50 % verteilen sich auf die Versorgungsleitungen (**Bild B8**, → Blitzstromverteilung). Die Höhe des fließenden Stromes i_i ist von der Anzahl der Versorgungsleitungen (Rohre und geschirmte Kabel) und der Anzahl der Einzelleiter in ungeschirmten Kabeln abhängig. Bei geschirmten Kabeln fließt der Teilblitzstrom über die → Schirmung zur entfernten Erdung. Das bedeutet, 50 % des Gesamtblitzstromes der konkreten → Schutzklasse dividiert man durch die gesamte Anzahl der Versorgungsleitungen, der geschirmten und der Anzahl der Adern der ungeschirmten Kabel. Damit werden die Parameter für die Klemmen und SPDs berechnet.

43

Bei Wohnhäusern müssen für die Telefonleitung mindestens 5% des Blitzstromes angenommen werden.

Alle installierten SPDs müssen in der Lage sein, die berechneten → Teilblitzströme abzuleiten und die Folgeströme aus dem Netz zu unterbrechen. Weitere Informationen siehe → Überspannungsschutz (SPD).

Alle Potentialausgleichsanschlüsse müssen mit minimalen Drahtlängen mit der PAS verbunden werden.

Alle oben beschriebenen Maßnahmen gelten auch für die weiteren LPZs. Die PASs der nachfolgenden LPZs sind mittels Potentialausgleichsleitung zu verbinden.

Innerhalb des zu schützenden Volumens müssen nach Abschnitt 3.4.2.1 der vorn genanten Norm alle leitenden Teile mit „signifikanten Abmessungen" an das Potentialausgleichssystem auf kürzestmöglichem Wege angeschlossen werden. Unter Teilen mit „signifikanten Abmessungen" versteht man alles, was die Energie leiten oder auch induktiv Energie aufnehmen kann. Eine Mehrfachverbindung der leitenden Teile ist vorteilhaft.

Der → Potentialausgleich von Informationssystemen nach Abschnitt 3.4.2.2 der o. g. Norm ist ausführlich unter dem Stichwort → „Potentialausgleichsnetzwerk" beschrieben. Dieses Stichwort gilt sowohl für Informationssysteme als auch für Datenverarbeitungsanlagen nach DIN VDE 0800-2 (VDE 0800 Teil 2):1985-07.

Blitz-Stoßstrom I_{imp} ist ein standardisierter Stoßstromverlauf mit der Wellenform 10/350 µs. Er bildet mit seinen Parametern (Scheitelwert, Ladung, spezifische Energie) die Beanspruchung natürlicher Blitzströme entsprechend E DIN VDE 0675-6/A1:1996-03 und DIN VDE 0185-103 nach .

→ Blitzstrom-Ableiter müssen solche Blitzstoßströme mehrere Male zerstörungsfrei ableiten können [L25].

Blitzschutzsystem, Blitzschutzanlage oder auch Blitzschutz (LPS).

Zum Zeitpunkt der Buchherausgabe und wahrscheinlich noch weitere Jahre später wird es keine Einrichtung auf dem Markt geben, die einen Blitzschlag in eine bauliche Anlage verhindern kann. Die einzige Alternative ist, mittels des Blitzschutzsystems die Blitze einzufangen, sicher in den Erdbereich abzuleiten und gleichmäßig im Erdreich zu verteilen.

Das → Blitzschutzsystem ist das gesamte System des äußeren und inneren Blitzschutzes zum Schutz eines Volumens gegen die Auswirkungen des Blitzes.

Kein Blitzschutzsystem, das nach den alten oder auch neuen Normen gebaut ist, gewährleistet 100 %igen Schutz. Die Blitzschutzsysteme reduzieren jedoch deutlich die Gefahr eines Schadens durch Blitzschlag und seine Wirkungen. Die Hauptaufgabe des Blitzschutzsystems ist, Menschen und Tiere innerhalb einer baulichen Anlage durch die fachgerecht installierte → Blitzschutzanlage zu schützen. Bei nicht ausreichend geschützten Einrichtungen können durch unzulässige → Näherungen und elektromagnetische Wirkungen auch Schäden entstehen.

Blitzstoßstromtragfähigkeit I_{imp} der installierten Überspannungs-Schutzeinrichtungen der Kategorie B in einer baulichen Anlage ist von den → Blitzschutzklassen und der Anzahl der Leiter in dem geschützten Pfad abhängig [N11]. Bei einem Blitzschlag in eine bauliche Anlage verteilt sich der Blitzstrom wie unter dem Stichwort → „Blitzstromverteilung" beschrieben.

Wenn kein Nachweis über die Beanspruchung der → Überspannungs-Schutzeinrichtungen (SPD) möglich ist, müssen die Blitzstoßstromwerte in den → TN- und → IT-Systemen nach **Tabelle B3** eingehalten werden.

Anmerkung: Die Blitzstromtragfähigkeit I_{imp}, wie derzeit in der Norm dargestellt, wird voraussichtlich bei der nächsten Normenänderung nur auf Blitzstromtragfähigkeit ohne I_{imp} geändert.

Für Blitzschutzklasse	Blitzstromtragfähigkeit
I	≥ 100 kA/m
II	≥ 75 kA/m
III/IV	≥ 50 kA/m

m: Anzahl der Leiter, z.B. L1, L2, N, PE → m = 5

Tabelle B3 *Blitzstoßstromtragfähigkeit der Überspannungs-Schutzeinrichtungen in TN- und IT-Systemen der Klasse B je Schutzpfad*
Quelle: DIN V VDEV 0100-534 (VDE V 0100 Teil 534):
1999-4 [N11], Tabelle 534.3.1.1

Für Blitzschutzklasse	Blitzstromtragfähigkeit	
	Überspannungs-Schutzeinrichtung zwischen L und N	Überspannungs-Schutzeinrichtung zwischen N und PE
I	≥ 100 kA/m	≥ 100 kA
II	≥ 75 kA/m	≥ 75 kA
III/IV	≥ 50 kA/m	≥ 50 kA

m: Anzahl der Leiter, z.B. L1, L2, N, PE → m = 5

Tabelle B4 *Blitzstoßstromtragfähigkeit der Überspannungs-Schutzeinrichtungen in TT-Systemen der Klasse B je Schutzpfad*
Quelle: DIN V VDEV 0100-534 (VDE V 0100 Teil 534):
1999-4 [N11], Tabelle 534.3.2.1

Blitz-Schutzzonen (LPZ) sind in der DIN VDE 0185-103 (VDE 0185 Teil 103): 1997-09 [N33], Abschnitt 3.1, so definiert:

LPZ 0_A: Zone, in der Gegenstände direkten Blitzeinschlägen ausgesetzt sind und deshalb den vollen Blitzstrom zu führen haben. Hier tritt das ungedämpfte elektromagnetische Feld auf.

LPZ 0_B: Zone, in der Gegenstände keinen direkten Blitzeinschlägen ausgesetzt sind, in der jedoch das ungedämpfte elektromagnetische Feld auftritt.

Blitzstromdaten

LPZ 1: Zone, in der Gegenstände keinen direkten Blitzeinschlägen ausgesetzt sind und in der die Ströme an allen leitenden Teilen innerhalb dieser Zone im Vergleich mit den Zonen 0_A und 0_B reduziert sind. In dieser Zone kann auch das elektromagnetische Feld gedämpft sein, abhängig von den → Schirmungsmaßnahmen.

Die folgenden Blitz-Schutzzonen, LPZ 2 usw., beschreiben weitere Verringerungen der leitungsgeführten Ströme und eine weitere Reduzierung, → Dämpfung des elektromagnetischen Feldes.

Blitzstromdaten siehe Tabelle B5 und B6.

Blitzstromkennwerte zu den Schutzklassen

Kennwerte des Blitzes	Symbol	Einheit	Schutzklasse		
			I	II	III/IV
Scheitelwert	I	kA	200	150	100
Gesamtladung	Q_{gesamt}	C	300	225	150
Impulsladung	Q_{Impuls}	C	100	75	50
Spezifische Energie	SE	kJ/Ω	10000	5600	2500
Mittlere Steilheit	di/dt	kA/µs	200	150	100

Tabelle B5 Blitzstromkennwerte zu den Schutzklassen
Quelle: DIN V ENV 61024-1 (VDE V 0185 Teil 100):1996-08 [N30], Tabelle 2

Blitzstrom-Parameter des ersten Stoßstromes

Stromparameter (s. Bild B7)	Symbol	Einheit	Schutzklasse		
			I	II	III/IV
Stromscheitelwert	I	kA	200	150	100
Stirnzeit	T_1	µs	10	10	10
Rückenhalbwertszeit	T_2	µs	350	350	350
Ladung des Stoßstromes	Q_S[1]	MJ/Ω	100	75	50
Spezifische Energie	W/R[2]	kA/µs	10	5,6	2,5

1) Da der wesentliche Teil der Gesamtladung Q_S im ersten Stoßstrom enthalten ist, wird die Ladung aller Stoßströme (erster Stoßstrom und Folgestoßströme) als in Q_S enthalten angesehen.

2) Da der wesentliche Teil der spezifischen Energie W/R im ersten Stoßstrom enthalten ist, wird die spezifische Energie aller Stoßströme (erster Stoßstrom und Folgestoßströme) als in W/R enthalten angesehen.

Tabelle B6 Blitzstrom-Parameter des ersten Stoßstromes
Quelle: DIN VDE 0185-103 (VDE 0185 Teil 103): 1997-09 [N33], Tabelle 1

Blitzstrom-Parameter des Folgestromes

Stromparameter (s. Bild B7)	Symbol	Einheit	Schutzklasse		
			I	II	III/IV
Stromscheitelwert	I	kA	50	37,5	25
Stirnzeit	T_1	µs	0,25	0,25	0,25
Rückenhalbwertszeit	T_2	µs	100	100	100
Mittlere Steilheit	I/T_1	kA/µs	200	150	100

Tabelle B7 Blitzstrom-Parameter des Folgestromes
Quelle: DIN VDE 0185-103 (VDE 0185 Teil 103):
1997-09 [N33], Tabelle 2

Blitzstrom-Parameter des Langzeitstromes

Stromparameter (s. Bild B7)	Symbol	Einheit	Schutzklasse		
			I	II	III/IV
Ladung	Q_1	C	200	150	100
Dauer	T	s	0,5	0,5	0,5
Mittlerer Strom: näherungsweise Q_1/T					

Tabelle B8 Blitzstrom-Parameter des Langzeitstromes
Quelle: DIN VDE 0185-103 (VDE 0185 Teil 103):
1997-09 [N33], Tabelle 3

Blitzstrom-Parameter und seine Definitionen

Bild B7 *Blitzstrom-Parameter und seine Definitionen*
Quelle: DIN VDE 0185-103 (VDE 0185 Teil 103): 1997-09 [N33], Bild 1

a) Stoßstrom
- I Stromscheitelwert
- T_1 Stirnzeit
- T_2 Rückenhalbwertszeit

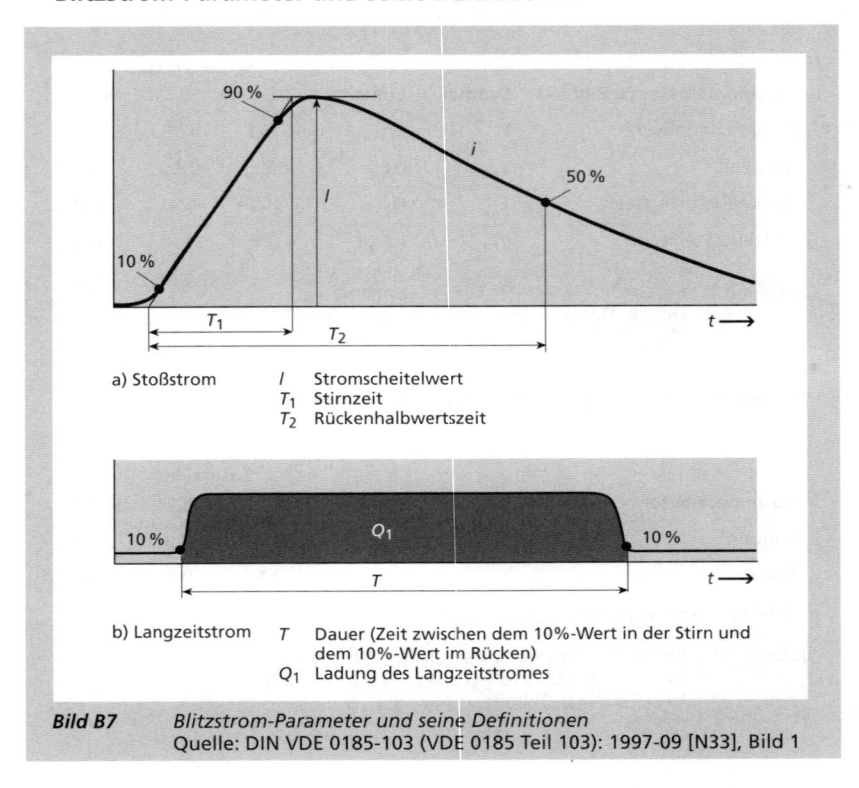

b) Langzeitstrom
- T Dauer (Zeit zwischen dem 10%-Wert in der Stirn und dem 10%-Wert im Rücken)
- Q_1 Ladung des Langzeitstromes

Blitzstromverteilung. Bei einem Blitzschlag in eine bauliche Anlage werden nach DIN VDE 0185-103 (VDE 0185 Teil 103): 1997-09 [N33], Abschnitt 3.4.1.1, ca. 50 % des Gesamtblitzstromes in die → Erdungsanlage abgeleitet und die weiteren 50 % belasten die aus der baulichen Anlage heraustretenden Versorgungsleitungen (**Bild B8**). Der verteilte Blitzstrom fließt über die metallischen Versorgungsleitungen, über die → Schirmung der geschirmten Kabel und über die Leiter der ungeschirmten Kabel. Die → Überspannungsschutzeinrichtungen Kategorie B an nicht geschirmten Kabel müssen eine ausreichende → Blitzstoßstromtragfähigkeit für Blitzteilströme besitzen, Anforderungen der maximalen Begrenzungsspannung erfüllen und die Netzfolgeströme löschen. Die Telefonleitungen bei Wohnhäusern bis 2 DA (Doppeladern) müssen als Mindestwert 5% des Blitzstromes vertragen können. Weiteres → Blitzprüfstrom.

Bodenwiderstände → Spezifischer Erdwiderstand PE

BPA → Blitzschutz-Potentialausgleich

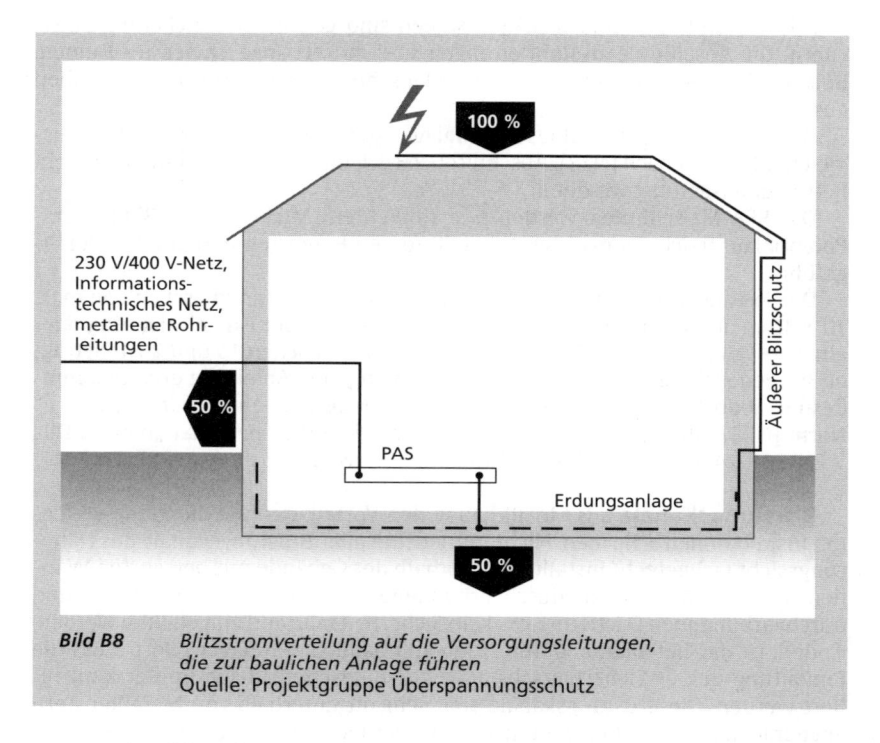

Brennbare Flüssigkeiten und explosionsgefährdete Bereiche

Bild B8 *Blitzstromverteilung auf die Versorgungsleitungen, die zur baulichen Anlage führen*
Quelle: Projektgruppe Überspannungsschutz

Brandmeldeanlagen → Gefahrenmeldeanlagen und → Datenverarbeitungsanlagen

Breitbandkabel muss bei Gebäudeeintritt (→ Blitz-Schutzzone 0/1) mit dem → Potentialausgleich (→ Blitzschutzpotentialausgleich) nach DIN EN 50083-1 (VDE 0855 Teil 1): 1994-03 [N60] verbunden werden.

Brennbare Flüssigkeiten und explosionsgefährdete Bereiche. Bauliche Anlagen mit brennbaren Flüssigkeiten und explosionsgefährdeten Bereichen müssen → Blitzschutzanlagen entsprechend TRbF 100 „Allgemeine Sicherheitsanforderungen": 1997-6, Abschnitt 8, und entsprechend DIN 57185-2 (VDE 0185 Teil 2): 1982-11[N28], Abschnitt 6.2, haben. Erdüberdeckte Tanks und erdüberdeckte Rohrleitungen benötigen keinen → äußeren Blitzschutz [N28], Abschnitt 6.2.1.3.

Nach [N28], Abschnitt 6.2.3.3.2, und TRbF 100, Abschnitt (3), müssen aber alle eigensicheren Stromkreise, z.B. von mess-, steuer- und regeltechnischen Anlagen, über einen → inneren Blitzschutz verfügen, und das gilt auch für unterirdische Tanks im Freien sowie für Tanks in Gebäuden, wenn auf Grund der Zuleitungsführung ein Blitzschlag in die Zuleitung erfolgen kann. Näheres → Eigensichere Stromkreise.

Alle Verbindungs- und Anschlussstellen sind gegen Selbstlockerung zu sichern. Die Anschlüsse an Rohrleitungen sind mittels angeschweißter Fahnen, Bolzen oder Gewindebohrungen in den Flanschen zur Aufnahme von Schrauben auszuführen.

Die Verbindung der Blitzschutzanlage zum → Blitzschutz-Potentialausgleich (BPA) darf nach [N28], Abschnitt 6.2.3.3.1, nur im Einvernehmen mit dem Betreiber ausgeführt werden.

Die BPA-Maßnahmen werden wie unter dem Stichwort → „Blitzschutz-Potentialausgleich" in explosivstoffgefährdeten Bereichen beschrieben durchgeführt.

Die → Fangeinrichtungen an Gebäuden müssen mit Fangmaschen von max. 10 x 10 m ausgeführt werden. Der → Schutzbereich der Fangeinrichtung oder einer → Fangstange bis 10 m Höhe liegt bei 45°, zwischen 10 und 20 m beträgt er 30°. Jedes Gebäude muss auf je 10 m Umfang eine Ableitung erhalten, mindestens jedoch vier → Ableitungen. Weitere Maßnahmen sind in der „alten" Norm [N28], Abschnitt 6.2, beschrieben, was eigentlich nach der „neuen" DIN V ENV 61024-1 (VDE V 0185 Teil 100):1996-08 [N30] die → Schutzklasse I ist.

Brüstungskanäle aus Metall haben den Vorteil, dass sie die innen verlegten Installationen schirmen. Nicht immer sind aber Brüstungskanäle aus Näherungssicht fachgerecht installiert. Innerhalb der Gebäude mit bewehrten Wänden und Dächern oder durchverbundenen metallenen → Fassaden und durchverbundenen Dächern muss kein Sicherheitsabstand eingehalten werden. Anders ist das bei allen anderen Arten von baulichen Anlagen; dort muss die Einhaltung des → Sicherheitsabstands zur Blitzschutzanlage immer kontrolliert werden. Die Brüstungskanäle sind sehr oft unterhalb von Metallfenstern angebracht. Die Metallfenster und die Blechverkleidung verkürzen den → Trennungsabstand zur Blitzschutzanlage so, dass der Sicherheitsabstand dann eventuell nicht eingehalten wird. Damit kann es zu einem Blitzüberschlag auf die innere Installation kommen. Näheres → Näherungen.

Bürgerliches Gesetzbuch (BGB) und die Arbeiten in Zusammenhang mit → EMV, → Blitz- und → Überspannungsschutz haben mit dem neuen Gesetz (seit 7. April 2000) zur Beschleunigung fälliger Zahlungen und Fertigstellungsbescheinigung nach § 641a des BGB mehrere gemeinsame Punkte.

Der Kunde, ob Firma oder Privatperson, muss die ausgeführten Arbeiten innerhalb von 30 Tagen nach Fälligkeit und Zugang der Rechnung zahlen, wenn keine wesentlichen Mängel bestehen.

In dem vorliegenden Buch wird das neue Gesetz nicht komplett beschrieben. Der Schwerpunkt des neuen Gesetzes liegt aber darin, Installationsfirmen zu unterstützen, wenn „Gefahr" besteht, dass der Auftraggeber nicht zahlt. In diesem Fall wird durch eine Industrie- und Handelskammer, eine Handwerkskammer, eine Architektenkammer oder eine Ingenieurkammer ein öffentlich bestellter und vereidigter → Sachverständiger genannt oder das Unternehmen und der Besteller einigen sich auf einen Sachverständigen. Dieser Sachverständige hat dann die Aufgabe, eine Abnahme der ausgeführten Arbeiten durchzuführen und zu bestätigen, dass sie frei von Mängeln ist oder auch nicht.

Dabei muss man zwischen wesentlichen und nicht wesentlichen Mängeln unterscheiden. Die Gefährdung von Personen und Sachwerten ist ein wesentlicher Mangel. Schönheitsfehler können aber unwesentliche Mängel sein.

Das o.g. Gesetz ist für Firmen ohne ausreichende Erfahrungen auf dem EMV-, Blitz- und Überspannungsschutzgebiet wichtig, damit keine Zahlungsprobleme mit Kunden entstehen.

Nicht nur der § 641a, sondern auch weitere Paragrafen, z.B. §§ 631, 633, verpflichten die ausführenden Firmen, nach den → anerkannten Regeln der Technik zu arbeiten.

Die hier in diesem Buch veröffentlichten Begriffe und Stichworte beschreiben die Planungen, Arbeiten und Überprüfungen nach den anerkannten Regeln der Technik.

C

CE-Kennzeichen ist ein Verwaltungszeichen und kein Qualitäts- oder Normenkonformitätszeichen. Der Hersteller erklärt damit die Einhaltung der Anforderungen aller produkt-relevanten EG-Richtlinien und er erklärt, dass alle in den Richtlinien für das Produkt vorgeschriebenen Konformitätsbewertungsverfahren durchgeführt worden sind.

CF → Scheitelfaktor (crest factor) CF

D

Dachaufbauten müssen – ob nach alter oder neuer Norm – immer geschützt werden. Dachaufbauten mit leitfähiger Verbindung ins Gebäudeinnere müssen nur mit dem → Schutzbereich einer oder mehrerer → Fangstangen, Fangmaste oder einer höher installierten → Fangeinrichtung geschützt werden. Die Dachaufbauten dürfen nicht direkt oder über eine → Funkenstrecke an die → Blitzschutzanlage angeschlossen werden, weil die Teilblitze bei direktem Blitzschlag in die Blitzschutzanlage ins Gebäudeinnere dringen.

Dachaufbauten, die keine leitfähige Verbindung ins Gebäudeinnere haben, dürfen direkt, falls dies zweckmäßig wäre, an die Blitzschutzanlage angeschlossen werden.

Dachaufbauten auf Blechdächern mit leitfähiger Verbindung nach innen müssen gegen direkten Blitzschlag geschützt werden. Die elektrische Einrichtung des Dachaufbaus ist nach DIN IEC 61024-1-2 (VDE 0185 Teil 102 Entwurf):1999-02 [N32], Bild 30, mit der → Fangeinrichtung und mit den leitenden Teilen der baulichen Anlage durch den metallenen → Kabelschirm verbunden, der einen wesentlichen Teil des → Blitzstromes ableiten kann.

Dachausbau mit Metallständern wird häufig auch nachträglich unter dem Dach zur Schaffung neuer Räume durchgeführt; er weist oft → Näherungen mit der äußeren → Fangeinrichtung auf dem Dach auf. Bei der Planung müssen die Wände mit Metallständern so vorgesehen werden, dass sie nicht direkt unter der Fangeinrichtung oder anderen → „natürlichen" Bestandteilen der → Blitzschutzanlage angebracht werden. Abhilfe → „Näherungen" und → „DEHNdist".

Dachrinne, wenn sie aus leitfähigem Material ist, darf als → „natürlicher" Bestandteil der → Blitzschutzanlage benutzt werden. Die Dehnungsstellen der Dachrinnen müssen aber überbrückt werden.

Dachrinnenheizung ist durch den direkten Blitzschlag gefährdet und muss aus diesem Grund am Gebäudeeintritt LPZ 1 mit → Blitzstromableiter (SPD) der Anforderungsklasse „B" beschaltet werden. Wenn am Gebäudeeintritt auch der direkte Übergang in die → Blitz-Schutzzone LPZ 2 liegt, so müssen an diesen Stellen zusätzlich → Überspannungsschutzgeräte (SPD) der Anforderungsklasse „C" eingebaut werden.

Dachständer

Dachständer müssen bei baulichen Anlagen mit einer → Blitzschutzanlage mittels → Funkenstrecke mit dieser verbunden werden. Wenn es sich um einen Ständer mit langem Ankerseil handelt, so muss auch das Ankerseil gleich am „Fuß" angeschlossen werden.

Dachtrapezbleche werden mit oder ohne Wärmedämmmaterialen bei baulichen Anlagen benutzt. Bei den Dachtrapezblechen, die überwiegend 0,8 mm dick sind, entsteht die Gefahr von Ausschmelzungen, → „Ausschmelzen von Blechen". Eine weitere Gefahr entsteht bei nicht verbundenen Dachtrapezblechen auf Grund von Durchschlägen durch das Wärmedämmmaterial, hauptsächlich z. B. bei → Fangstangen. Aus diesem Grund müssen die Trapezbleche mit den → Ableitungen verbunden werden. Damit wird auch die Länge l zur Berechnung des → Sicherheitsabstandes kurz gehalten.

Dämpfung ist eine Verringerung eines elektrischen oder magnetischen Feldes, einer Spannung oder eines Stromes. Die Dämpfung wird in Dezibel (dB) angegeben.

Datenverarbeitungsanlagen. Nach → EMV-Gesetz dürfen nur solche elektrischen und elektronischen Geräte und Anlagen auf dem Markt verkauft und betrieben werden, die andere Geräte nicht unzulässig stören und die in eigener Umgebung zuverlässig funktionieren. In Gewitterzeit arbeiten die Informations- und Datenverarbeitungsanlagen oft nicht einwandfrei, verursachen Störungen, falsche Alarme oder werden selbst zerstört. Die Probleme mit Störungen und falschen Alarmen treten aber nicht nur in der Gewitterzeit auf, sondern auch außerhalb dieser Phasen bei Anlagen, deren Technik aus EMV-Sicht nicht richtig installiert wurde.

Ursachen sind oft falsch ausgewählte → Netzsysteme, aber auch nicht ausreichende → Erdung und mangelnder → Potentialausgleich, kein → Überspannungsschutz oder fehlende → Schirmung. Die Notwendigkeit all dieser Maßnahmen wurde im Jahr 1985, in der DIN VDE 0800-2 (VDE 0800 Teil 2):1985-07 [N52] niedergeschrieben. Diese Norm gilt für Informations- und Datenverarbeitungsanlagen als → anerkannte Regel der Technik. Ab dem Jahr 1999 sind dann auch die gleichen Maßnahmen mit weiteren Ergänzungen in DIN VDE 0100-444 (VDE 0100 Teil 444): 1999-10 [N10] enthalten. Aussagen zu den einzelnen Maßnahmen kann man unter den zugehörigen Stichworten finden.

Nach DIN VDE 0800-1 (VDE 0800 Teil 1): 1989-05 [N51], Abschnitt 1.1, muss die Sicherheit der Informations- bzw. Datenverarbeitungsanlagen, für die keine eigene Norm über die Sicherheit der Anlagen gilt, nach der Norm für die Sicherheit von Anlagen der Fernmeldetechnik durchgeführt werden.

In der Anmerkung 1 dieser Norm steht, dass z. B. zur Fernmeldetechnik gehören:

- Fernsprech-, Fernschreib- und Bildübertragungsanlagen jeder Art und Größe für leitungsgeführte und nicht leitungsgeführte Übertragung,
- Wechsel- und Gegensprechanlagen,
- Ruf-, Such- und Signalanlagen mit akustischer und optischer Anzeige,

- Lautsprecheranlagen,
- elektrische Zeitdienstanlagen,
- Gefahrenmeldeanlagen für Brand, Einbruch und Überfall,
- andere Gefahrenmeldeanlagen und Sicherungsanlagen,
- Signalanlagen für Bahn- und Straßenverkehr,
- Fernwirkanlagen,
- Übertragungseinrichtungen,
- rundfunk-, fernseh-, ton- und bildtechnische Anlagen.

DIN VDE 0800-2 (VDE 0800 Teil 2): 1985-07 [N52] beschreibt die Erdungs- und Potentialausgleichsmaßnahmen. Weiteres unter den genannten Stichwörtern.

Schon im Jahr 1985 wurden im Abschnitt 15.2 dieser Norm und in den folgenden Abschnitten die Maßnahmen zur Begrenzung fließender Ströme in Anlagen mit Potentialausgleich und → Schirmen beschrieben. Dazu zählen das → TN-S-System und die galvanische Trennung der Übertragungssysteme.

In DIN VDE 0800-10 (VDE 0800 Teil 10): 1991-03 [N53], Abschnitt 6.1.2, ist festgelegt: *„Sind Überspannungen zu erwarten, so müssen diejenigen Teile der Fernmeldeanlagen, an denen eine Personengefährdung möglich ist oder die den hierdurch auftretenden Beanspruchungen nicht gewachsen sind, entsprechend geschützt werden".*

Im Abschnitt 6.3.1 der Norm ist geschrieben:
„Überspannungsschutzgeräte sind im allgemeinen erforderlich
a) zum Schutz der Fernmeldeleitungen (Freileitungen, Luftkabel, Erdkabel, Zuführungskabel) und der mit ihnen in leitender Verbindung stehenden Geräte gegen Überspannungen infolge atmosphärischer Entladung, durch Einwirkungen aus benachbarten Starkstromanlagen und bei der Möglichkeit eines direkten Spannungsübertritts aus Starkstromanlagen,
b) zum Schutz von hochempfindlichen Bauelementen (elektronische Bauelemente, Halbleiterbauelemente und dergleichen) in Geräten, wobei die Schutzwirkung durch ein Zusammenwirken der Überspannungsschutzgeräte mit weiteren Schaltelementen erreicht wird (integrierter Schutz),
c) zum Herstellen eines Potentialausgleichs zwischen nicht zu Betriebsstromkreisen gehörenden, leitfähigen Anlageteilen, wenn die zwischen diesen Teilen möglichen Überspannungen aus betrieblichen Gründen nicht durch eine leitende Verbindung ausgeglichen werden können."

Die DIN VDE 0800-10 (VDE 0800 Teil 10): 1991-03 [N53] gilt schon – wie bereits erwähnt – seit März 1991. Sie ist aber wahrscheinlich nicht ausreichend bekannt oder wird oft falsch interpretiert. Schon der Abschnitt b) über Schutz von hochempfindlichen Bauelementen zwingt die Installationsfirmen, die → Überspannungsschutzgeräte zu installieren.

Wenn der Planer vergisst, die Überspannungsschutzgeräte einzuplanen, sind die installierenden Firmen nach VOB § 4 Nr. 3 verpflichtet, dem Auftraggeber dies unverzüglich, möglichst schon vor Beginn der Arbeiten, schriftlich mitzuteilen.

Bei sicherheitstechnischen Anlagen, wie Alarmanlagen, Brandmeldeanlagen und weiteren ähnlichen Anlagen, muss man auch auf die Vermeidung von Näherungen mit → Blitzschutzanlagen achten. Weiteres → „Näherungen".

dB

Als weitere, noch nicht immer richtig ausgeführte Arbeiten sind die → Schirmungsmaßnahmen und die → Schirmanschlüsse zu nennen. Alle diese Ausführungen sind unter den jeweiligen Stichworten beschrieben.

dB Dezibel (Einheit, die bei logarithmierten Verhältnisgrößen wie Übertragungsmaß, Verstärkungsmaß, Dämpfungsmaß, Pegel zum Ausdruck bringt, dass zum Logarithmieren der dekadische Logarithmus verwendet wurde.
1 dB = 0,115 Np) [L1]

DC [„engl.": direct current] Gleichstrom.

DEHNdist ist der Name für ein Produkt zur Beseitigung von → Näherungen, das neu auf den Markt gekommen ist. Mit dem DEHNdist (ein Leitungsstützer zur Befestigung auf Satteldächern) wird eine Vergrößerung des → Trennungsabstandes erreicht. Mit der Installation des DEHNdist werden → Sicherheitsabstände $s \geq 60$ cm eingehalten.

Dehnungsstücke sind bei einer → Blitzschutzanlage hauptsächlich bei den Fangeinrichtungen für den Dehnungsausgleich der installierten Leitungen eingebaut. Auch die langen senkrechten Ableitungen benötigen alternativ Dehnungsstücke. Die Dehnung ist von dem benutzten Werkstoff und der Temperaturreflexion des Untergrundes, an dem der Werkstoff befestigt ist, abhängig. In den Normen befinden sich dazu bisher noch keine genauen Werte. **Tabelle D1** zeigt diesbezüglich Angaben eines Blitzschutzmaterialherstellers. Die Abstände der Dehnungsstücke gelten nur bei geradlinig verlaufenden Leitern, nicht bei Richtungsänderungen.

Werkstoff	Untergrund der Befestigung der Fang- oder Ableitung		Abstand Dehnungsstücke in m
	weich, z.B. Flachdach mit Bitumen- oder Kunststoffdachbahnen	hart, z.B. Ziegelpfannen oder Mauerwerk	
Stahl	X		≈ 15
		X	≤ 20
Edelstahl/Kupfer	X		≈ 10
		X	≤ 15
Aluminium	X	X	≤ 10

*Tabelle D1   Abstände der Dehnungsstücke in Abhängigkeit von Werkstoff und Untergrund
Quelle: Dehn + Söhne*

DF → Oberwellen-Klirrfaktor

Dichte der Erdblitze N_g ist einer von mehreren Koeffizienten zur Berechnung der zu erwartenden Anzahl der → Direkteinschläge N_d pro Jahr in eine bauliche Anlage.

Die Dichte der Erdblitze pro km² und Jahr kann man dem **Bild D1** oder der beiliegenden Software für die → Berechnung der Blitzschutzklasse entnehmen.

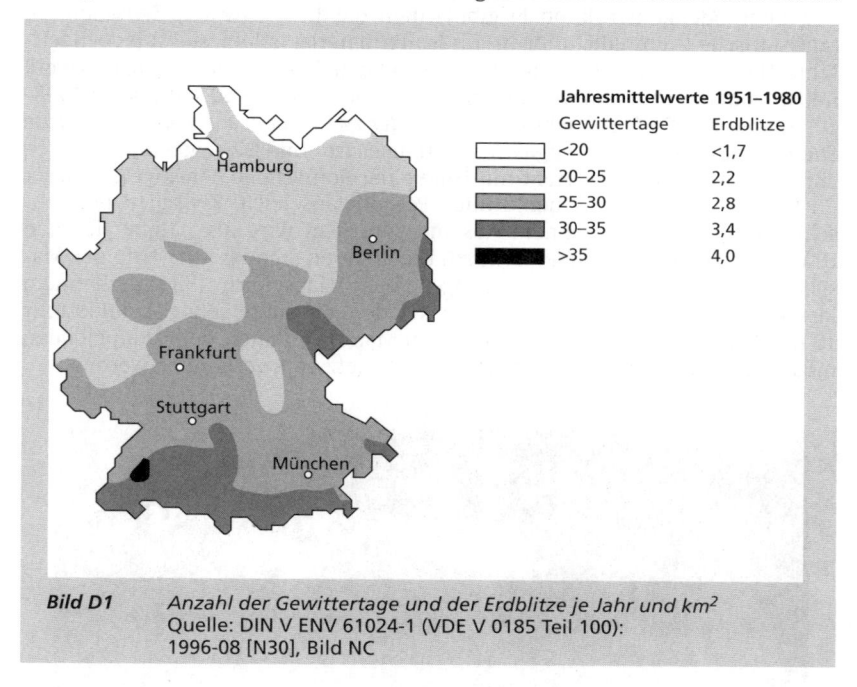

Jahresmittelwerte 1951–1980	
Gewittertage	Erdblitze
<20	<1,7
20–25	2,2
25–30	2,8
30–35	3,4
>35	4,0

Bild D1 Anzahl der Gewittertage und der Erdblitze je Jahr und km²
Quelle: DIN V ENV 61024-1 (VDE V 0185 Teil 100):
1996-08 [N30], Bild NC

Differenzstrom-Überwachungsgeräte (RCM residual current operated monitors) werden eingesetzt zum optimalen Schutz von IT-Ressourcen und Kommunikationsinfrastrukturen. Sie dienen der Überwachung und der Verfügbarkeitsoptimierung der überwachten Anlage.

Direkt-/Naheinschlag verursacht mit eigenem Blitzkanal oder über die getroffene Blitzschutzanlage Spannungsfall am → Stoßerdungswiderstand und induziert Stoßspannungen und -ströme in den Schleifen der baulichen Anlage.

Distanzhalter (Isoliertraverse) dient zur Stabilisierung der → Fangstangen neben den geschützten → Dachaufbauten oder → Schornsteinen.

Doppelböden befinden sich in → EDV-Räumen, Schaltwarten, Niederspannungsstationen und ähnlichen Räumen. Hier werden große Mengen Kabel unterschiedlicher Systeme verlegt und angeschlossen. Der Doppelboden kann auch als „Schnittstelle" zweier → Blitz-Schutzzonen dienen.

Doppelböden

In EDV-Räumen hat der Doppelboden nicht nur die Aufgabe, installierte Kabel zu „verstecken" oder klimatisierte Luft in dem gesamten Raum zu verteilen. Die wichtigste Aufgabe ist die statische Entladung der Personen, die im EDV-Raum arbeiten. Die unteren Seiten der Doppelbodenplatten sind leitfähig und über eine leitfähige Zwischenlage besteht Verbindung zu den leitenden Teilen der Unterbodenkonstruktion. Es gibt Firmen, die diese schwarze Zwischenlage (antistatische Gummidichtungen) für Isoliermaterial halten, sie ist jedoch leitfähig. Die Unterbodenkonstruktion muss mit dem Potentialausgleichsnetzwerk im Fußboden verbunden werden. DIN EN 50174-2 (VDE 0800 Teil 174-2): 1998-10, Abschnitt 5.7.3.5, schreibt vor: *„dass jeder zweite, oder sogar nur jeder dritte Ständer mit dem Potentialausgleich zu verbinden ist"*. **Bild D2** zeigt einen Ständer, auf dem ein 50 mm^2 Cu-Draht mit Hilfe einer Rohrschelle befestigt ist. Dieser Cu-Draht ist der → maschenförmige Potentialausgleich. Zwischen den Anschlussrohrschellen mit einem Abstand von 1,8 m wird als „Stütze" für den Draht ein Dachleitungshalter benutzt. Die anderen Ständer innerhalb der Maschen von 5 x 5 m des maschenförmigen Potentialausgleichs dürfen mit einem kleineren Querschnitt angeschlossen werden. Er sollte jedoch mindestens 10 mm^2 oder größer sein. Alle leitfähigen Materialen unter dem Doppelboden müssen auch mit dem → Potentialausgleichsnetzwerk verbunden werden.

Bild D2   *Durch die Befestigung des maschenförmigen Potentialausgleichs an dem Ständer wird auch der Doppelboden an den Potentialausgleich angeschlossen.*
Foto: Kopecky

Drahtverarbeitung. In Deutschland existiert keine Stelle, die Installateure bezüglich der handwerklichen Ausführung von Blitz- und Überspannungsschutz-Maßnahmen schult. Für Elektroarbeiten werden Installateure ausgebildet, ihnen werden jedoch keine Kenntnisse für das Arbeiten an → äußeren Blitzschutzanlagen vermittelt. Sie haben keine Möglichkeit – auch nicht anhand von Literatur – sich die entsprechenden handwerklichen Arbeitstechniken anzueignen. Aus diesem Grund werden im folgenden und an mehreren weiteren Stellen dieses Buches verschiedene praktische Vorgehensweisen detailliert beschrieben.

→ Fangeinrichtungen und → Ableitungen werden mit Drähten unterschiedlicher Werkstoffe ausgeführt. Harter FeZn- oder Aluminium-Draht wird dabei mit Hilfe einer Richtmaschine, die bei einem Blitzschutzmaterial-Hersteller beziehbar ist, gezogen und gerichtet. Eine weitere Variante ist, den weichen Aluminium- oder Kupferdraht durch Drehen mit Hilfe einer starken Bohrmaschine zu richten. Ein Ende des Drahtes wird dabei an einem festen Gegenstand befestigt oder auch mit einer Drahtschere von einem Arbeitskollegen festgehalten. Das zweite Ende wird an der Bohrmaschine befestigt. Durch die Drehung der Bohrmaschine kommt es zur Drahtdrehung und damit zur Änderung der Struktur. Der Draht wird abhängig von der Drehungsdauer immer härter. Den so gerichteten Draht kann man auch visuell schön verarbeiten. Soll der Draht gebogen werden, benutzt man das so genannte Richteisen, mit dem man auch den Draht richten kann, wenn er nicht gerade ist. Das Biegen kann auch mit einem einfachen Ringschlüssel durchgeführt werden. Der durch den Ring gesteckte Draht wird einfach mit den Fingern zur Handfläche gedrückt. Um einen rechten Winkel zu erhalten, muss man beim 13-mm-Ringschlüssel die Biegung zwei Mal durchführen, beim 10-mm-Ringschlüssel ist der rechte Winkel sofort erreicht. Bei billigen Ringschlüsseln ist auf Drahtbeschädigung infolge scharfer Kanten zu achten.

Dreieinhalb-Leiter-Kabel ist der Begriff für Kabel mit 3 Phasenadern und einem reduzierten PEN-Leiter. Diese Kabelart ist ungeeignet für bauliche Anlagen mit elektronischen Einrichtungen, weil sie nur für → TN-C-Systeme einsetzbar ist. TN-C-Systeme sind aber nicht EMV-freundlich, → Netzsysteme.

Ein weiterer Nachteil besteht darin, dass der reduzierte → PEN-Leiter bewirkt, dass auf den Leitern durch → Netzrückwirkungen oder unsymmetrische Belastungen noch größere Verluste und damit Erwärmungen entstehen, wodurch es zu noch größeren → Sternpunktverschiebungen kommt.

Durchgangsmessung → Messungen – Erdungsanlage

Durchhang der Blitzkugel → Schutzbereich oder auch → Schutzraum

Durchschmelzungen → Ausschmelzen von Blechen

Durchverbundener Bewehrungsstahl ist eine elektrisch durchgehend leitende Stahlarmierung.

E

EDV-Anlagen und -Räume sind besonders empfindlich gegen → Überspannungen und andere Störungen. Deshalb müssen alle Schutzmaßnahmen, die dieses Buch beschreibt, durchgeführt werden. Die EDV-Räume müssen über einen einwandfreien → Potentialausgleich verfügen, der überwiegend nur maschenförmig (Bild P3) ausgeführt werden kann. Bei → Prüfungen entdeckt man häufig auch EDV-Räume mit PA-Maschen unterhalb des Doppelbodens, aber die einzelnen Schränke oder Verteiler sind – wahrscheinlich aus Unkenntnis – noch sternförmig mit einer → Potentialausgleichsschiene verbunden. In den → Potentialausgleich müssen alle stromleitfähigen Raumeinrichtungen einbezogen werden. Dazu gehören in diesen Räumen auch die Zargen, Metallrahmen, abgehängten Decken, Doppelböden oder leitfähigen Fußböden. Man darf dabei nicht vergessen, die im ersten Moment nicht sichtbaren Heizungs-, Lüftungs- und Klimarohre anzuschließen.

Die → Überspannungsschutzmaßnahmen und → Schirmungsmaßnahmen sind, wie in den Stichwörtern dieses Buches beschrieben, durchzuführen. EDV-Räume gehören schon zur → Blitz-Schutzzone 2 und die eingebauten Verteiler und Schränke zur Zone 3.

Eigensichere Stromkreise in Ex-Anlagen bei elektrischen Einrichtungen im Inneren von Tanks für brennbare Flüssigkeiten mit → Blitzschutzanlage müssen nach DIN 57185-2 (VDE 0185 Teil 2): 1982-11[N28], Abschnitt 6.2.3.3.2; DIN EN 60079-14 (VDE 0165 Teil 1): 1998-08, Abschnitt 6.5, und TRbF 100 „Allgemeine Sicherheitsanforderungen": 1997-6, Abschnitt 8, bei mess-, steuer-, und regeltechnischen Anlagen Überspannungsschutzeinrichtungen haben. Das gilt auch für unterirdische Tanks im Freien sowie für Tanks in Gebäuden, wenn auf Grund der Zuleitungsführung ein Blitzschlag in die Zuleitung erfolgen kann.

Die → Überspannungsschutzgeräte (SPDs) sind nach TRbF 100, Abschnitt 8, vor Einführung in den Tank in ein metallisches Gehäuse einzubringen. Das metallische Gehäuse ist mit der Tankwand zuverlässig zu verbinden, sodass ein gesicherter → Potentialausgleich besteht.

Die Zuleitung zu dem metallischen Gehäuse muss mit einem geeigneten geschirmten Kabel (→ Kabelschirm) erfolgen oder die Leitung muss im metallischen Schutzrohr verlegt werden. Der → Schirm oder das metallische Schutzrohr müssen mit der → Erde verbunden werden. Die Prüfspannung zwischen den Adern und dem Metallmantel (Schirm) bzw. dem Schutzrohr muss mindestens 1500 V betragen. Die Zuleitung muss so verlegt werden, dass ein Blitzschlag in diese Leitung unwahrscheinlich ist.

Eingangsbereich der Gebäude

Die für den Schutz in Zone 0 einsetzbaren Überspannungsschutzgeräte müssen für EEx ia-Stromkreise geeignet sein. SPDs mit der Bezeichnung EEx ib sind nur für Ex-Zone 1 verwendbar.

Zone 0 beschreibt Bereiche, in denen die gefährliche explosionsfähige Gasatmosphäre ständig, langfristig oder häufig vorhanden ist.

Einbruchmeldeanlage (EMA) → Gefahrenmeldeanlage

Eingangsbereich der Gebäude. Die Eingänge von öffentlichen Gebäuden, Schulen, Firmen, aber auch anderer Gebäude haben sehr oft Metallüberdachungen, → Metallfassaden (Beispiel **Bild E1**), Metallsäulen oder ähnliche architektonische Gestaltungselemente. Die leitfähigen Gestaltungen, die mit der → Fangeinrichtung oder mit → Ableitungen verbunden sind, die einen kleineren Abstand als den → Sicherheitsabstand s haben oder die nicht im → Schutzbereich sind, müssen unten geerdet und an der → Näherungsstelle verbunden werden. Bei den → Prüfungen entdeckt man häufig, dass gerade diese Stellen nicht richtig geschützt sind, da sie nicht oder nur nachträglich mit dem → Tiefenerder geerdet sind. Gerade bei Eingängen, die Personen als Unterstellmöglichkeit dienen, bis z.B. das Gewitter vorbei ist, sind diese Personen gefährdet. Die nachträgliche, oft nicht ausreichende Erdung nur mit dem Tiefenerder verursacht eine → Schrittspannung. Der Architekt oder der Elektroplaner darf bei den Eingangsbereichen die → Erdungsmaßnahmen nicht vergessen und muss im Bedarfsfall auch Maßnahmen gegen Schrittspannungen einplanen.

Bild E1 Durch eine Näherung der Eingangsüberdachung mit der Metallfassade der Gebäude (zusätzlich außerhalb des Schutzbereiches) kann es zum Überschlag in die nicht geerdete Eingangsüberdachung kommen. Die Personen unterhalb der Eingangsüberdachung sind damit und durch entstehende Schrittspannung, die von der Erdoberfläche abhängig ist, gefährdet.
Foto: Kopecky

Einschlaghäufigkeit

Einschlaghäufigkeit N_C in die bauliche Anlage. Der Wert N_C liegt in der Verantwortung des Nationalen Komitees, wenn Schäden an Personen, Kulturgütern und sozialen Gütern zu befürchten sind ([N30] Anhang F.2.4). Die Werte können vom Eigentümer oder vom Blitzschutzplaner festgelegt oder auch durch die Risikoanalyse (→ Risikoabschätzung) ermittelt werden. → Schutzklasse-Ermittlung.

Einschlagpunkt ist der Punkt, an dem ein Blitz ein → Blitzschutzsystem oder eine bauliche Anlage, → Erder, Baum usw. trifft.

Einzelerder sind → Oberflächenerder, → Tiefenerder oder ein → Fundament mit Stahleinlagen mit mindestens 5 m³ Volumen, die keine weitere Verbindung auf der Erdungsebene mit anderen → Erdern haben (DIN 57185-1 (VDE 0185 Teil 1): 1982-11 [N27], Abschnitt 5.3.6).

Elektrische Feldkopplung → Kopplungen

Elektroinstallationen → Kabelverlegung und Kabelführung

Elektromagnetische Verträglichkeit ist nach dem Gesetz über die elektromagnetische Verträglichkeit von Geräten (→ EMVG), 18. September 1998, § 2, Abschnitt 9 [L29], die Fähigkeit eines Gerätes, in der elektromagnetischen Umwelt zufrieden stellend zu arbeiten, ohne dabei selbst elektromagnetische Störungen zu verursachen, die für andere in dieser Umwelt vorhandenen Geräte unannehmbar wären.

In Abschnitt 9 wird zwar nur der Begriff „Gerät" benutzt, aber in Abschnitt 3 wird erklärt, dass Geräte alle elektrischen und elektronischen Apparate, Systeme, Anlagen und Netze sind, die elektrische oder elektronische Bauteile enthalten; insbesondere sind hierunter die in Anlage I genannten Geräte zu verstehen.

In Anlage I sind nur die Geräte, die für dieses Buch wichtig sind, enthalten: Industrieausrüstungen, medizinische und wissenschaftliche Apparate und Geräte, informationstechnische Geräte, Haushaltsgeräte und Haushaltsausrüstungen, elektronische Unterrichtsgeräte, Telekommunikationsnetze und -geräte, Leuchten und Leuchtstofflampen.

Alle weiteren in dem Gesetz genannten Geräte können die bauliche Anlage ebenfalls stören, werden hier aber nicht genannt, da sie vom Leserkreis nicht installiert werden.

Elektrostatische Aufladung ist eine elektrische Feldstärke, die sich bei einem minimalen Abstand zwischen Geräten und z.B. Personen bildet. Aufladungen entstehen u.a. durch Bewegung von Personen über einen nicht geeigneten Fußboden, durch Reibung der Kleidung, durch rotierende Teile usw. Eine von mehreren Abhilfen ist das Ableiten von Aufladung z.B. in einem → EDV-Raum mittels eines leitfähigen Fußbodens oder → Doppelbodens.

Elektrotechnische Regeln sind unter dem Stichwort → „Allgemein anerkannte Regeln der Technik" beschrieben. Die Berufsgenossenschaften beschreiben die elektrotechnischen Regeln wie folgt:
„*Für das Inverkehrbringen und für die erstmalige Bereitstellung von Arbeitsmitteln, das sind Maschinen, Geräte, Werkzeuge und Anlagen, die bei der Arbeit benutzt werden, sind die Rechtsvorschriften anzuwenden, durch die die einschlägigen Gemeinschaftsrichtlinien auf der Grundlage der Artikel 100 und 100a des EG-Vertrages in deutsches Recht umgesetzt werden. Soweit diese Rechtsvorschriften nicht zutreffen, gelten die sonstigen Rechtsvorschriften, die die Beschaffenheit elektrischer Betriebsmittel regeln. Nach diesen Vorschriften sind bereits zahlreiche Normen oder andere technische Spezifikationen als anerkannte Regeln der Technik oder zur Beschreibung des Standes der Technik bezeichnet (siehe laufende Bekanntmachungen des BMA im Bundesanzeiger und Bundesarbeitsblatt).*

Diese Normen und Spezifikationen haben auch für die Instandhaltung und Änderung elektrischer Betriebsmittel Bedeutung und sind in diesem Zusammenhang als ‚Elektrotechnische Regeln' i. S. der UVV ‚Elektrische Anlagen und Betriebsmittel' (VBG 4) anzusehen." [L2]

ELV ist eine Abkürzung für Kleinspannung $U \le 50$ V AC oder 120 V DC.

EMI [„engl.": electromagnetic interference] elektromagnetische Störung.

EMV [„engl.": electromagnetic compatibility (EMC)] elektromagnetische Verträglichkeit.

EMVG → Elektromagnetische Verträglichkeit

EMV-Planung muss gewährleisten, dass die EMV-Maßnahmen mindestens nach den → anerkannten Regeln der Technik ausgeführt werden. Nähere Angaben → LEMP-Schutz-Management.

EMV-Umgebungsklassen sind entsprechend DIN EN 61000 2-4 (VDE 0839 Teil 2-4): 1995-05 [N55], Abschnitt 4, wie folgt gegliedert:
- EMV-Umgebungsklasse 1 mit Störpegel kleiner als in öffentlichen Netzen, z. B. bei der geschützten Versorgung für sehr empfindliche Betriebsmittel.
- EMV-Umgebungsklasse 2 gilt für den Verknüpfungspunkt mit dem öffentlichen Netz und für anlageninterne Anschlusspunkte in der industriellen Umgebung.
- EMV-Umgebungsklasse 3 gilt nur für anlageninterne Anschlusspunkte in industrieller Umgebung, aber nicht mehr für die öffentlichen Netze. Die Klasse besitzt höhere Verträglichkeitspegel der Störungen als die Klasse 2, wenn die Energieversorgung stark störende Lasten aufweist.

Enddurchschlagstrecke entspricht dem angenommenen Radius der „Blitzkugel" nach DIN V ENV 61024-1 (VDE V 0185 Teil 100):1996-08 [N30], Tabelle 1.

Endgeräteschutz

Endgeräteschutz ist sehr wichtig. Er ist hauptsächlich bei den Geräten zu installieren, die mit mehreren Netzen, wie z.B. energietechnischen und informationstechnischen Netzen, verbunden sind. Die Netze können unterschiedliche Potentiale durch → Einkopplungen oder andere Störungen aufweisen. Für diese Endgeräte sind Kombigeräte, die einen örtlichen → Potentialausgleich zwischen den Netzen in einem Störungsfall herstellen, gut geeignet.

Energiewirtschaftsgesetz. Nach § 1 der Zweiten Verordnung des Energiewirtschaftsgesetzes in der Fassung vom 12.12.1985 sind bei der Errichtung von Anlagen zur Erzeugung, Fortleitung und Abgabe von Elektrizität die → allgemein anerkannten Regeln der Technik zu beachten. Von diesen darf abgewichen werden, soweit die gleiche Sicherheit auf andere Weise gewährleistet ist. Soweit Anlagen aufgrund von Regelungen der Europäischen Gemeinschaft dem in der Gemeinschaft abgegebenen Stand der Sicherheitstechnik entsprechen müssen, ist dieser maßgebend.

Die Einhaltung der allgemein anerkannten Regeln der Technik oder des in der Europäischen Gemeinschaft gegebenen Standes der Sicherheitstechnik wird vermutet, wenn die technischen Regeln des Verbandes Deutscher Elektrotechniker (VDE) beachtet worden sind.

Entflammbare Wände. Ist eine Wand aus entflammbarem Werkstoff, müssen die → Ableitungen, die mit ihrer Temperaturerhöhung die Wände gefährden, nach DIN V ENV 61024-1 (VDE V 0185 Teil 100): 1996-08 [N30], Abschnitt 2.2.4, einen Abstand zur Wand größer als 0,1 m besitzen. Befestigungsstützen dürfen die Wand berühren.

Entkopplung. Bei der Installation der → Blitz- und Überspannungsschutzgeräte (SPDs) der Kategorien B, C und D – auch als mehrstufige Schutzbeschaltung bekannt – müssen die einzelnen Schutzelemente der unterschiedlichen Kategorien gegeneinander entkoppelt werden. Zur Entkopplung der Schutzelemente werden Induktivitäten als zusätzliche Bauelemente oder die Eigeninduktivitäten der Leitungen selbst verwendet.

Die Entkopplungslängen sind von den installierten SPDs abhängig und bewegen sich zwischen 10 und 15 m. Alle SPD-Hersteller geben auf der „Einbauanweisung" an, wie groß die Entkopplungslängen sein müssen. Seit dem Jahr 2000 gibt es auf dem Markt auch SPDs der Kategorie B, die nur eine sehr kleine Entkopplung benötigen.

Die SPDs der Informationstechnik haben oft schon eine eingebaute Entkopplung direkt im SPD selbst. Der Monteur muss lediglich bei der Installation kontrollieren, ob nicht z.B. sein Mitbewerber schon eine SPD eingebaut hat. Das kann z.B. beim Breitbandkabel (BK) oder anderen Telekommunikationskabeln passieren. In der Übergabedose von BK ist oft innen ein SPD eingebaut (muss geerdet werden!). In diesem Fall soll die nächste SPD einen Mindestabstand von 1 m zu der vorherigen SPD in der Übergabedose haben.

Entkopplungsdrossel. Auf dem Markt sind Entkopplungsdrosselspulen mit 35 und 63 A problemlos zu beschaffen. Größere Entkopplungsspulen der

Entkopplungsdrossel

Reihen 125 und 250 A müssen beim SPD-Hersteller bestellt werden. Die Entkopplungsdrosseln begrenzen mit ihrem Nennstrom die Leistung der geschützten Anlage und auch die vorgeschaltete → Vorsicherung muss entsprechend bemessen sein.

Auf Bild B6 ist ein Monteur bei der Installation von drei 125-A-Entkopplungsspulen in einem Verteiler zu sehen. Aus Platzgründen können die Verteiler nicht immer so groß gewählt werden.

Bei einem Industriehauptverteiler mit größerer Stromabnahme als 63 A sind die SPDs Kategorie B vor dem oder in dem ersten Feld des Hauptverteilers zu installieren. Die ersten Verteilerfelder benötigen üblicherweise noch keine → SPDs der Kategorie C (siehe Bild Ü1). Erst das letzte Verteilerfeld, welches einige Meter von dem ersten Feld entfernt ist, hat eingebaute Geräte (z. B. Automaten, Steuerungsgeräte). Dort müssen SPDs der Kategorie C eingebaut werden. Dieses Verteilerfeld hat eine deutlich reduzierte Stromabnahme. Dort ist eine Entkopplung mit den Entkopplungsdrosseln 63 A realisierbar.

SPDs der Kategorie C hinter den Entkopplungsdrosseln schützen nur die Einrichtungen, die parallel zu diesen SPDs angeschlossen sind. Die Einrichtungen, die an den Sammelschienen angeschlossen sind, werden nur von den SPDs der Kategorie B geschützt. Bei Prüfungen wird oft der im **Bild E2** gezeigte falsche Anschluss entdeckt. Dies resultiert daraus, dass u. a. die Pläne für die Verdrahtung der Entkopplungsdrosseln (Bild E2) oft schon vom Planer falsch gezeichnet sind. Der richtige Anschluss der SPDs beider Kategorien und der Entkopplungsdrosseln ist auf **Bild E3** dargestellt. Alle SPD-Hersteller fügen den SPD-Verpackungen eine Anweisung mit der richtigen Anschlussart bei.

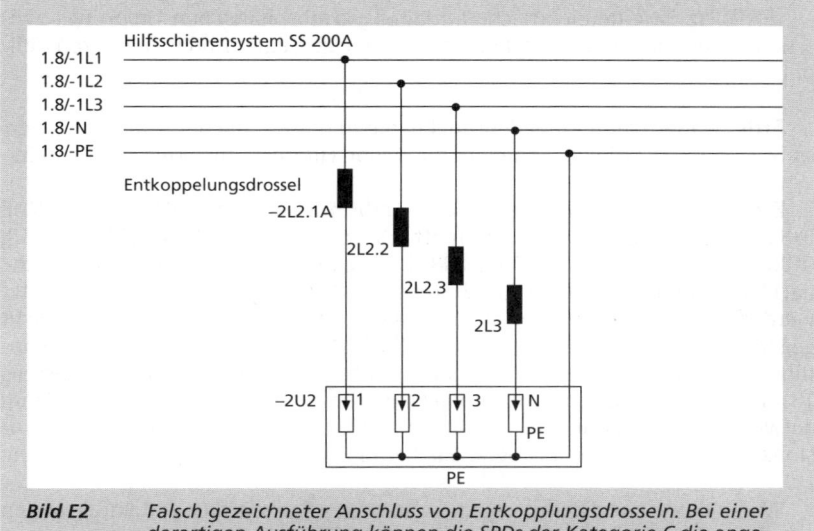

Bild E2 *Falsch gezeichneter Anschluss von Entkopplungsdrosseln. Bei einer derartigen Ausführung können die SPDs der Kategorie C die angeschlossenen Einrichtungen an den Sammelschienen nicht schützen.*
Quelle: Kopecky

Erdblitz

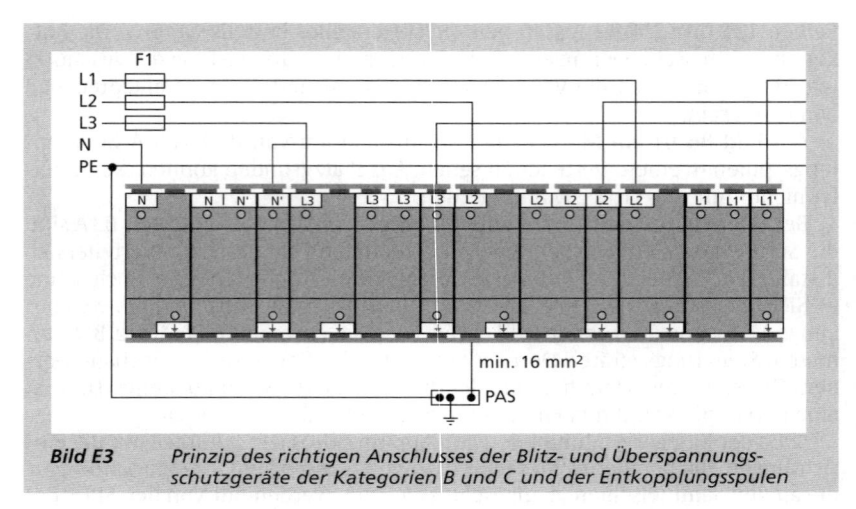

Bild E3 *Prinzip des richtigen Anschlusses der Blitz- und Überspannungsschutzgeräte der Kategorien B und C und der Entkopplungsspulen*

Eine wichtige Information für Planer und auch für Installationsfirmen ist, dass bei Installation von SPDs der Kategorie B zwar „nur" 3 SPDs im → TN-C-System benötigt werden, wenn aber aus dem TN-C-System ein neues TN-S-System entsteht, müssen auch für den → N-Leiter eine Entkopplung (Drossel oder Leitungslänge) und eine SPD der Kategorie C geplant und installiert werden.

Erdblitz ist eine elektrische Entladung atmosphärischen Ursprungs zwischen Wolke und Erde. Der Erdblitz besteht aus einem oder mehreren Teilblitzen.

Erde. Außer weiteren Bedeutungen, die in diesem Buch genannt sind, versteht man unter Erde die Bodenart, z. B. Moor, Humus, Sand, Kies und Gestein.

Erdeinführungen aus verzinktem Stahl müssen nach DIN 57185-1 (VDE 0185 Teil 1): 1982-11 [N27], Abschnitt 4.3.2.5, und E DIN IEC 61024-1-2 (VDE 0185 Teil 102 Entwurf):1999-02 [N32], Abschnitt 3.3.7, ab der Erdoberfläche nach oben und nach unten mindestens auf 0,3 m gegen Korrosion geschützt werden. Die Erdeinführungen aus V4A Werkstoffnummer 1.4571 müssen nicht gegen → Korrosion gesichert werden. Nach [N27], Tabelle 2, müssen Erdeinführungen aus feuerverzinktem Stahl einen Durchmesser von mindestens 16 mm haben, Bänder müssen einen Querschnitt von mindestens 30 x 3,5 mm aufweisen. [N30], nationaler Anhang NC, Abschnitt zu 2.5, weist dem Korrosionsschutz für Erdeinführungen aus Beton und Erdbereich große Bedeutung zu.

Weder die alten noch die → neuen Normen erlauben, dass Erdeinführungen aus 8 oder 10 mm isoliertem verzinkten Stahl oder aus Aluminium installiert werden dürfen. Die so erzielte Materialersparnis hat eine Qualitätsminderung zur Folge, wie sie oft bei Prüfungen entdeckt wird. Gerade die Austrittsstelle aus

Erdeinführungen

dem Erdbereich ist aber besonders durch Korrosion gefährdet. Bei einer kleinen Beschädigung der Isolation kommt es zur raschen Durchrostung der nicht ausreichend dicken Materialen.

Bei noch nicht beendeten Baustellen muss der Monteur bei der Installation der Erdeinführungen in Erfahrung bringen, auf welcher Ebene die zukünftige Erdoberfläche liegt. Es geschieht häufig, dass sich die Erdeinführungen dann zu tief im Erdbereich befinden und der Korrosionsschutz nur unterhalb der Erde ist oder umgekehrt. Die Befestigung der Erdeinführung soll in gleichen Abständen erfolgen. Es empfiehlt sich, auf der Wasserwaage Markierungen für die erste und auch die zweite Erdeinführungsbefestigung anzubringen und diese auch bei der Bohrung zu benutzen. In DIN 48 803 „Blitzschutzanlage, Anordnung von Bauteilen und Montagemaße: 1985-03, Bild 1, beträgt die Erdeinführung oberhalb des Erdniveaus 1,5 m. Nur im → RAL-Pflichtenheft [L14], Abschnitt Erdeinführung, ist eine Länge von 0,8 bis 1,0 m vorgeschrieben und die erste Erdeinführungsstütze wird 0,3 m vom Erdniveau installiert. Die zweite Stütze ist 0,3 m unterhalb des Trennstückes montiert und damit kann das → Trennstück unproblematisch geöffnet werden. Die nächste Ableitungsstütze oder der Regenfallrohranschluss ist vom Trennstück auch 0,3 m entfernt (**Bild E4**).

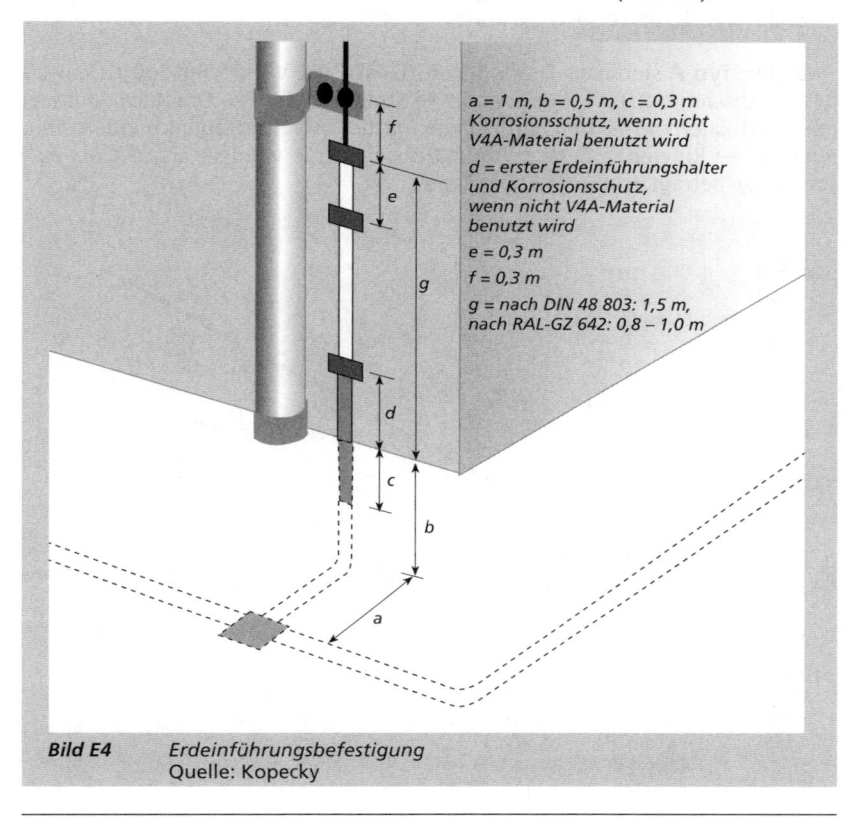

$a = 1\,m$, $b = 0,5\,m$, $c = 0,3\,m$
Korrosionsschutz, wenn nicht V4A-Material benutzt wird

d = erster Erdeinführungshalter und Korrosionsschutz, wenn nicht V4A-Material benutzt wird

$e = 0,3\,m$

$f = 0,3\,m$

g = nach DIN 48 803: 1,5 m, nach RAL-GZ 642: 0,8 – 1,0 m

Bild E4 *Erdeinführungsbefestigung*
Quelle: Kopecky

Erder

Erder ist ein Teil oder sind mehrere Teile der → Erdungsanlage aus leitfähigem Material, die den direkten elektrischen Kontakt mit der Erde im Erdbereich oder dem → Fundamenterder herstellt.

Erder-Reparatur. Bei einer Reparatur hochohmiger → Erder sollte der Erder mit einem→ Oberflächenerder zum nächsten niederohmigen Erder verbunden werden. Die Reparatur nur mit einem → Tiefenerder verursacht eine Vergrößerung des → Sicherheitsabstandes s. Kann man an der Reparaturstelle nur einen Tiefenerder installieren, so muss dieser mit dem „benachbarten" Erder verbunden werden. Die Verbindung kann auch oberhalb des Erdreiches oder auch als Verbindung zum inneren Potentialausgleichsring ausgeführt werden.

Erdertiefe. Die Oberflächenerder sind in mindestens 0,5 m Tiefe und in 1 m Abstand zur baulichen Anlage zu verlegen. Die Erderlängen der → Tiefenerder sollen 9 Meter betragen (DIN 57185-1 (VDE 0185 Teil 1): 1982-11 [N27] Abschnitt 5.3).

Erder-Werkstoffe → Werkstoffe

Erder, Typ A sind nach DIN V ENV 61024-1 (VDE V 0185 Teil 100): 1996-08 [N30], Abschnitt 2.3.2.1, horizontale → Strahlenerder (→ Oberflächenerder) oder Vertikalerder (→ Tiefenerder), die mit den Ableitungen verbunden sind. Auch ein → Ringleiter, dessen Kontakt mit der Erde weniger als 80 % der Gesamtlänge beträgt, ist ein → Erder Typ A.

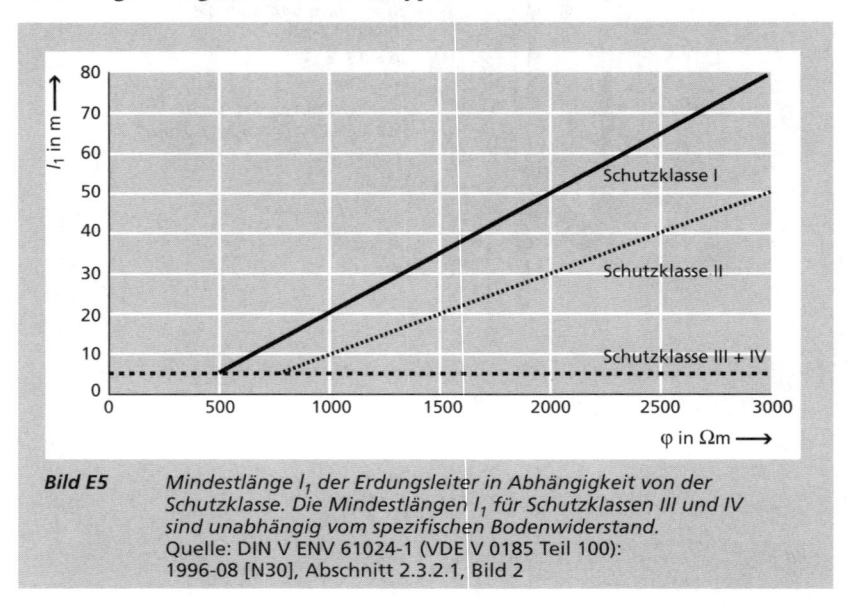

Bild E5 Mindestlänge l_1 der Erdungsleiter in Abhängigkeit von der Schutzklasse. Die Mindestlängen l_1 für Schutzklassen III und IV sind unabhängig vom spezifischen Bodenwiderstand.
Quelle: DIN V ENV 61024-1 (VDE V 0185 Teil 100): 1996-08 [N30], Abschnitt 2.3.2.1, Bild 2

Bei der Erderanordnung Typ A beträgt die Mindestanzahl der Erder 2.

Die Mindestlänge für horizontale Strahlenerder l_1 oder $0{,}5 \cdot l_1$ für Vertikalerder ist **Bild E5** zu entnehmen. Bei den → Blitzschutzklassen III und IV ist eine Länge von 5 m für den Tiefenerder ausreichend. Das Nationale Vorwort weist aber darauf hin, dass sich Tiefenerder mit einer Länge von 9 m in Deutschland als vorteilhaft erwiesen haben.

Die Mindestlänge nach **Bild E5** muss nicht installiert werden, wenn ein → Erdungswiderstand von weniger als 10 Ω erreicht wird.

Erder, Typ B ist nach DIN V ENV 61024-1 (VDE V 0185 Teil 100): 1996-08 [N30], Abschnitt 2.3.2.2, ein → Ringerder außerhalb der baulichen Anlage, der mit mindestens 80 % seiner Länge Kontakt mit der → Erde hat, oder ein → Fundamenterder.

Bei der → Erdungsanlage Typ B darf der → mittlere Radius r des von der → Erdungsanlage (Ringerder, Fundamenterder) eingeschlossenen Bereichs nicht weniger als l_1 betragen.

$r \geq l_1$

l_1 ist auf dem Bild E5 von der → Blitzschutzklasse abhängig zu entnehmen. Wenn der geforderte Wert von l_1 nicht erreicht wird, müssen zusätzliche → Strahlen- oder Vertikalerder (auch Schrägerder) hinzugefügt werden. Die hinzugefügte Länge ist der Unterschied zwischen l_1 und r.

Die erforderliche Länge für die zusätzlichen Horizontalerder ist:

$l_r = l_1 - r$

Die erforderliche Länge für die zusätzlichen Vertikalerder ist:

$$l_v = \frac{l_1 - r}{2}$$

Die zusätzlichen Erder müssen bei allen → Ableitungen ausgeführt werden, mindestens jedoch 2 Stück.

Beispiel:
Bei dem geplanten Gebäude entsprechend **Bild E6** mit der → Blitzschutzklasse II und dem spezifischen Erdwiderstand 700 Ωm müssen keine zusätzlichen Erder installiert werden. Wenn für dieses Gebäude die Blitzschutzklasse I ermittelt wurde, beträgt die Mindestlänge l_1 nach Bild E5 bei einem Bodenwiderstand von 700 Ωm = 10 m. Das ergibt:

$l_r = l_1 - r$ $\qquad$ $l_r = 10 - 8{,}37$ $\qquad$ $l_r = 1{,}63$

$l_v = \dfrac{l_1 - r}{2}$ $\qquad$ $l_v = \dfrac{10 - 8{,}37}{2}$ $\qquad$ $l_v = \dfrac{1{,}63}{2}$ $\qquad$ $l_v = 0{,}815$

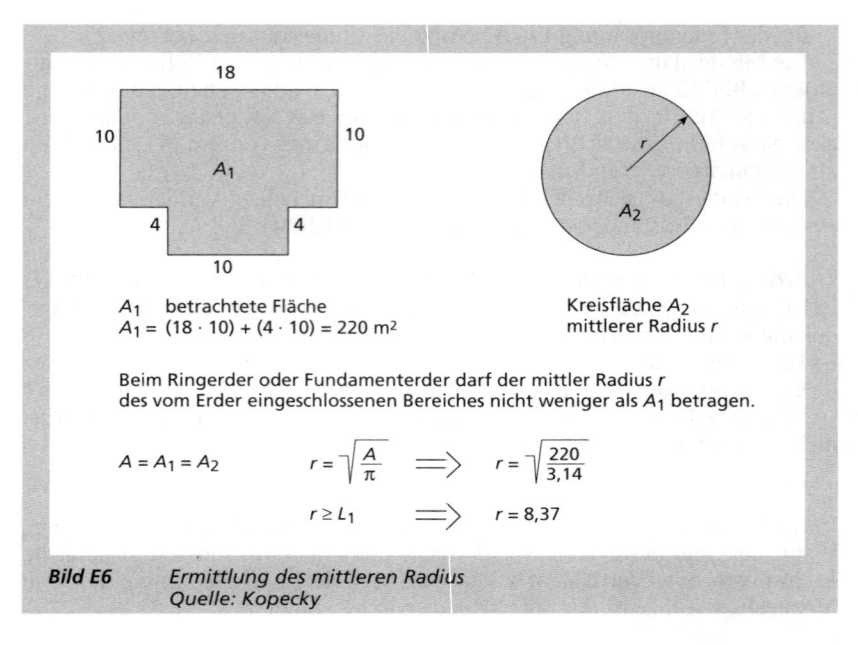

Erdfreier örtlicher Potentialausgleich

A_1 betrachtete Fläche
$A_1 = (18 \cdot 10) + (4 \cdot 10) = 220 \, m^2$

Kreisfläche A_2
mittlerer Radius r

Beim Ringerder oder Fundamenterder darf der mittler Radius r des vom Erder eingeschlossenen Bereiches nicht weniger als A_1 betragen.

$A = A_1 = A_2$ $\quad r = \sqrt{\dfrac{A}{\pi}} \quad \Longrightarrow \quad r = \sqrt{\dfrac{220}{3,14}}$

$r \geq L_1 \quad \Longrightarrow \quad r = 8,37$

Bild E6 Ermittlung des mittleren Radius
Quelle: Kopecky

Für Planer, Hersteller und Prüfer bedeutet das, dass schon bei der Planung der Erweiterung der → Erdungsanlage trotz des guten → Fundamenterders im Vergleich zur alten Norm an 22 Stellen (bei Klasse I) die Austritte aus dem Fundamenterder mit einbezogen werden müssen. Alle 22 Ableitungsstellen (Erdungsstellen) müssen mit 1,63 m horizontalen oder mit 0,82 m vertikalen → Erdern erweitert werden. Die Erweiterung kann aus Korrosionsgründen nur mit Erdern aus V4A Werkstoffnummer 1.4571 ausgeführt werden.

Erdfreier örtlicher Potentialausgleich ist eine Alternative zum EMV-freundlichen → Potentialausgleich, wenn in seiner Umgebung Hochstromanlagen installiert sind. Damit können keine Ausgleichsströme über die → Schirme und alle angeschlossenen Einrichtungen fließen und die angeschlossene Technik stören.

Erdungsanlage ist ein Teil des → äußeren Blitzschutzes, der den Blitzstrom in die Erde leiten und verteilen oder bei Erdblitzen aufnehmen soll. Die → Erdungsanlage kann aus → Fundamenterder, → Oberflächenerder, → Tiefenerder oder deren Kombinationen bestehen.

Erdungsanlage – Berechnung. Berechnung der Erdungsanlage → Erder Typ A, → Erder Typ B und → Erdungsanlage – Größe.

Erdungsanlage – Größe (nach DIN 57185-1 (VDE 0185 Teil 1): 1982-11[N27]). Entsprechend DIN 57185-1 (VDE 0185 Teil 1): 1982-11 [N27], Abschnitt 5.3.1, ist ein → Fundamenterder ausreichend. Nach [N27], Abschnitt 5.3.5, soll ein → Ringerder möglichst als geschlossener Ring um das Außenfundament des Gebäudes verlegt werden. Ist ein geschlossener Ring außen um die bauliche Anlage nicht möglich, so ist es zweckmäßig, den Teilring zur Vervollständigung des → Blitzschutz-Potentialausgleichs durch Leitungen im Inneren zu ergänzen. Wenn das alles nicht realisierbar ist, muss die kontrollierte → Erdungsanlage hinsichtlich ihrer Länge den Bedingungen für → Einzelerder nach [N27], Abschnitt 5.3.6, für jede der mindestens erforderlichen → Ableitungen entsprechen. Jede installierte Ableitung muss entweder einen → Oberflächenerder mit 20 m Länge oder einen → Tiefenerder mit 9 m Länge oder eine Kombination der beiden haben.

Erdungsanlage – Prüfung. Bei der → Prüfung der → Blitzschutzanlage muss die Erdungsanlage dahin gehend überprüft werden, ob sie nach den gültigen Normen ausgeführt ist. Gerade bei den Erdungsanlagen, die nachträglich oft schwierig zu kontrollieren sind, werden die meisten Mängel entdeckt. Nach der Vornorm DIN V VDEV 0185-110 (VDE 0185 Teil 110): 1997-01 [N39], Absatz 6.2, müssen bei bestehenden Erdungsanlagen, die älter als 10 Jahre sind, der Zustand und die Beschaffenheit der Erdungsanlage und deren Verbindungen durch punktuelle Freilegungen beurteilt werden. Die Probegrabungen nach [N37], Absatz 6.3.2, sind auch wichtig für die Kontrolle der → Korrosionswirkungen auf die → Erdungsanlage. Nicht nur die „Blitzschutznormen", sondern auch DIN VDE 0105 Teil 100: 2000-6 Betrieb von elektrischen Anlagen; Abschnitt 5.3.101.1.12, und DIN VDE 0141: 1989-7 Erdungen für Starkstromanlagen mit Nennspannungen über 1 kV, Abschnitt 7.1.2, schreiben schon nach 5 Jahren eine Kontrolle vor. Die geforderten → „Messungen an der Erdungsanlage" und an den Verbindungen zum → Blitzschutzpotentialausgleich sind unter eigenem Stichwort beschrieben.

Es ist außerdem wichtig zu kontrollieren, ob die Erdungsanlage entsprechend der baulichen Anlage ausreichend groß ist oder nicht. Man vergleicht dazu die Erdungsanlage mit den Forderungen der Normen aus dem Jahr der Installation. Zur korrekten Beurteilung der Erdungsanlage nach den → „neuen" Normen muss man bei der → Prüfung von baulichen Anlagen mit den → Blitzschutzklassen I und II zusätzlich den spezifischen Erdwiderstand messen.

Beispiel für den Prüfer.
→ Erdungsanlage Größe nach DIN 57185-1 (VDE 0185 Teil 1): 1982-11[N27].
Bei einer baulichen Anlage wie auf Bild M17 zu sehen, wurde durch die beschriebene Messungsart ermittelt, dass bei der → Erdungsanlage kein geschlossener Ring außen um die bauliche Anlage installiert wurde und dass sie nicht durch den → Potentialausgleich im Keller vervollständigt wurde. Bei dem Gebäude mit den Maßen 60 m x 60 m und dem Innenhof mit den Maßen 10 m x 10 m müssen im Innenhof 2 Ableitungen und am Umfang der baulichen Anlage außen insgesamt (60 + 60 + 60 + 60 = 240 : 20 = 12) 12 und nicht 10 Ableitungen sowie die zugehörige Erdungsanlage angebracht werden.

Erdungsanlage

Der → Prüfer kann nicht wissen, ob beim → Erdungsband als → Oberflächenerder, z. B. zwischen EE 4 und EE 7, nicht doch zusätzlich ein oder mehrere → Tiefenerder installiert wurden. Bei feuchtem Tonboden wurde am Tag der Kontrolle ein → spezifischer Erdwiderstand von 90 Ωm gemessen somit kann bei Erden mit 2,9 Ω das installierte Erdungsmaterial „ungefähr" wie folgt kontrolliert werden:

$$L = \frac{2 \cdot \rho_E}{R_E} \qquad L = \frac{2 \cdot 90 \, \Omega m}{2,9 \, \Omega} \qquad L = 62 \, m$$

Durch diese Berechnung erfährt der → Prüfer, dass EE 4 bis EE 7 nur mit einem Erdungsband als → Oberflächenerder mit einer Gesamtlänge von 62 m „verbunden" sind. Die Berechnung ermittelt nicht die genaue Länge, da unterschiedliche Erdungsschichten an der kontrollierten Stelle sein können und es dadurch zu Abweichungen bei den Ergebnissen kommen kann. Mit einer bestimmten Toleranz muss einfach gerechnet werden. Die Messung bestätigt jedoch, dass die Banderdungsanlage zwischen EE4 und EE7 nicht mit einem 9 m in die Erde reichenden Tiefenerder ergänzt wurde.

Daraus resultiert, dass die bauliche Anlage nicht über eine ausreichende → Erdungsanlage verfügt, denn wenn es sich nicht um einen geschlossenen Ring handelt, müsste die Erdungsanlage für 12 + 2 = 14 Ableitungen x 20 m = insgesamt 280 m Oberflächenerder haben. Die Oberflächenerder könnten auch mit→ Tiefenerdern ergänzt werden. Ein 9 m Tiefenerder entspricht ca. 20 m Oberflächenerder. Befindet sich das Erdungsband des Weiteren nicht im Erdbereich, sondern nur in einer schmalen gefrästen Spalte der Asphaltfläche im Bürgersteig, kann das Erdungsmaterial nicht als Erde sondern nur als Verbindungsmaterial anerkannt werden, weil es von der Erde im Grunde isoliert ist.

Wenn das Erdungsband nicht tief genug und nicht komplett von oben isoliert ist, entstehen weitere Probleme durch → Korrosion.

Die Größe der → Erdungsanlage muss bei baulichen Anlagen, die schon nach der → neuen Norm geplant und gebaut sind, auch DIN V ENV 61024-1 (VDE V 0185 Teil 100): 1996-08 [N30], Abschnitt 2.3, entsprechen. Eine Erklärung der Beurteilung wird unter dem Stichwort → „Erder Typ B" gegeben.

Weitere Teile der Kontrolle der Erdungsanlage sind die → Prüfung der Ausführung, der Tiefe und des Abstandes zu der zu schützenden Anlage sowie des benutzten Materials. Die Prüfung des Materials umfasst sowohl die Kontrolle der direkten Verbindungen unterschiedlicher Werkstoffe im Erdbereich, aber auch die gleicher Werkstoffe, z.B. Fundamenterder mit Oberflächen- oder Tiefenerdern aus verzinktem Material (→ Korrosion).

Erdungsanlage auf Felsen. Eine → Erdungsanlage für eine bauliche Anlage auf Felsen ist schwierig realisierbar und muss nach DIN 57185-1 (VDE 0185 Teil 1): 1982-11 [N27], Abschnitt 5.3.8, ausgeführt werden. Die → Ableitungen werden an eine etwa 2 m entfernte Ringleitung angeschlossen. An diese Ringleitung installiert man zwei → Strahlenerder von je 20 m Länge außerhalb begehbarer Wege, vor allem talwärts. Befinden sich in der Nähe feuchte Stellen oder auch Felsspalten, dann müssen die Strahlenerder an diese Stellen herangeführt werden. Die Ring- und Strahlenerder müssen auf der Erdoberfläche mit Klammern oder Beton befestigt werden.

Auch die neue DIN IEC 61024-1-2 (VDE 0185 Teil 102 Entwurf): 1999-02 [N32], Abschnitt 3.3.5, übernimmt die alten Erfahrungen mit der Priorisierung eines Fundamenterders, weil er auch als Potentialausgleichsleiter dient. Ab den Prüfklemmen sollten dann die zusätzlichen Erder wie oben beschrieben installiert werden. Wo sich keine → Fundamenterder befinden oder ausgeführt werden können, ist ein → Erder Typ B (ein → Ringerder) zu installieren.

Bei den Ausführungen der → Erdungsanlage darf nicht die Gefahr der → Schritt- und Berührungsspannung vergessen werden. In diesem Fall muss in dem → Eingangs- oder Wegbereich eine → Potentialsteuerung und/oder → Standortisolierung der Oberflächenschicht durchgeführt werden.

Erdungsmessgerät → Messgeräte und Prüfgeräte

Erdungswiderstand → Äquivalente Erdungswiderstände, → Ausbreitungswiderstand und → Messungen – Erdungsanlage

Errichter von Blitzschutzsystemen ist eine Person, die kompetent und erfahren in der Errichtung der → Blitzschutzsysteme (LPS) ist. → Errichter und → Planer eines Blitzschutzsystems kann ein- und dieselbe Person sein.

ESD [„engl." electrostatic discharge] ist eine Störung durch energiearme → Überspannungen, die durch elektrostatische Entladung verursacht werden.

ESE-Einrichtungen [„engl." early streamer emission devices] oder mit anderen Worten ionisierende Fangeinrichtungen sollen durch eine verstärkte Emission von Ionen das Einfangen der Blitze verbessern. Die behauptete erhöhte Schutzwirkung von ionisierenden Fangeinrichtungen ist wegen der ungenügend bekannten Durchschlagsprozesse und der Schwierigkeit ihrer Nachbildung wissenschaftlich höchst umstritten [L27].

Die ESE-Anlagen entsprechen weder den internationalen (IEC) noch den → nationalen Vorschriften (DIN VDE) und sind daher abzulehnen.

F

Fangeinrichtung ist der Teil des → äußeren Blitzschutzes, der zum Auffangen der Blitze bestimmt ist. Die → Fangeinrichtung wird nach der alten Norm DIN 57185-1 (VDE 0185 Teil 1): 1982-11 [N27], Abschnitt 5.1, oder nach der → neuen Norm DIN V ENV 61024-1 (VDE V 0185 Teil 100):1996-08 [N30], Abschnitt 2.1, errichtet.

Eine Fangeinrichtung kann durch vermaschte Leiter, → Fangstangen, → Fangspitzen oder auch gespannte Drähte und Seile bzw. ihre Kombinationen entstehen. Auch → natürliche Bestandteile der geschützten Anlage können benutzt werden.

Bei einem Vergleich der neuen Norm zu der alten Norm wird jetzt zusätzlich das → Blitzkugelverfahren zur Festlegung der Anordnung und der Lage der Fangeinrichtung eingesetzt. Das → Blitzkugelverfahren wird allerdings nur für komplizierte Anlagen empfohlen, ansonsten verwendet man das → Schutzwinkelverfahren. Für ebene Flächen wird das alte Verfahren (das Maschenverfahren) weiter benutzt.

Die Fangeinrichtung muss alle bevorzugten Einschlagstellen auf Gebäuden, z.B. Firste, Grate, Giebel und Traufkanten, Giebel- und Turmspitzen, Mauerkronen, Fialen, Gaupen und andere → Dachaufbauten, schützen. Die Fangeinrichtung wird dicht an den Gebäudeaußenkanten verlegt. Sind die Fangleitungen unterhalb der Gebäudekanten installiert, dann müssen alle 5 m Fangspitzen aufgestellt werden, die die Gebäudekanten mindestens um 0,3 m überragen.

Die Fangleitungen auf dem First müssen an den Firstenden um mindestens 0,3 m aufwärts gebogen werden.

Dachaufbauten, die 1 m^2 Grundfläche aufweisen oder 2 m lang sind, weniger als 0,5 m von der Fangeinrichtung entfernt sind und mehr als 0,3 m aus der Maschenebene oder dem → Schutzbereich herausragen, müssen geschützt werden.

Bei der Installation der Fangeinrichtung auf dem Dach nach dem Maschenverfahren empfiehlt sich genau zu überlegen, wie und wo die Fangleitungen verlegt werden sollen. In erster Linie sind sie immer entlang dem Umfang des Gebäudes anzubringen, wenn dort keine benutzbaren Blechaußenkanten oder → Dachrinnen vorhanden sind. Leitungskreuzungen auf dem Dach sollten dort vorgesehen werden, wo sich die → Ableitungen befinden. Das bedeutet, dass die Querleitungen an den Stellen installiert werden, wo schon → Regenfallrohre oder installierte oder geplante Ableitungen vorhanden sind. Außerdem müssen die Querleitungen so verlegt werden, dass diese keine → Näherungen mit den → Dachaufbauten auf dem Dach verursachen und dabei auch nicht ein bestimmtes Maschenweitemaß überschreiten. Ein Dach ohne Dachaufbauten kann man nach der Maschenweite planen, ein Dach mit Dachaufbauten muss oft auch mehrere kleinere Maschen erhalten.

Die Fangleitung mit dem gerichteten Draht (nicht nur ausgerollter Draht) wird in der Linie der Maschen verlegt. Erfahrene Handwerker besitzen das richtige Schrittmaß für den Abstand der Dachleitungshalter (auch „Steine" genannt), andere benutzen einen Drahtmaßstab. Wenn es nicht sehr windig ist, wird die Verwendung eines Bandmaßes empfohlen, weil dies in erster Linie die Richtung, aber auch den Abstand zwischen den Dachleitungshaltern zeigt. Auch an den Schweißnähten der Dachfolien kann man sich bezüglich der Richtung oder der Abstände orientieren. Die Dachleitungshalter sollten, wenn sie nicht zum Kleben vorbereitet sind, auch auf glatten Dächern, hauptsächlich Foliendächern, gegen Rutschen abgesichert werden (Beispiel siehe **Bild F1**).

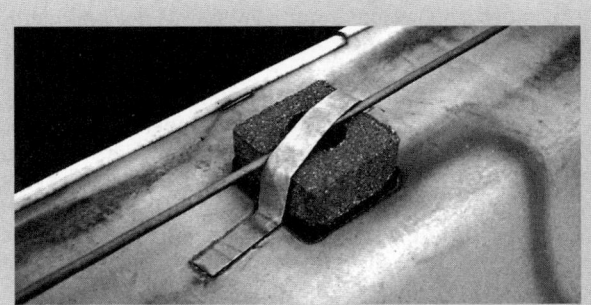

Bild F1 *Gegen Rutschen nachträglich abgesicherter Dachleitungshalter. Die Blitzschutzmaterial-Hersteller haben im Herstellungsprogramm Dachleitungshalter zum Einklemmen von Folienstreifen, die mit der Dachfolie verschweißt werden können.*
Foto: Kopecky

Bild F2 *Fangeinrichtung mit gespannten Drähten*
Foto: J. Pröpster GmbH

Fangeinrichtung

Bei → Fangeinrichtungen, die z. B. Rohrleitungen von Rückkühlgeräten oder andere Kabelinstallationen kreuzen, soll auf beiden Seiten der → Kreuzung die Fangstange in sicherem Abstand, der größer als der → Sicherheitsabstand s ist, installiert und ein Draht zwischen den beiden Fangstangen oben an der Spitze befestigt werden.

Diese Art der Kreuzung ist ähnlich der Ausführung der Fangeinrichtung mit gespannten Drähten oder Seilen, wie auf **Bild F2** zu sehen ist.

Fangeinrichtung auf Isolierstützen. Wenn unterhalb der Dachhaut Installationen durch → Näherungen gefährdet sind, wenn Ex-Gebäude vorliegen, wenn Einrichtungen auf dem Dach oder andere Installationen durch Kreuzungen mit → Fangeinrichtung gefährdet sind, müssen die Fangeinrichtungen auf Isolierstützen montiert werden. Diese Installationsart kann auch bei nicht ausreichend dicken Blechdächern als Schutz gegen Ausschmelzen von Blechen verwendet werden. Die Länge der Isolierstützen muss größer als der notwendige → Sicherheitsabstand s auf dem Dach sein.

Fangspitzen. Nach DIN 57185-1 (VDE 0185 Teil 1): 1982-11 [N27], Tabelle 1, dürfen die Fangspitzen aus allen Werkstoffen dieser Tabelle aber nur 0,5 m hoch sein. Mit der Höhe ist der Abstand von der letzten Befestigung der Fangspitze gemeint. Im → RAL-Pflichtenheft [L14] ist die Höhe der Fangspitze von der Fangebene der → Fangeinrichtung an gezeichnet, dies ist wahrscheinlich ein Zeichenfehler. PVC-Lüfter, die z. B. nur 50 cm hoch und 10 cm breit sind, können nach dieser Zeichnung nicht mit den Fangspitzen geschützt werden, sondern nur mit → Fangstangen.

In der [N27], Tabelle 1, ist die Höhe auf maximal 0,5 m festgelegt, weil längere Fangspitzen keine dauerhafte Fangeinrichtungen sind. Schon nach kurzer Zeit kippen die langen Fangspitzen und schützen die Aufbauten oder die

Bild F3 *Diese Fangspitze an einem Elektrolüfter kann keinen ausreichenden Schutzbereich für den Elektrolüfter, ohne die Gefährdung der Elektroinstallation an der Näherung, gewährleisten.*
Foto: Kopecky

Fangstangen

Anlage nicht mehr. Für größere → Dachaufbauten und Anlagen müssen Fangstangen oder → isolierte Blitzschutzanlagen installiert werden, die unter eigenen Stichworten beschrieben sind.

Mit den Fangspitzen schützen wir nicht leitende und nicht elektrische Dachaufbauten auf dem Dach (**Bild F3**).

Fangspitzen müssen bei Fangleitungen, die unterhalb der Gebäudekanten angeordnet sind, alle 5 m installiert werden und die Gebäudekanten um mindestens 0,3 m überragen [N27], Abschnitt 5.1.1.5. Das Gleiche gilt nach [N27], Abschnitt 5.1.1.7, für die Fangleitungen unter der Dachhaut.

Bei baulichen Anlagen, die nach DIN V ENV 61024-1 (VDE V 0185 Teil 100): 1996-08 [N30], Abschnitt 2.1.3, gebaut werden und deren Dicke des Metallbleches auf dem Dach kleiner ist als unter dem Stichwort → „Ausschmelzen von Blechen" beschrieben, muss die Fangeinrichtung mit → Fangspitzen oder Fangstangen ergänzt werden, damit es nicht zur Durchschmelzung des Daches kommt.

Die Firstleitungen müssen am Firstende nach [N27], Abschnitt 5.1.1.6, aufwärts gebogen werden.

Fangstangen sind ein Bestandteil der → Fangeinrichtung. Mit Fangstangen werden → Dachaufbauten auf dem Dach geschützt. Das sind z. B. → Schornsteine, Fenster, Rückkühlgeräte, Elektroventilatoren und andere elektrische Installationen oder lose Geräte. Die Fangstangen schützen die Aufbauten mit dem Schutzbereich 45° oder – abhängig vom Abstand – bei zwei oder mehreren Stangen mit der fiktiven Fangleitung zwischen den Fangstangen nach DIN 57185-1 (VDE 0185 Teil 1): 1982-11 [N27], Abschnitt 5.1.2.

Der → Schutzbereich, alternativ → Blitzkugelradius nach DIN V ENV 61024-1 (VDE V 0185 Teil 100):1996-08 [N30], Tabelle 3, ist von der → Schutzklasse des → Blitzschutzsystems abhängig (→ Schutzbereich oder auch Schutzraum).

Nach Tabelle 1 in [N27] dürfen die Fangstangen nur aus Kupfer, verzinktem oder nicht rostendem Stahl mit einem minimalen Durchmesser von 16 mm sein. Bei frei stehenden Schornsteinen muss der minimale Durchmesser der Fangstangen 20 mm betragen. Die oben beschriebene Norm beinhaltet keine Aluminium-Stangen, weil es sich in der Norm nur um die Fangstangen für Rauchgasbereiche der Schornsteine handelt.

In Tabelle NC.2, → Werkstoffe für Fangeinrichtungen, Ableitungen, Verbindungsleitungen und ihre Mindestmaße, von [N30] sind Alu-legierte Fangstangen mit einem minimalen Durchmesser von 16 mm einbegriffen, aber mit dem Hinweis, dass diese nicht für den Rauchgasbereich erlaubt sind.

Die Fangstangen werden an der senkrechten Wand (z. B. Schornstein) mit den Stangenhaltern befestigt und auf waaegrechten Dächern mittels Betonsockel auf die Unterlegplatte gestellt.

Die Befestigung oder die Einstellung der Fangstangen muss stabil und dauerhaft sein. Nach [N27], Abschnitt 5.1.1.17, müssen die Fangstangen auf Dächern so aufgestellt werden, dass sie nicht in elektrische Freileitungen fallen können.

Die Fangstangen sind dauerhaft der Vibration durch vorbeiströmende Luft ausgesetzt. Die Vibration verursacht z. B. bei der Befestigung im Betonsockel den Bruch der Fangstange an der Gewindestelle. Es ist zu empfehlen, den

Fangstangen

Anschlussdraht nicht dicht am Betonsockel zu befestigen, da sonst der Draht mit der Zeit teilweise „abgefeilt" wird. Der Anschluss soll in ca. 50 cm Höhe (**Bild F4**) durchgeführt werden. Dadurch wird die Vibration der Fangstange auch teilweise gedämpft.

Bei der Benutzung der Unterlegplatte muss der Monteur vorsichtig sein. Wird die Unterlegplatte auf eine saubere Folie oder Pappe gelegt, so kann das Dach nicht beschädigt werden. Bei der Platzierung auf Kies verteilt sich der Druck auf die gesamte Fläche und das Dach kann ebenso nicht beschädigt werden. Es gibt jedoch Firmen, die die Unterlegplatte unterhalb vom Kies platzieren, ohne die Steine komplett zu entfernen. In diesem Fall kann das Dach später undicht werden, da einzelne Steine unterhalb der Unterlegplatte Löcher in der Folie oder Pappe verursachen können.

Bei der → Abnahme wird mitunter entdeckt, dass die installierten Fangstangen zu kurz sind. Nach der Begründung gefragt, erfährt man dann, dass der → Planer keine Vorstellungen von den noch nicht existierenden → Dachaufbauten hatte. Unter Beachtung nachfolgend beschriebener Informationen kann man schon vorher die Fangstangen planen.

Bei der Planung der Fangstangenhöhe kann man folgendermaßen vorgehen:

Als Erstes muss man ermitteln oder berechnen, wie groß der → Sicherheitsabstand s zwischen der Fangstange, alternativ Fangstange inklusive leitfähigen Zubehörs, und der zu schützenden Anlage sein muss. Die Schätzwerte vieler Blitzschutzbaufirmen, z.B. 50 oder 70 cm, sind nicht richtig. Wie auf **Bild F5** zu sehen ist, muss man in einem solchen Fall 3 Sicherheitsabstände beurteilen. Zu dem Blitzüberschlag kommt es wahrscheinlich direkt auf der Dachober-

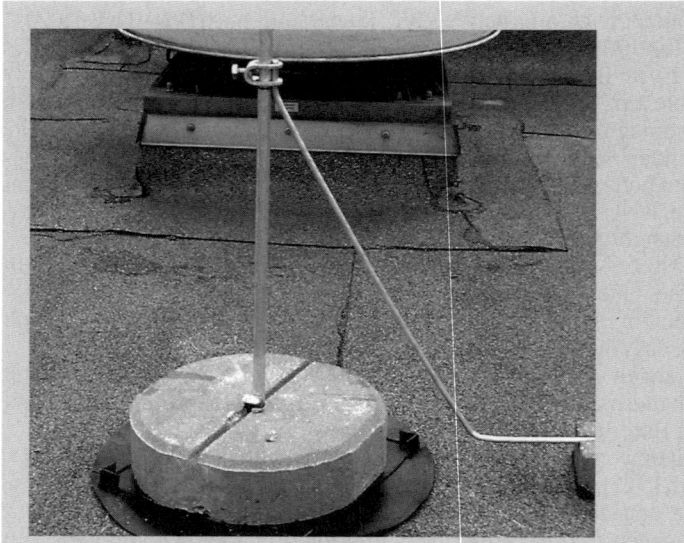

Bild F4 *Empfehlung, wie Fangstangen angeschlossen werden sollten.*
Foto: Kopecky

Fangstangen

fläche, auch wenn diese oft länger als die Luftstrecke ist, weil der k_m für festes Material 0,5 und für Luft 1 ist. Bei größeren Fangstangen, die mit → Distanzhaltern (auch bekannt als Isoliertraverse) stabilisiert sind, ist der Sicherheitsabstand zwischen den leitfähigen Befestigungseinrichtungen mit dem k_m des benutzten Isoliermaterials (meistens weniger als $k_m = 0,7$) zu berechnen.

Beispiel:
Wenn z. B. der berechnete Sicherheitsabstand für Luft (Linie L) 0,6 m ist, dann muss der Sicherheitsabstand über die Dachfläche (Linie D) 1,2 m sein. Der Sicherheitsabstand für das Isoliermaterial (Linie S_L) zwischen den zwei leitfähigen Befestigungswinkeln oder anderen Einrichtungen beträgt 0,86 m.

Das bedeutet, der Sicherheitsabstand über der Dachfläche ist überwiegend der größte Wert und diesen müssen wir bei den folgenden Fällen und Bildern einsetzen und auch in der Praxis benutzen.

Beim Schutz für Elektroventilatoren (**Bild F6**) auf dem Dach addiert man den Sicherheitsabstand s, den Durchmesser und die Höhe der Elektroventilatoren. Die Gesamtzahl ergibt die Mindesthöhe der Fangstange.

Der beurteilte Sicherheitsabstand s zwischen den Elektroventilatoren und der Fangstange auf den folgenden Bildern ist nicht die Luftlinie, sondern der Abstand über die Dachfolie (Pappe, Ziegel, Wand usw.) Wie unter dem Stichwort → „Näherungen" beschrieben, beträgt der Koeffizient k_m für das feste Material die Hälfte von Luft. Es kommt zwischen der Fangstange und dem Elektroventilator über die Dachoberfläche leichter zum Überschlag als durch die Luft.

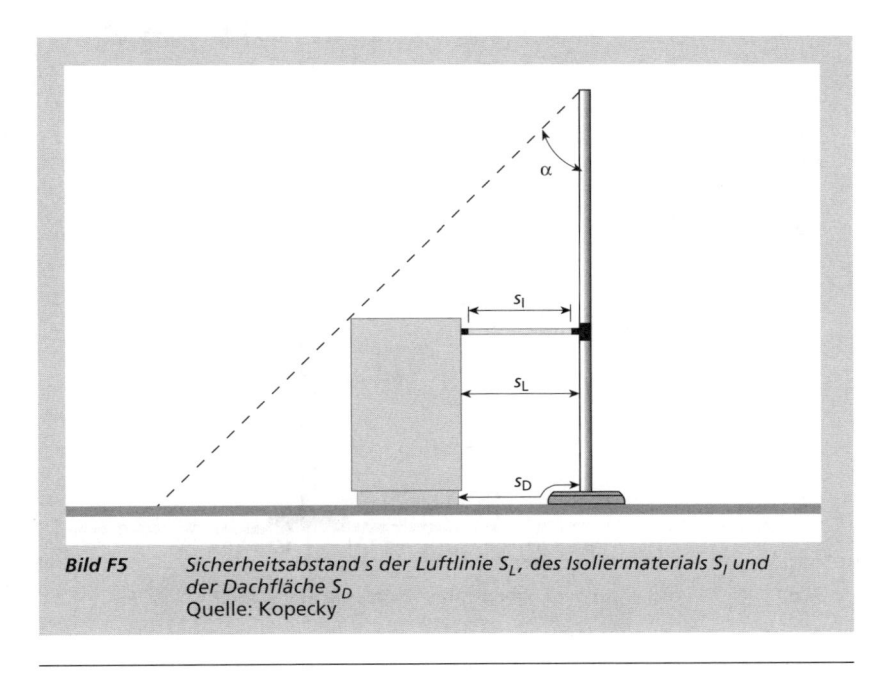

Bild F5   Sicherheitsabstand s der Luftlinie S_L, des Isoliermaterials S_I und der Dachfläche S_D
Quelle: Kopecky

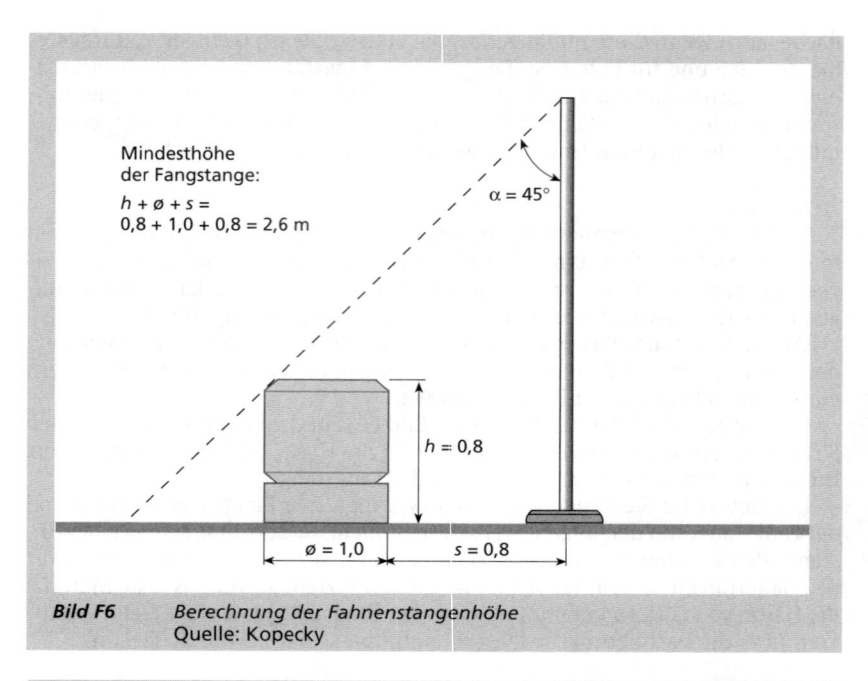

Fangstangen

Bild F6 Berechnung der Fahnenstangenhöhe
Quelle: Kopecky

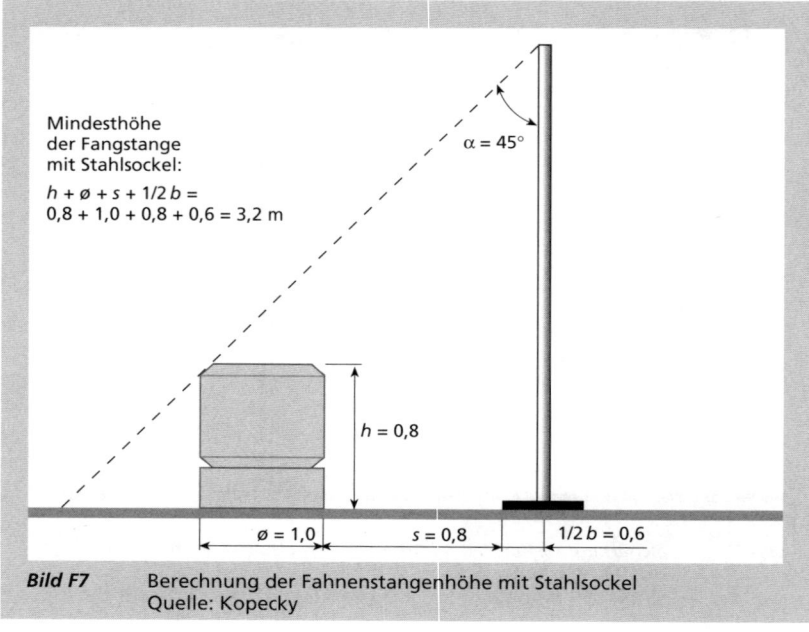

Mindesthöhe der Fangstange:

$h + ø + s =$
$0{,}8 + 1{,}0 + 0{,}8 = 2{,}6\ m$

$\alpha = 45°$

$h = 0{,}8$

$ø = 1{,}0$ $s = 0{,}8$

Bild F7 Berechnung der Fahnenstangenhöhe mit Stahlsockel
Quelle: Kopecky

Mindesthöhe der Fangstange mit Stahlsockel:

$h + ø + s + 1/2\ b =$
$0{,}8 + 1{,}0 + 0{,}8 + 0{,}6 = 3{,}2\ m$

$\alpha = 45°$

$h = 0{,}8$

$ø = 1{,}0$ $s = 0{,}8$ $1/2\ b = 0{,}6$

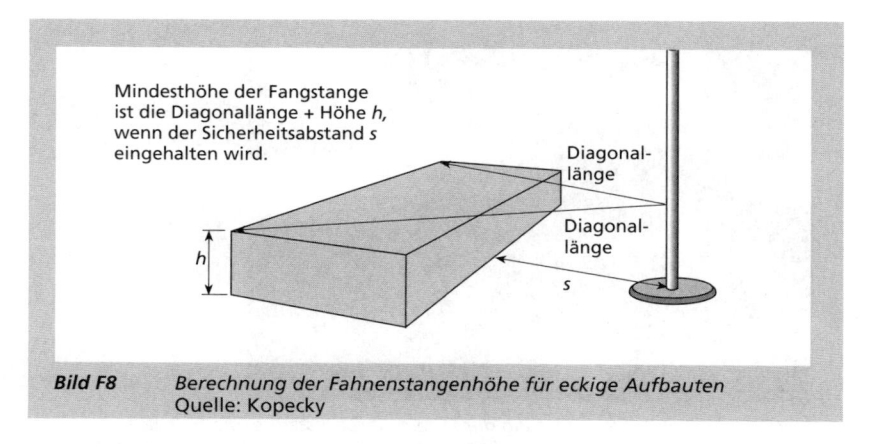

Fangstangen

Bild F8   *Berechnung der Fahnenstangenhöhe für eckige Aufbauten*
Quelle: Kopecky

Beim Schutz höherer Einrichtungen durch Fangstangen mit Stahlsockel (**Bild F7**) und Betonsteinen wird der → Sicherheitsabstand s vom Stahlsockel berechnet. Aus diesem Grund muss zu der Gesamthöhe der Fangstange noch die Hälfte der Breite, alternativ Diagonale vom Stahlsockel addiert werden.

In den oben beschriebenen Beispielen geht es um den Schutz von runden Aufbauten. Handelt es sich um eckige Aufbauten, darf man nicht die Breite des Aufbaus, sondern muss die Entfernung der Fangstange zum entlegensten Punkt des Aufbaus (wenn der Abstand der Fangstange größer als der Sicherheitsabstand s ist) berücksichtigen (**Bild F8**). Zu dieser Zahl wird noch die Höhe des Aufbaus addiert (alternativ bei Verwendung eines Stahlsockels noch die Hälfte der Breite oder Diagonale des Stahlsockels).

Bei der Berechnung der Fangstangen für größere Einrichtungen, wie → Rückkühlgeräte, Fenster, Lichtkuppeln und ähnliche Aufbauten, ist die ideale Lösung die Einstellung der Fangstangen diagonal oder auf der kürzeren Seite des Aufbaus. Diese Art hat mehrere Vorteile, u. a. dass kleinere Fangstangen benutzt werden können. Sehr oft schützen die Fangstangen auf der kürzeren Seite das Fenster und auch die benachbarten Fenster. Bei Fenstern mit Rauchabzugsanlagen (RWA) müssen sich → Planer und Monteur überzeugen, wo die Installation der RWA ausgeführt ist und danach den → Sicherheitsabstand s beurteilen. Das Gleiche gilt auch für die Trasse der Elektroinstallation und der Rohre der → Rückkühlgeräte auf dem Dach (**Bild F9**).

Die Elektrokabel und die Rohre dürfen keinen kleineren Abstand als den Sicherheitsabstand s zu der Fangstange, zur → Fangeinrichtung oder zu anderen Einrichtungen auf dem Dach haben, die direkt mit der Fangeinrichtung verbunden sind. Bei der Planung der Fangstangen muss man auf die richtigen Längen der Isoliertraversen der Fangstangen zur Fangstangen-Stabilisierung achten. Auf dem Markt sind die Isoliertraversen in Längen von 0,5 m zu erhalten, werden jedoch sehr selten verwendet, da der → Sicherheitsabstand auf dem Dach deutlich über 0,5 Meter ist.

Zusätzlich zu diesem Stichwort kann man unter dem Stichwort → „Fangspitze" und → „Blitzschutzanlage" nachschlagen.

FE

Bild F9 Die Anschlussleitung der Erdeinführungsstange, die hier als Fangstange installiert ist, hat einen deutlich kleineren Trennungsabstand d zu den geschützten Einrichtungen, ihren Konstruktionen und Rohren als es der Sicherheitsabstand s erlaubt. Die Anschlussleitung muss auf der Seite der zu schützenden Einrichtung installiert werden, die von der Fangstange abgewendet ist.
Foto: Kopecky

FE [„engl." functional earthing conductor] Funktionserdungsleiter

FELV [„engl." function extra low voltage] bedeutet Funktionskleinspannung ohne sichere Trennung.

Fernmeldeanlagen → Datenverarbeitungsanlagen, → Überspannungsschutz für die Informationstechnik und → Überspannungsschutz für die Telekommunikationstechnik

Fernmeldekabel. Die metallischen Umhüllungen von Fernmeldekabeln müssen nach DIN VDE 0100-410 (VDE 0100 Teil 410): 1997-01 [N2], Abschnitt 413.1.2.1, in den → Potentialausgleich einbezogen werden. Vor dem Anschluss ist die Einwilligung des Eigners oder Betreibers einzuholen. Kann diese Zustimmung nicht erreicht werden, so liegt die Verantwortung zur Vermeidung jeder Gefahr in Zusammenhang mit den nicht ausgeführten Arbeiten beim Besitzer oder Betreiber.
Die Fernmeldekabel, die in die geschützte bauliche Anlage eingeführt sind, werden mittels → Blitz- oder Überspannungsschutzgeräten in den → Blitzschutzpotentialausgleich einbezogen.

Fernschreibanlagen → Datenverarbeitungsanlagen

Fernsehanlagen → Datenverarbeitungsanlagen

Fernsprechanlagen → Datenverarbeitungsanlagen

Fernwärmeleitung muss nach Gebäudeeintritt Zone 0/1 mit dem Blitzschutzpotentialausgleich verbunden werden, was oft bei der Umstellung auf Fernheizung vergessen wird.

Fernwirkanlagen → Datenverarbeitungsanlagen

Filterung. Zur Filterung gehören auch die Überspannungsschutzmaßnahmen, hier jedoch sind die Filter gemeint, die z. B. direkt bei der Elektronik (Chips) installiert werden mit der Aufgabe, die Störfestigkeit zu erhöhen.

FI-Schutzschaltung ist ein älterer Begriff, → IT- und TT-System

Flussdiagramm siehe **Bild F10**.

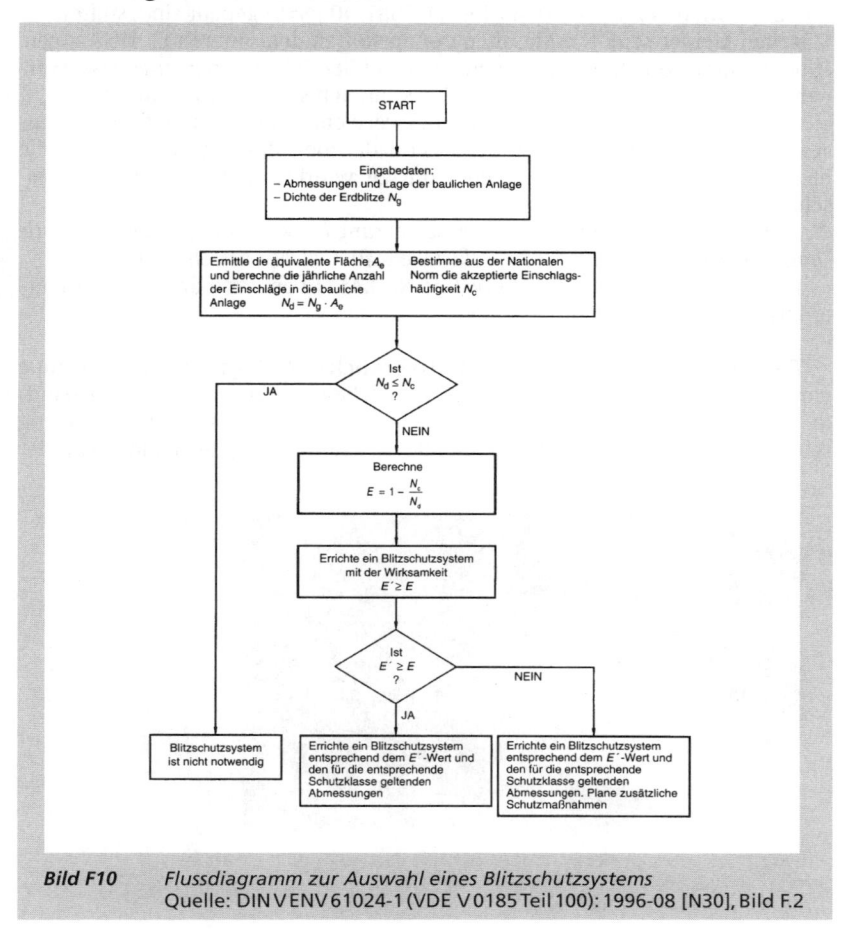

Bild F10 *Flussdiagramm zur Auswahl eines Blitzschutzsystems*
Quelle: DIN V ENV 61024-1 (VDE V 0185 Teil 100): 1996-08 [N30], Bild F.2

Folgeschäden durch Auftreten von Überspannungen erreichen laut Statistik der Versicherer ein Mehrfaches der direkten Überspannungsschäden.

Fourier-Analyse. Mit der Fourier-Analyse lässt sich die nichtsinusförmige Funktion in ihre harmonischen Bestandteile zerlegen. Die Schwingung mit der Kreisfrequenz ω_0 wird als Grundschwingung bezeichnet. Die Schwingungen der Kreisfrequenz $n \cdot \omega_0$ nennt man harmonische → Oberschwingungen.

Fundamenterder soll als ein geschlossener Ring in den Fundamenten der Außenwände des Gebäudes oder der Fundamentplatte verlegt werden. Bei einem größeren Gebäudeumfang werden durch Querverbindungen die Maschenweiten verkleinert. Nach DIN 18014 sollen die Maschenweiten ca. 20 x 20 m sein. In Gebäuden, die nach DIN VDE 0185-103 (VDE 0185 Teil 103): 1997-09 [N33] und DIN VDE 0845-1 (VDE 0845 Teil 1): 1987-10 [N55] gebaut sind, sollten die Maschen kleiner sein. Die Maschengrößen sollten den inneren Einrichtungen, Fundamenten von Innenwänden und den → Blitz-Schutzzonen angepasst werden. Die Maschenweiten des Bandstahls können bis zu 5 x 5 m klein sein.

Als Material für den Fundamenterder verwendet man verzinkten und unverzinkten Stahl. Nach langer Diskussion darüber, dass verzinkte Stahlteile nicht mit Beton in Verbindung stehen dürfen, wurde in DIN 1045: 1988-07 geschrieben:

„*Verzinkte Stahlteile dürfen mit der Bewehrung in Verbindung stehen, wenn die Umgebungstemperatur an der Kontaktstelle + 40 °C nicht überschreitet.*"

Den nicht rostenden Stahl-Werkstoff-Nr. 1.4571 benutzt man in Fundamenterdern nur für die Fundamentfahnen.

Fundamenterder und die handwerkliche Verlegung. Die Verlegung von Fundamenterdern ist keine einfache Arbeit. Wenn keine Erdungsband-Richtmaschine benutzt wird, muss man beim Ausrollen des Bandes vorsichtig sein und die Bandrolle richtig halten. Bei der Entfernung des Bandes von der

Bild F11 Biegen des Bandes erleichtert das Verlegen des Bandes zwischen die Bewehrungsmatten.
Foto: Kopecky

Fundamenterder und die handwerkliche Verlegung

Rolle schwingen die Enden nach außen und können dabei Verletzungen verursachen. Das Verlegen des Bandes zwischen die Bewehrungsmatten oder die Armierungsstäbe ist schwer und kann, wie auf **Bild F11** zu sehen ist, durch das Biegen des Bandes erleichtert werden. Das Erdungsband darf in bewehrtem Beton auch waagerecht verlegt werden, da nach heutigem Stand der Bautechnik durch das Verdichten des Betons sich dieser unter dem Bandeisen verteilt. Bei bewehrtem Beton kann man auch eine waagerechte Verlegung des Bandstahls auf einem Bewehrungskorb ausführen (**Bild F12**).

Anders verhält sich das bei Fundamenterdern in unbewehrtem Beton. Hier ist die allseitige Umgebung von 5 cm Beton nur mit geeigneten Abstandhaltern (**Bild F13**) gewährleistet. Das Band muss im Fundament alle 5 m mit dem Bewehrungsstahl mit einer geeigneten Klemme oder durch → Schweißen verbunden werden. Nach → RAL 642 soll der Abstand zwischen 3 bis 5 m sein und Keilverbinder dürfen nicht mehr eingebaut werden.

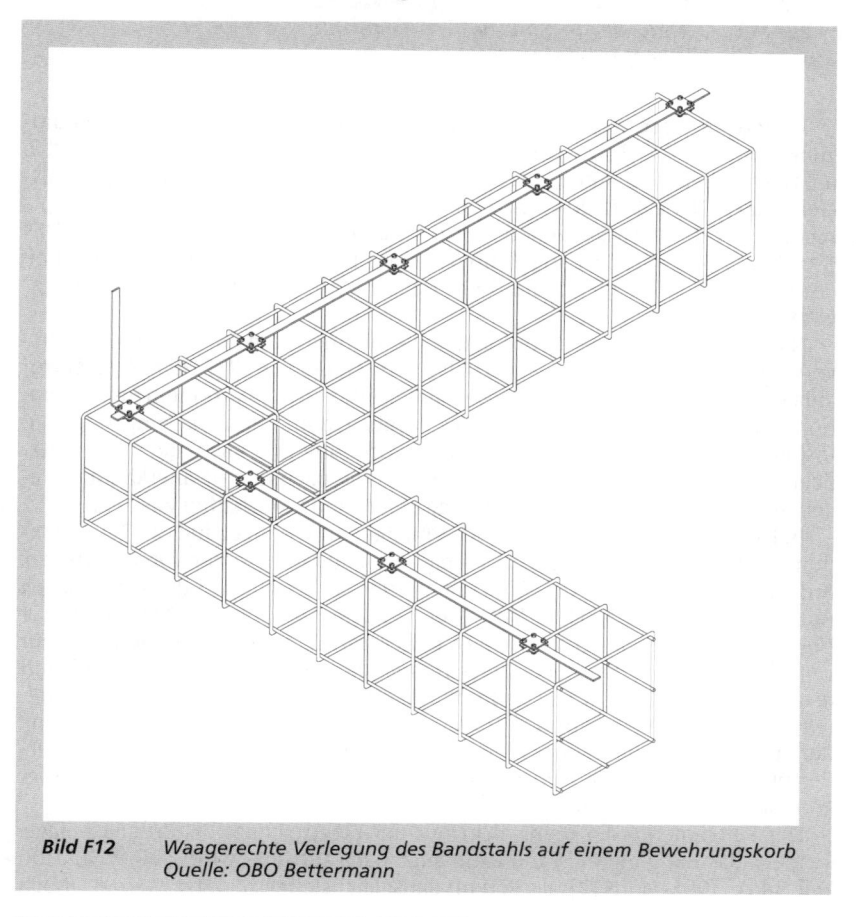

Bild F12   Waagerechte Verlegung des Bandstahls auf einem Bewehrungskorb
Quelle: OBO Bettermann

Fundamenterder Normen

Bild F13   Abstandhalter für Band- und Rundstahl
Quelle: Dehn + Söhne

Fundamenterder und Normen. Nach → „Technische Anschlussbedingungen für den Anschluss an das Niederspannungsnetz" TAB 2000, Abschnitt 2, müssen in allen Neubauten ein Fundamenterder und ein → Hauptpotentialausgleich nach DIN VDE 0100 vorhanden sein. Der Fundamenterder wurde hauptsächlich für die Verbesserung der Schutzmaßnahmen vorgeschrieben. In DIN 18014: 1994-02 [N23] ist angeführt, dass der Fundamenterder ein Bestandteil der elektrischen Anlagen hinter dem Hausanschlusskasten oder einer gleichwertigen Einrichtung ist.

Nach der Verordnung über Allgemeine Bedingungen für die Elektrizitätsversorgung von Tarifkunden → AVBEltV vom 21.6.1979 § 12 (2) darf die Elektroanlage außer dem Energieversorgungsunternehmen nur von einem ins Installationsverzeichnis eines Elektrizitätsversorgungsunternehmens eingetragenen Installateur nach den Vorschriften der Verordnung und nach anderen gesetzlichen oder behördlichen Bestimmungen sowie nach den → anerkannten Regeln der Technik errichtet, erweitert, geändert und unterhalten werden.

In DIN 18015: 1992-03 „Elektrische Anlagen in Wohngebäuden", Teil 1: Planungsgrundlagen, ist bei einem Neubau der Fundamenterder vorgeschrieben. Auch in dieser Norm ist der Fundamenterder ein Bestandteil der elektrischen Anlage. In → BGV A 2 bisher VBG 4, § 3 „Grundsätze" Absatz (1) besagt: *„Der Unternehmer hat dafür zu sorgen, dass elektrische Anlagen und Betriebsmittel nur von einer Elektrofachkraft oder unter Leitung und Aufsicht einer Elektrofachkraft den elektrotechnischen Regeln entsprechend errichtet, geändert und instand gehalten werden"*. Die Elektrofirmen tragen die Verantwortung für die Ausführung der Fundamenterder. In der Praxis ist jedoch festzustellen, dass Fundamenterder überwiegend durch Hilfsarbeiter auf der Baustelle in nicht fachgerechter Form ausgeführt wurden.

Der Fundamenterder dient nicht nur der Elektroanlage als Erdungsanlage, sondern das Band in der Wand kann auch nach DIN VDE 0100-540 (VDE 0100 Teil 540): 1991-11 [N12] als Potentialausgleichsleiter benutzt werden. Nach

Fundamenterderfahnen

DIN 57185-1 und 2 (VDE 0185 Teil 1 [N27] und 2 [N28]): 1982-11, Teil 100 [N30], Teil 103 [N33] sowie nach DIN VDE 0800-2 (VDE 0800 Teil 2):1985-07 [N52] benutzt man den Fundamenterder sowohl als Erdungsanlage für das → Blitzschutzsystem als auch für die → Fernmeldeanlage.

Fundamenterderfahnen müssen für die → Blitzschutzanlage an allen Ecken des Gebäudes sein. Weitere Stellen mit senkrecht leitfähigen Teilen (→ Regenfallrohre, Blechabdeckungen, → Metallfassadenteile und andere) (**Bild F14**) vom Dach bis zur Erdebene müssen ebenfalls Erdungsfahnen haben. Außer den vorher genannten Fahnen sind weitere Fahnen in vorgeschriebenen Abständen, die von der → Blitzschutzklasse abhängig sind, zu installieren. Innerhalb des Gebäudes müssen die Fahnen oder Erdungsfestpunkte im Hauptanschlussraum, an allen Eintrittstellen der äußeren leitenden Teile, in Elektroräumen, Technikräumen, Aufzugsschächten und ähnlichen Räumen installiert werden. Bei neuen Gebäuden und Hallen empfiehlt es sich, in allen Räumen, die später eventuell in Techникräume umgewandelt werden könnten, Erdungsfestpunkte installieren zu lassen. Die Erdungsfestpunkte können auch sehr gut für

Bild F14 *Metallfassadenteile, die mit dem Metalldach oder der Fangeinrichtung verbunden sind oder auch mit kleinerem Abstand als dem Sicherheitsabstand von der Fangeinrichtung entfernt sind, müssen in das Blitzschutzsystem einbezogen werden. Aus diesem Grund muss schon bei der Planung an dieser Stelle eine Erdungsfahne oder ein Erdungsfestpunkt berücksichtigt und dann ausgeführt werden.*
Foto: Kopecky

Fundamenterderfahnen

die Dehnungsüberbrückung benutzt werden. Bei Blitzschutzsystemen mit Blitz-Schutzzonen (LPZ) müssen die Fahnen an allen Schnittstellen der → Blitz-Schutzzonen installiert werden.

Die Fundamenterderfahnen sind durch → Korrosion gefährdet und sollen aus diesem Grund aus nicht rostendem Stahl, Werkstoff-Nr. 1.4571, ausgeführt werden (**Bild F15**). Fundamenterderfahnen aus anderen Werkstoffen mit unterschiedlichen Isolationen sind in der Bauzeit mechanisch gefährdet und werden oft durch Baumaterial beschädigt. Schon kleine Kratzer an der Isolierung verursachen an dieser Stelle eine starke Korrosion.

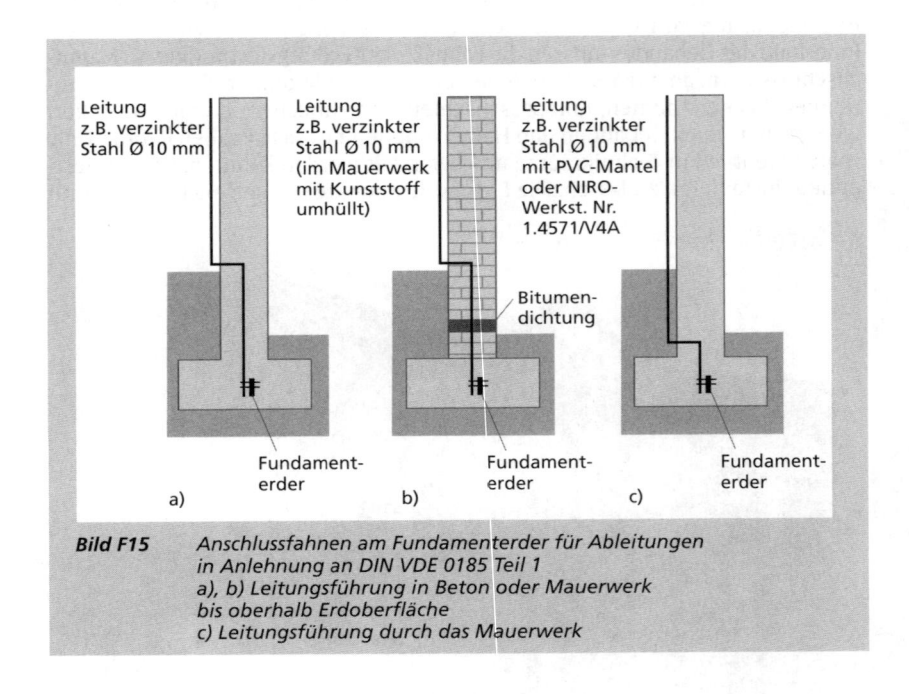

Bild F15 Anschlussfahnen am Fundamenterder für Ableitungen in Anlehnung an DIN VDE 0185 Teil 1
a), b) Leitungsführung in Beton oder Mauerwerk bis oberhalb Erdoberfläche
c) Leitungsführung durch das Mauerwerk

G

Galvanische Kopplung, auch als ohmsche Kopplung bekannt, → Kopplungen

Gasleitungen innerhalb des Gebäudes müssen nach DIN VDE 0100-410 (VDE 0100 Teil 410): 1997-01 [N2], Abschnitt 413.1.2.1, mit dem → Hauptpotentialausgleich verbunden werden. Das Gleiche gilt nach DIN 57185-1 (VDE 0185 Teil 1): 1982-11 [N27], Abschnitt 6.1.1.3, und DIN V ENV 61024-1 (VDE V 0185 Teil 100):1996-08 [N30], Abschnitt 3.1.2.
Der Potentialausgleichsanschluss wird hinter dem Isolierstück in Gasflussrichtung ausgeführt. Nach [N30], Abschnitt 3.1.2, ist die Gasleitung mit Hilfe einer → Funkenstrecke zu überbrücken, wenn das in den entsprechenden Betriebsanleitungen so gefordert ist.

Gebäudebeschreibung und Planungsunterlagen müssen nach DIN 57185-1 (VDE 0185 Teil 1): 1982-11 [N27], Abschnitt 3.3, und nach DIN 48 830 [N20] angefertigt werden. Nur für einfache Anlagen genügt eine Zeichnung mit Erläuterungen.
Die Gebäudebeschreibung [N20] und [L20] muss folgende Angaben über die geschützte Anlage enthalten:

- Allgemeine Angaben zum Gebäude: Projekt, Nutzung, Besitzer, Bauleitung, Gebäudegefährdung und Lage,
- Gebäudeabmessungen: Länge, Breite, Traufenhöhe, Firsthöhe, Dachneigung,
- Beschaffenheit der Wände: Baustoff, Fassadenverkleidung,
- Beschaffenheit des Daches: Dachkonstruktion, Baumaterial, Dacheindeckung,
- Bauteile auf dem Dach, Dachaufbauten: Metallteile an oder auf dem Dach, aus dem Dach herausragende Bauteile,
- Bauteile im/am Gebäude: größere metallene Bauteile im und am Gebäude,
- Erdungsmöglichkeiten: vorhandene Erdungsanlagen,
- Gelände: Geländebeschreibung um das Gebäude,
- Elektrische Anlage: Stromversorgung, Hausanschlusskasten, Zähler, Art der elektrischen Schutzmaßnahme, Versorgungsspannung, Anzahl der Phasen, elektronische Verbraucher, TK-Anbindung.

Ohne die oben beschriebenen Angaben kann man nach den → „neuen" Normen die → Blitzschutzklassen-Ermittlung nicht durchführen und damit auch die → Näherungen nicht beurteilen.

Gebäudeschirmung

Gebäudeschirmung wird durch eine → Metallfassade und/oder mit Hilfe einer Betonbewehrung ausgeführt. Zur Gebäudeschirmung gehören außerdem Metalldach, metallene Tragkonstruktionen, metallene Rahmen und alle metallenen Rohrsysteme. Wie schon unter dem Stichwort → „Fundamenterder und die handwerkliche Verlegung" beschrieben, sind die Bewehrungsstäbe im Beton mit dem → Fundamenterder zu verbinden. Der Fundamenterder ist waagerecht und die → Ableitungen im Beton sind senkrecht ausgeführt und mit den Bewehrungsstäben verbunden. Ziel ist es, einen Faradaykäfig herzustellen. Die Dämpfung ist abhängig von der benutzten Schirmungsart und der Maschengröße, wie unter den Stichwörtern → „Schirmungsmaßnahmen" und → „Raumschirm-Maßnahmen" beschrieben und abgebildet.

Gefahrenmeldeanlagen müssen wie andere ähnliche Anlagen, die unter dem Stichwort → „Datenverarbeitungsanlagen" beschrieben sind, gegen Blitz- und Überspannung geschützt werden. Besonder zu beachten bei ihrer Installation sind die → Schirmungsmaßnahmen, die Art der Verlegung, → Näherungen mit der → Blitzschutzanlage und sehr oft auch ungünstige Anschlüsse an → TN-C-Systeme und nicht an das für die Elektronik vorgeschriebene → TN-S-System. In der Gewitterzeit hört man nicht nur, sondern liest auch in den folgenden Tagen in den Zeitungen, wie viel Hundert falsche Alarme von nicht richtig installierten Gefahrenmeldeanlagen verursacht worden sind.

Nach dem EMV-Gesetz muss jedes Gerät oder jede Anlage in der elektromagnetischen Umwelt zufrieden stellend arbeiten und das gilt auch für die Gefahrenmeldeanlagen. Das bedeutet, dass die Gefahrenmeldeanlagen keine Fehlalarme in der Gewitterzeit verursachen dürfen.

Auch der Gefahrenmeldeanlagen-Betreiber kann sich sicher vorstellen, dass der Blitzkanal ein Störsender ist und Linien, die nicht abgeschirmt sind, zu Empfangsantennen von Störungen werden. Die richtige Abhilfe gegen solche Störungen sind geschirmte Kabel, vorausgesetzt, die Schirme sind geerdet.

Bei einem Gewitter können alle Netze, die mit den Gefahrenmeldeanlagen verbunden sind (Energieversorgung, Telekommunikationsnetz und alternativ Mobilfunknetz), durch → Kopplungen erhöhte Potentiale aufweisen. Die Netze können aber auch direkt vom Blitz getroffen werden. Aus diesem Grund müssen alle in Gefahrenmeldeanlagen eintretende Adern mit → Blitz- und Überspannungsschutzgeräten (SPD) ausgerüstet werden. Befinden sich die Meldelinien der Gefahrenmeldeanlagen nur in der baulichen Anlage und sind nicht durch den direkten Blitzschlag gefährdet, genügt es, diese nur mit Überspannungsschutzgeräten der Anspruchkategorie „C" zu schützen. Sind diese jedoch außerhalb der geschützten baulichen Anlage oder in der Nähe der Blitzschutzanlage, so müssen auch sie mit Blitz- und Überspannungsschutzgeräten versehen werden. Dabei handelt es sich um solche Fälle wie z. B. auf **Bild N5**, bei denen die Alarmleuchte direkt neben der Blitzschutzanlage ist.

EMV-Experten, Elektroplaner oder ausführende Firmen müssen u. a. auch die Installation der Brandmelder bei Gebäuden mit Blitzschutzanlage richtig vornehmen. Bei Gebäuden mit Satteldach sind z. B. Brandmelder direkt unter dem First praktisch immer in zu kurzem → Trennungsabstand d zur

Gefahrenmeldeanlagen

→ Fangeinrichtung installiert. Bei größeren Gebäuden hilft auch eine → isolierte Fangeinrichtung nicht, weil die → Sicherheitsabstände deutlich über einen Meter sein können. Der Brandmelder ist in diesem Fall nicht nur ein Brandmelder, sondern auch eine Brandquelle beim möglichen Blitzüberschlag auf die Brandmelder-Installation.

Aus diesem Grund müssen EMV-Experten, der Elektroplaner oder auch die ausführenden Firmen Sicherheitsabstände s für alle Stellen festlegen. Bei kürzerem Abstand als dem Sicherheitsabstand s muss dieser natürlich vergrößert werden. Das bedeutet z. B., der Melder muss tiefer installiert werden. Wenn die Norm (DIN VDE 0833 Teil 2: 1992-07 oder VdS) das nicht erlaubt, müssen andere Schutzmaßnahmen gewählt werden. Eine Verbindung zwischen der → Fangeinrichtung und der Brandmeldeanlageninstallation ist nicht zu empfehlen, weil dadurch die Teilblitze ins Gebäudeinnere verschleppt werden und bei allen → Blitzschutzzonen die zugehörigen SPDs installiert werden müssen. Eine günstigere Ausführung ist die Ausnutzung des maximal erlaubten Abstandes (D) der Melder zum Dach nach Abschnitt 4.9.7 der DIN VDE 0833 Teil 2 und eine zusätzliche PVC- oder PE-Isolierung. Die zusätzliche Isolierung muss aber nicht nur für den Melder, sondern auch für die Anschlusskabel erfolgen. Die Anschlusskabel benötigen eine zusätzliche Isolation oft nur an der Stelle des Eintrittes in den Melder, wenn sie an anderen Stellen einen ausreichend großen → Trennungsabstand zur → Blitzschutzanlage haben.

Die Kabel der Gefahrenmeldeanlage dürfen nicht unter dem First installiert werden, wenn oberhalb auf dem First eine Fangeinrichtung installiert oder geplant ist. Durch den parallelen Lauf der Einrichtungen würden große → Kopplungen verursacht werden.

Bei Alarmanlagen müssen auch die → Näherungen beurteilt werden. Auf **Bild G1** sieht man einen Fenstermelder in einem alten Museum an der Stelle, wo der Trennungsabstand kleiner als der Sicherheitsabstand ist. In diesem Fall ist die Näherung nicht mit der Fangeinrichtung oder mit → Ableitungen da, sondern mit der leitfähigen → Dachrinne, die mit der → Blitzschutzanlage verbunden ist. EMV-Experten, Elektroplaner oder ausführende Firmen haben

Bild G1 Eine Näherung zwischen dem Fenstermelder und der leitfähigen Dachrinne, die mit der Blitzschutzanlage verbunden ist.
Foto: Kopecky

Gefährliche Funkenbildung

folgende Alternativen: Die leitfähige Dachrinne wird gegen eine PVC-Dachrinne ausgewechselt oder der Fenstermelder wird im unteren Bereich vom Fensterrahmen installiert, damit auch der → Trennungsabstand d vergrößert wird. Die Alternative mit SPD und Verbindungen zwischen der Alarmanlage und der Dachrinne – wie auch bei der Brandmeldeanlage beschrieben ist – wird nicht empfohlen.

Gefährliche Funkenbildung ist eine unzulässige elektrische Entladung innerhalb der zu schützenden baulichen Anlage, verursacht durch den Blitzstrom [N30], Abschnitt 1.2.40.

Gegensprechanlagen → Datenverarbeitungsanlagen

Geometrische Anordnung der Ableitungen und der → Ringleiter beeinflusst die Sicherheitsabstände, → Näherungsformel.

Gesamtableitstoßstrom ist ein Wert, der der Gesamtstoßstromtragfähigkeit mehrpoliger → Überspannungsschutzgeräte entspricht sowie der aus einpoligen Elementen bestehenden Schutzgerätekombinationen [L25].

Gesamterdungswiderstand ist der → Widerstand zwischen der/n → Erdungsanlage/n bzw. allen Einrichtungen, die an den → Potentialausgleich angeschlossen sind, auf der einen Seite und der → Bezugserde auf der anderen Seite.

Gesetz zur Beschleunigung fälliger Zahlungen → Bürgerliches Gesetzbuch (BGB)

Getrennter äußerer Blitzschutz. Dort sind die installierten → Fangeinrichtungen und → Ableitungen so verlegt, dass der Blitzstromweg mit der zu schützenden baulichen Anlage nicht in Berührung kommt.

Grafische Symbole für Zeichnungen haben einheitliche Sinnbilder nach DIN 48820: 1967-01 „Sinnbilder für Blitzschutzbauteile in Zeichnungen" [N20] [L20]. Ab dem Jahr 1967 wurden die Sinnbilder erweitert. Die wichtigsten sind in der **Tabelle G1** abgebildet.

Grafische Symbole für Zeichnungen

Graphische Symbole für Zeichnungen

Bei der Zeichnung des Äußeren Blitzschutzes sind sowohl die Gebäudeteile als auch die Blitzschutzanlage einheitlich darzustellen. Sinnbilder nach DIN 48820 (Ausgabe 1.67) "Sinnbilder für Blitzschutzbauteile in Zeichnungen" zu verwenden. Diese Norm wird z. Zt. in einer wesentlich erweiterten Fassung überarbeitet.

Gebäudeteile

lfd. Nr.	Sinnbild	Benennung	Bemerkung
1		Gebäudeumrisse	
2		Dachhöhen	Die Zahl im Dreieck gibt die Dachhöhe (First- oder Traufhöhe) in m über dem anschließ. Gelände an
3		Stahlbeton mit Anschluß der Bewehrungen	
4		Stahlkonstruktion	
5		Metalldeckung	
6		Schornstein	
7		Regenrinne, Regenfallrohre und Entlüftung etc.	
8		Schneefanggitter	
9		Rohrleitungen aus Metall G = Gas, W = Wasser, H = Heizung	Die Leitungen können durch Kennbuchstaben für Durchfluß gut gekennzeichnet werden
10		Antenne	
11		Dachständer	
12		Fahnenstange	
13		Ausdehnungsgefäß	
14		Aufzug	
15		Zähler	Der Buchstabe im Sinnbild weist auf den Verwendungszweck hin: G = Gas, W = Wasser
16		Feuergefährdete Bereiche	Zusatzbemerkung für Gebäudeteile
17		Explosionsgefährdete Bereiche	
18		Explosivstoffgefährdete Bereiche z. B. Sprengstoff	

Blitzschutzanlage

lfd. Nr.	Sinnbild	Benennung	Bemerkung
1		Blitzschutzleitung sichtbar verlegt	
2		Leitung unter Dach, unter Putz Stahlbeton mit Anschluß	Bei isolierten oder geschützten Leitungen Leitungstyp angeben
3		Unterirdische Leitungen	
4		Fundamenterder	
5		Fangstange, Fangspitze und Fangplatz	
6		Anschluß an Stahlkonstruktion Regenrinne, Fallrohr usw.	
7		Dachdurchführung	
8		Meßstelle Bezeichnung mit laufender Nummer	Wird zur Prüfung geöffnet
9		Staberder	Mit Angabe der Länge in Metern (z. B. 9 m lang)
10		Erdung allgemein	
11		Leitung nach oben führend	
12		Leitung nach unten führend	
13		Trennfunkenstrecke	Explosionsgeschützte Funkenstrecke kann durch den Zusatz Ex gekennzeichnet werden.
14		Überspannungs-Ableiter (Klasse C und D)	
15		Blitzstrom-Ableiter (Klasse B)	
16		Potentialausgleichsschiene	
17		Anschluß/Naht/Naht blank	Bei isolierter Leitung Leitungstyp angeben
18		Überbrückung	
19		Leiter beweglar z. B. Dehnungsstück	

Tabelle G1 *Grafische Symbole für Zeichnungen*
Quelle: Dehn + Söhne

Großtechnische Anlagen, z.B. Mülldeponien, Kläranlagen, Trinkwasseraufbereitungsanlagen und große Firmen auf großen Flächen, sind durch folgende unterschiedliche Störungsursachen sehr gefährdet:

1. Die einzelnen Anlagen (Gebäude) verfügen zumeist über eine eigene Erdungsanlage, die mit den Erdungsanlagen der anderen Gebäude nicht verbunden ist. Dadurch entstehen → Potentialunterschiede zwischen den Anlagen.
2. Sehr oft werden die Anlagen durch ein nicht EMV-freundliches Netzsystem versorgt. Auch dadurch entstehen Potentialunterschiede zwischen den Anlagen.
3. Alle nicht geschirmten Kabel oder auch nicht beidseitig geerdeten Schirme zwischen den Anlagen wirken als Störungsempfänger bei den → Störsenken, die dadurch beschädigt werden können.
4. Durch die moderne konzentrierte Elektronik der Anlagen entstehen gefährliche → Netzrückwirkungen.

Abhilfe bei diesen Punkten:

1. → Vermaschte Erdungsanlage,
2. EMV-freundliches → Netzsystem oder galvanische Trennung der Übertragungssysteme,
3. → Schirmungsmaßnahmen, → Blitz- und Überspannungsschutzgeräte einsetzen und alternativ die nicht angeschlossenen Schirme erden,
4. → TN-S-System und verdrosselte Kompensation

Grundwellen-Klirrfaktor THD ist das Maß für den gesamten Gehalt an Oberwellen in Bezug auf die Grundwelle des Signals. → Verträglichkeitspegel für Oberschwingungen.

H

Halterabstand der → Fang- und → Ableitungsanlagen ist in mehreren Normen und dem → RAL-Pflichtenheft mit kleinen Abweichungen festgelegt. DIN IEC 61024-1-2 (VDE 0185 Teil 102 Entwurf):1999-02 [N32], Tabelle 6, sind die empfohlenen Abstände der Befestigungen zu entnehmen (siehe auch **Tabelle H1**).

Anordnung	Abstand der Befestigungen in mm
horizontale Leiter an horizontalen Flächen	1000
horizontale Leiter an vertikalen Flächen	500
vertikale Leiter	1000
vertikale Leiter unterhalb von 25 m Höhe	750
vertikale Leiter oberhalb von 25 m Höhe	500

Anmerkung: Diese Tabelle gilt nicht für in das Bauwerk eingebaute Befestigungen, die besondere Beratungen erfordern.

Tabelle H1 *Empfohlene Abstände der Befestigungen für Fangeinrichtungen und Ableitungen*
Quelle: DIN IEC 61024-1-2 (VDE 0185 Teil 102 Entwurf): 1999-02 [N32], Tabelle 6

Informative Ergänzung zur Tabelle: Der erste und der letzte Halterabstand vom Anfang, vom Ende, von der Ecke, von der Richtungsänderung oder vom Trennstück soll 300 mm betragen.

Hauptpotentialausgleich muss nach DIN VDE 0100-410 (VDE 0100 Teil 410): 1997-01 [N2], Abschnitt 413.1.2, in jedem Gebäude durchgeführt werden. Befindet sich in einem z. B. größeren Schulungszentrum der Hauptpotentialausgleich nur im Hauptgebäude und nicht in den Nebengebäuden, so ist das nicht erlaubt. Der Hauptpotentialausgleich gehört zu den Schutzmaßnahmen und muss also in jedem Gebäude durchgeführt werden!

An die → Hauptpotential-Ausgleichsschiene sind der → Hauptschutzleiter (PEN-, PE-Leiter), der Haupterdungsleiter und alle fremden leitfähigen Teile, wie metallene Rohrleitungen des Gebäudes (Wasser-, Heizungs-, → Gasleitung und Ähnliches), Metallteile der Gebäudekonstruktion, Klimaanlagen und wenn möglich auch metallene Verstärkungen von Gebäudekonstruktionen aus

Hauptschutzleiter

bewehrtem Beton, anzuschließen. Alle oben genannten Teile, die sich außerhalb des Gebäudes befinden, müssen so kurz wie möglich mit der geerdeten Hauptpotential-Ausgleichsschiene verbunden werden.

Oft wird vergessen, alle metallischen Umhüllungen der → Fernmeldekabel und der Leitungen in den Hauptpotentialausgleich einzubeziehen. Der Einbeziehung in den Hauptpotentialausgleich muss der Eigentümer oder Betreiber zustimmen. Wenn keine Zustimmung erfolgt, so ist der Besitzer oder Betreiber für jegliche Gefahr verantwortlich.

Hauptschutzleiter (→ PE-Leiter) muss nach DIN VDE 0100-410 (VDE 0100 Teil 410): 1997-01 [N2], Abschnitt 413.1.2.1, mit einem → Hauptpotentialausgleich verbunden werden.

Heizungsanlagen. Die Heizungsfirmen müssen auch einen bestimmten Beitrag zur EMV-Festigkeit der gesamten baulichen Anlage leisten. Die Heizungsanlagen sind elektronisch gesteuert in Abhängigkeit von der äußeren Temperatur. Die Thermostate sind überwiegend in der Nähe von → Regenfallrohren installiert. Sind dies PVC-Rohre und befindet sich dort keine Ableitung, ist dies ungefährlich. Sind es aber FeZn-Rohre, dann sind sie bei Blitzschlag mit einem → Teilblitz belastet und es kommt zum Überschlag und zur Zerstörung der Steuereinheit der Heizungszentrale. Durch die Thermostatinstallation in der Nähe von Regenfallrohren, aber auch unterhalb der → Dachrinnen und in der Nähe der → Blitzschutzanlage wird nicht nur die Elektroinstallation der Heizungsanlage in Gefahr gebracht, sondern durch → Kopplungen auch andere Installationen in der baulichen Anlage. Außerdem gefährden ins Gebäudeinnere eindringende Teilblitze natürlich auch Personen, die sich dort befinden! Die Thermostate dürfen stets nur im → Schutzbereich und in größerem → Trennungsabstand d von der → Blitzschutzanlage als dem → Sicherheitsabstand s installiert werden.→

Die Heizungsanlagen müssen bei baulichen Anlagen ohne Blitzschutzanlage in den → Hauptpotentialausgleich und bei Anlagen mit Blitzschutzanlage in den Blitzschutzpotentialausgleich einbezogen werden.

Bei Heizungsanlagen wird oft vergessen, die Abgasrohre an den → Potentialausgleich anzuschließen. Wegen der in der letzten Zeit verwendeten Edelstahl-Innenrohre in → Schornsteinen muss jedoch mit → Teilblitzen oder Einkopplungen in Heizungsräumen gerechnet werden. Die kleinen Ölröhrchen von Ölanlagen sind mehrere Meter lang und ebenfalls oft nicht an den Potentialausgleich angeschlossen. Bei der Heizungsanlage größerer Gebäude oder für mehrere Gebäude wie Schulen und andere muss der → Blitzschutz-Potentialausgleich immer an der Eintrittsstelle der Heizungsrohre sein. Die Erdung muss in Richtung nach außen und nicht nach innen ausgeführt werden. Bei größeren Gebäuden darf kein sternförmiger, sondern es sollte ein → maschenförmiger Potentialausgleich mit Erdung an den Eintrittsstellen ausgeführt werden.

Bei → Prüfungen des Potentialausgleichs werden oft auch alte Heizungsrohre früherer Heizungsanlagen entdeckt, die nicht mit dem Blitzschutz-Potentialausgleich (BPA) verbunden sind. Diese Heizungsrohre müssen mit dem BPA verbunden werden, auch wenn sie außer Betrieb sind.

HEMP ["engl." high altitude electromagnetic puls] bedeutet eine Kernexplosion in großer Höhe.

HF-Abschirmung einzelner Kabel oder Kabeltrassen kann auch nachträglich auf einfache Weise mit Hilfe von HF-Abschirmungsmaterialien durchgeführt werden. Auf dem Markt sind unterschiedliche Materialen, von hochflexiblen Ummantelungen mit Polyurethan-Folie auf einem Nickel/Kupfer-Gewebe über hochflexible abgeschirmte Flechtschläuche mit verzinntem Kupfer auf Polyestermonofilen bis hin zu blitzstromtragfähigen Schirmschläuchen für den Außenbereich ist alles erhältlich. HF-Abschirmungsmaterial wird von mehreren Firmen hergestellt und ist als Meterware zu beziehen. Sonderausfertigungen sind ebenfalls realisierbar. Ummantelungsmaterial, Schlauchmaterial oder andere Ausführungen werden in „geschnittener" Version geliefert. Damit werden die Kabel umschlossen und dann mit Verschlüssen versehen. Bei Überschreitung der → Blitz-Schutzzonen und der beiden Schirmungsenden sind die → Schirme zu erden. Die → Dämpfungen der Materialen sind von den Frequenzen abhängig.

Hilfserder sind unabhängige → Erder, die sich außerhalb des Wirkungsbereiches der → Erdungsanlage befinden. Hilfserder werden für die Messung des → Ausbreitungswiderstandes benötigt. Der Begriff Hilfserder wird von den Blitzschutzbaufirmen auch für die Erdung ohne Ableitungen, z. B. bei → Regenfallrohren, Stahlleitern benutzt.

HPA → Hauptpotentialausgleich

I

IEC Normen

- [I1] **IEC 60664-1:1992-10**
  Insulation coordination for equipment within low-voltage systems; part 1: principles, requirements and tests
- [I2] **IEC 61024-1:1990-03**
  Protection of structures against lightning; part 1: general principles
- [I3] **IEC 61024-1-1:1993-08**
  Protection of structures against lightning; part 1: general principles; section 1: guide A: selection of protection levels for lightning protection systems
- [I4] **IEC 61312-1:1995-02**
  Protection against lightning electromagnetic impulse; Part 1: General principles
- [I5] **ENV 61024:1995-01**
  Protection of structures against lightning; Part 1: General principles (IEC 61024-1:1990, modified)

Induktive Einkopplung → Kopplungen

Informationsanlagen → Datenverarbeitungsanlagen

Informationstechnik → Datenverarbeitungsanlagen

Innenliegende Rinnen auf den Stahldächern sind nicht immer blitzstromtragfähig mit den Dachflächen verbunden. Auch die innenliegenden Rinnen müssen in das → Fangeinrichtungssystem einbezogen werden.

Innere Ableitung ist eine → Ableitung im Innern der gegen Blitz geschützten baulichen Anlage. Das kann z. B. eine Stütze aus Stahlbeton oder Stahl sein. Sie wird auch als → „natürliche" Ableitung bezeichnet.
Die → inneren Ableitungen verursachen aber auch neue Einkopplungen in die benachbarten Einrichtungen. Der Elektroplaner muss mit dem Architekten z. B. bei einer Verkaufshalle auch die Stützen der Halle planen, die nicht leitfähig sind. In der Praxis sind mehrere Fälle bekannt, wo gerade bei den Stahlbetonstützen die Überwachungskameras, andere → Gefahrenmeldegeräte und auch die Zentralen durch induktive → Kopplungen zerstört wurden.

Innerer Blitzschutz sind alle zusätzlichen Maßnahmen zum → äußeren Blitzschutz, die der Minderung der elektromagnetischen Auswirkungen des Blitzstromes innerhalb des zu schützenden Volumens dienen ([N30], Abschnitt 1.2.23). Alle diese Maßnahmen sind unter eigenen Stichwörtern beschrieben.

Isolationskoordination ist nach DIN VDE 0110-1 (VDE 0110 Teil 1): 1997-04 und IEC 60364-4-443 festgelegt. → Überspannungsschutzkategorie

Isoliermaterial. Das Isoliermaterial wird zur Trennung der Leiter des → Äußeren Blitzschutzes von leitfähigen Teilen in und an dem Gebäude benutzt. Das Isoliermaterial muss einer Stehstoßspannung U_i mit Stoßspannungswelle 1/50 µs größer als

U_i (in kV) $\geq 500 \cdot s$ (m) widerstehen.

Isolierte Blitzschutzanlage ist eine → Blitzschutzanlage, bei der die → Fangeinrichtungen und → Ableitungen mit Hilfe eines Abstandes oder mit Hilfe elektrischer Isolation getrennt von der zu schützenden Anlage errichtet sind ([N27], Abschnitt 2.1.3).

Isolierte Fangeinrichtungen werden mittels → Fangstangen, mittels Fangleitungen und Fangnetzen oder durch deren Kombinationen errichtet, die alle unter eigenen Stichwörtern beschrieben sind.

Isolierung des Standortes muss dort ausgeführt werden, wo die Gefahr → der Schritt- oder Berührungsspannung in der Nähe der → Ableitungen und → Erder besteht. Als ausreichende Erhöhung des → spezifischen Widerstandes der obersten Bodenschicht gilt z. B. eine ca. 20 cm starke Kies- oder Asphaltschicht [N32]. Wenn die Isolierung des Standortes oder andere Schutzmaßnahmen gegen Schritt- und Berührungsspannung nicht durchgeführt werden können, müssen vor Ort Maßnahmen ergriffen werden, damit sich Personen den Ableitungen nicht nähern können.

IT-System ist ein nicht EMV-freundliches Energieversorgungssystem (→ Netzsysteme). Bei der Benutzung von → Trenntransformatoren können die angeschlossenen Geräte EMV-freundlich betrieben werden. Eine weitere Alternative für die EMV-freundliche Installation ist die galvanische Trennung (Glasfasertechnik/Lichtwellenleiter) bei nachrichtentechnischen Kabeln.

K

Kabel sind unempfindlich gegen Störungen, wenn es sich um geschirmte Kabel mit verdrillten Adernpaaren (DA) handelt, z. B. Telefon- und Datenverarbeitungsanlagen sowie Energiekabel mit konzentrischem Leiter (Schirmleiter).

Für Handwerker ist es wichtig zu beachten, dass bei der Kabelabisolierung die verdrillten Adernpaare (DA) bis zur Anschlussstelle verdrillt bleiben müssen.

Kabelführung und Kabelverlegung. Wie auch unter dem Stichwort → „Potentialausgleichsnetzwerk" beschrieben, ist die Art der Kabelführung in der baulichen Anlage aus EMV-Sicht sehr wichtig. Kabel sollten generell keine Induktionsschleifen bilden (Bild K6) und nicht an/in Außenwänden ohne Stahlbeton installiert werden. → Näherungen an Stellen, wo sich an der Außenwand → Ableitungen befinden, sind zu vermeiden.

Bei Signal- oder Datenleitungen ist darauf zu achten, dass sie einen möglichst großen Abstand (> 20 cm) zu den Stromkreisen haben, auf denen im normalen Betrieb mit schnellen Strom- und Spannungsänderungen zu rechnen ist.
→ Kabelkategorien

Innerhalb der Gebäude empfiehlt sich die Unterbringung in geerdeten, durchgehend elektrisch gut leitend verbundenen und abgedeckten Kabelkanälen. Die Kanäle können mehrere Kammern haben, in denen unterschiedlich mit Störgrößen behaftete bzw. unterschiedlich empfindliche Kabel getrennt geführt werden. Die einzelnen Kammern oder auch Kabelpritschen unterscheiden sich in den Kabelkategorien. Diese sind abhängig von der Empfindlichkeit der an die Kabel angeschlossenen → Störsenken. Bei senkrechter Ausführung der Kabelkanal-Pritschen werden die Energiekabel mit Mittelspannung im unteren Bereich installiert, weiter höher die Energieversorgungskabel 230/400 V, dann die Pritschen mit den Steuerungskabeln 230 V und anschließend die Kabel der Nachrichtentechnik [L21].

Kabelkategorien [L21]. Da die Kabel sich gegenseitig beeinflussen können, müssen sie zueinander einen Mindestabstand haben.

Alle Kabel können nach folgenden Kriterien geordnet werden:

- Kabelkategorie 1: Energiekabel, Steuerkabel, Impulskabel, Sendeantennen-Kabel
- Kabelkategorie 2: → Fernmeldekabel, Datenkabel
- Kabelkategorie 3: Mikrofonkabel, Videokabel, Empfangsantennen-Kabel

Die drei Kabelkategorien sollten mit den in **Tabelle K1** angegebenen Mindestabständen in Metern zueinander installiert werden.

Kabelkategorie	1	2	3
1	–	0,2	0,2
2	0,2	–	0,1
3	0,2	0,1	–

Tabelle K1   *Mindestabstände von Kabeln unterschiedlicher Kategorien zueinander*
Quelle: Anton Kohling (Hrsg.) EMV von Gebäuden, Anlagen und Geräten; VDE Verlag GmbH, Berlin, Offenbach, 1998 [L21]

Kabellänge in Abhängigkeit des Schirmes. Die Kabellänge in Abhängigkeit von der Bedingung des Schirmes muss bei der Berechnung des Mindestschirmquerschnitts für den Eigenschutz der Kabel und Leitungen berücksichtigt werden (siehe auch → „Mindestschirmquerschnitt für den Eigenschutz von Kabeln und Leitungen").

Bedingungen des Schirmes	Zu berücksichtigende Länge l_c
In Kontakt mit dem Erdboden mit einem spezifischen Widerstand r (in Ωm)	$l_c \leq 8 \cdot \sqrt{\rho}$
Isoliert vom Erdboden oder in Luft	l_c Abstand zwischen der baulichen Anlage und dem nächstliegenden Erdungspunkt des Schirmes

Tabelle K2   *Zu berücksichtigende Kabellänge in Abhängigkeit von der Bedingung des Schirmes*
Qulelle: DIN V ENV 61024-1 (VDE V 0185 Teil 100): 199608 [N30] Anhang D (normativ) Tabelle D.1

Kabelrinnen und Kabelpritschen müssen mit dem → Potentialausgleich verbunden werden. Der Potentialausgleichsanschluss wird an allen Enden und an allen Durchgängen der → Blitz-Schutzzonen durchgeführt. Die Verschraubungen der Einzelteile der Rinnen oder Pritschen müssen auf beiden Seiten und nicht nur auf einer Seite angebracht werden. Die Schraubverbindungen sollten gegen Selbstlockerung mit einer Zahn- oder Federscheibe abgesichert werden.

Kabelschirm schützt einzelne Adern oder den gesamten Verseilverband gegen elektromagnetische Beeinflussungen. Die Schirme sind aus gut leitendem Material. Das kann z.B. ein Geflecht aus blanken Kupferdrähten (Schirmgeflecht, Flechtdichte 80%), aus Kupferdrähten mit Querleitwendeln, aus Kupferbändern oder aus leitfähigen Kunststoffschichten sein. Das Wichtigste bei Kabelschirmen ist aber die beidseitige Erdung der Schirme. Einseitig geerdete Schirme

Kabelschirm

schützen gegen kapazitive → Kopplungen. Beidseitig geerdete Schirme schützen gegen induktive Kopplungen. Nur bei kleiner Spannung und kleinen Frequenzen schützt die einseitige Erdung. Bei einem Blitzschlag entstehen jedoch große Frequenzen und Spannungen. Das bedeutet: Die Schirmung muss hier beidseitig geerdet werden.

In bestimmten Fällen können Ausgleichsströme über die Schirme fließen und Störungen verursachen. Dies entsteht bei nicht normgerecht ausgeführten Elektroinstallationen oder bei Anlagen in einem Gebäude ohne → Potentialausgleich oder bei Anlagen zwischen zwei Gebäuden mit unterschiedlichen Potentialen oder separaten Einspeisungen über das → TN-C-System. In diesen Fällen muss ein Kabelschirmende indirekt über eine → Funkenstrecke geerdet werden. Bei einem Blitzschlag und einer Spannungserhöhung schaltet die Funkenstrecke durch und der → Schirm wirkt und schützt auch gegen induktive Kopplungen bei Blitzeinschlägen.

Die Kabelschirme, die außerhalb der geschützten baulichen Anlagen installiert sind, müssen einen blitzstromtragfähigen Schirm haben (**Bild K1**) oder in Rohrkanälen aus Metall oder in Kabelkanälen mit durchverbundenem Bewehrungsstahl verlegt werden.

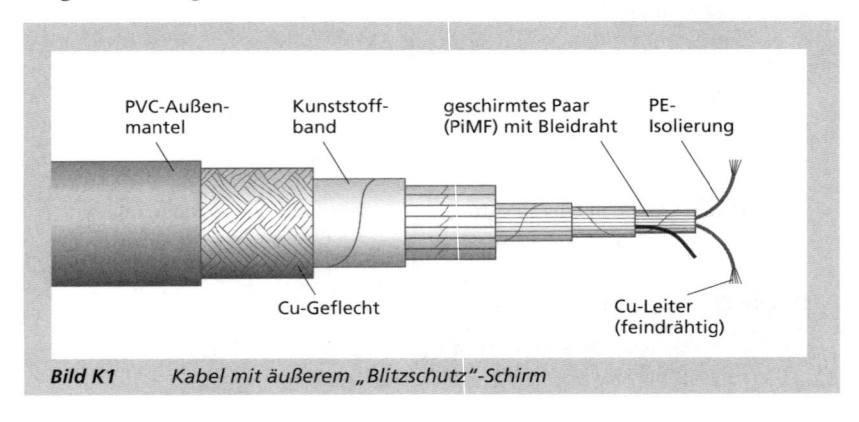

Bild K1   *Kabel mit äußerem „Blitzschutz"-Schirm*

Beispiel aus der Praxis:

Die Installationen, die mit einem Telefonkabel, z. B. I-Y(ST)Y-Bd (Kabel mit kunststoff-kaschierter Alufolie mit Beilaufdraht), durchgeführt sind, haben minimale Dämpfung. Oft sind sie auch nicht geerdet, und wenn, dann nur einseitig. Bei den EMV-Maßnahmen oder hinter dem SPD (→ Überspannungsschutz), wo eine Gefahr von neuen Kopplungen entsteht, müssen Schirmkabel, mit z. B. einem Geflecht aus Kupferdrähten, verwendet werden.

Die Realität zeigt, dass nicht alle Firmen ausreichende Erfahrungen mit geschirmten Kabeln haben. Mit gutem Willen ziehen manche Firmen das geschirmte Kabel in den Schrank (Verteiler), ohne jedoch beim Schrankeintritt die Schirme mit dem → Potentialausgleich zu verbinden. Oft erfolgt dieser Anschluss erst bei angeschlossenem Gerät. Wird so installiert, so beeinflusst der Kabelschirm bei einer Störung andere benachbarte Leiter und Einrichtungen

Kabelschirmbehandlung

in dem Schrank und kann sie zerstören. Was für die Erdung der Schirme an den Blitzschutz-Zonen gilt, gilt auch für die Verteiler. Der Verteiler- oder Schrankeintritt ist eine weitere → Blitz-Schutzzone. Auch hier muss der Schirm bei „Schrankeintritt" angeschlossen werden (**Bild S2**)!

Gerade bei Installationen von → Blitz- und Überspannungsschutzgeräten für informationstechnische Systeme sind oft falsche Ausführungen an den Schirmen oder auch nur am Beidraht zu entdecken. Die **Bilder K2** und **K3** erläutern das Prinzip der Erdung.

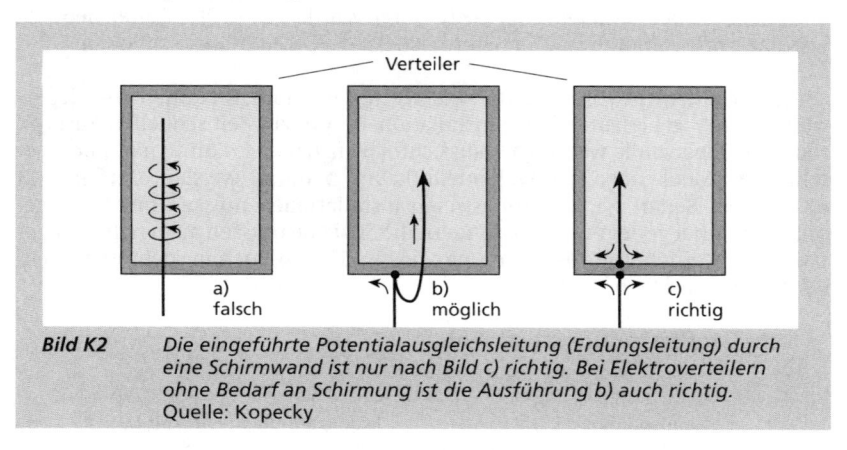

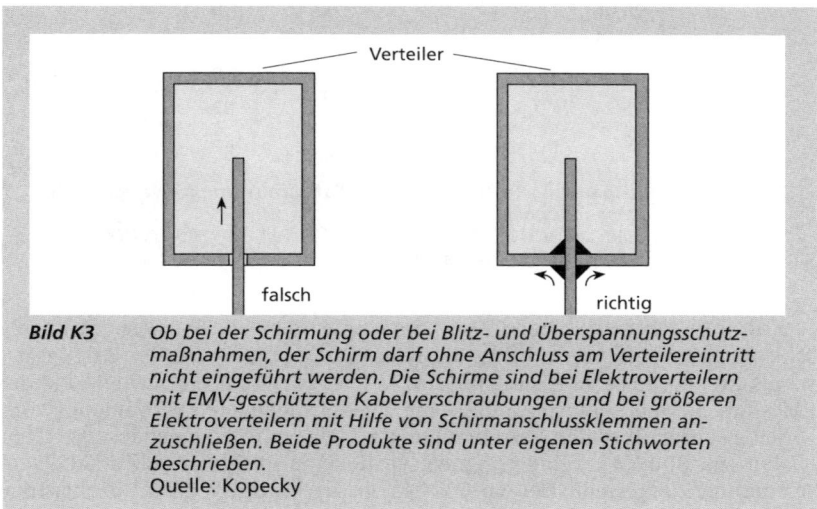

Bild K2 Die eingeführte Potentialausgleichsleitung (Erdungsleitung) durch eine Schirmwand ist nur nach Bild c) richtig. Bei Elektroverteilern ohne Bedarf an Schirmung ist die Ausführung b) auch richtig.
Quelle: Kopecky

Bild K3 Ob bei der Schirmung oder bei Blitz- und Überspannungsschutzmaßnahmen, der Schirm darf ohne Anschluss am Verteilereintritt nicht eingeführt werden. Die Schirme sind bei Elektroverteilern mit EMV-geschützten Kabelverschraubungen und bei größeren Elektroverteilern mit Hilfe von Schirmanschlussklemmen anzuschließen. Beide Produkte sind unter eigenen Stichworten beschrieben.
Quelle: Kopecky

Kabelschirmbehandlung erfolgt oft falsch. Jede Schirmanschlussüberlänge kann aufgrund von hohen Frequenzen eine Störungsquelle sein. Der beste

Kabelschirmung

Schirmanschluss wird bei einem Metallschrank-Verteiler mittels einer → EMV-Kabelverschraubung durchgeführt. Nicht immer ist diese Alternative realisierbar und die → Schirme müssen direkt bei Schrank- oder Verteilereintritt mittels → Schirmanschlussklemmen geerdet werden. Wenn der Schirm nicht beim Zonenübergang geerdet ist und in den Schrank weitergeführt wird, so ist er ein „Störungssender" und kann → Kopplungen in die benachbarten Installationen verursachen.

Bei Installationskontrollen wurden mitunter auch abgeschnittene Schirme der Energiekabel gefunden. Der → N-Leiter wurde als → PEN-Leiter benutzt, was natürlich verboten ist. Der Schirm ist als → PE-Leiter anzuschließen.

Kabelschirmung ist eine der wichtigsten Grundmaßnahmen zur Sicherstellung EMV-geeigneter Elektroinstallation. Bei der zur Zeit schnellen Ausbreitung der Elektronik werden voraussichtlich in naher Zukunft nur noch geschirmte Kabel und Lichtwellenleiterkabel benutzt werden dürfen. Mit steigendem Bedarf nach störungsfreien Installationen müssen nicht nur geschirmte Kabel verlegt werden, sondern die Schirme müssen auch richtig angeschlossen werden. Die → Schirmung wird in diesem Buch in mehreren Stichwörtern beschrieben.

Kabelstoßspannungsfestigkeit

Nennspannung in kV	Stoßspannungsfestigkeit U_c in kV
≤ 0,05	5
0,23	15
10	75
15	95
20	125

Tabelle K3   Stoßspannungsfestigkeit (kV) der Kabelisolierung für verschiedene Nennspannungen
Quelle: DIN V ENV 61024-1 (VDE V 0185 Teil 100):199608 [N30], Anhang D (normativ) Tabelle D.2

Kabelverschraubungen. Wie schon unter den Stichwörtern zu Kabelschirmungen beschrieben, hängt die Schirmungswirkung von der Erdungsanschlussart ab. Die beste Lösung für den Anschluss von Kabelschirmen sind die EMV-Kabelverschraubungen, die eine niederimpedante Verbindung vom → Kabelschirm über den Verschraubungskörper zum Gerätegehäuse gewährleisten. Auf **Bild K4** ist eine geeignete Ausführung solch einer EMV-Kabelverschraubung dargestellt. Der Vorteil besteht darin, dass beim Anziehen der Druckschraube der Dichteinsatz auf zwei Konusringe drückt, die auf einen endlosen Federring wirken, der sich dadurch im Durchmesser verjüngt und so das Schirmgeflecht des durchgeführten Kabels sicher kontaktiert. Ein weiterer Vorteil ist, dass bei einigen Typen der Kabelmantel auch nach der Kontaktstelle in der Verschraubung weiterlaufen kann und eventuell bei der nächsten Zone noch einmal geerdet werden kann und muss.

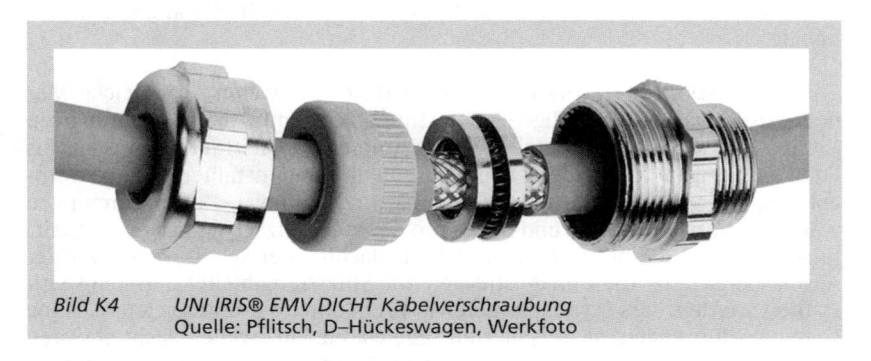

Bild K4   UNI IRIS® EMV DICHT Kabelverschraubung
Quelle: Pflitsch, D–Hückeswagen, Werkfoto

Kehlblech auf einem Dach mit einer → Blitzschutzanlage muss mit der Blitzschutzanlage verbunden werden, wenn es sich nicht im → Schutzbereich befindet.

Kirche muss eine Blitzschutzanlage nach DIN 57185-2 (VDE 0185 Teil 2): 1982-11[N28], Abschnitt 4.2, haben. Kirchtürme über 20 Meter müssen mindestens über zwei äußere → Ableitungen verfügen. Davon muss eine mit der Blitzschutzanlage der Kirche verbunden werden.
Innerhalb des Turmes dürfen keine Ableitungen herabgeführt werden.
Auch wenn die Wände der Kirchtürme sehr dick sind, entstehen mitunter unzulässige → Näherungen zwischen den Installationen innerhalb des Turmes oder der Kirche einerseits und der → Fangeinrichtung sowie den äußeren Ableitungen der Dächer und Wände andererseits. Bei unterhalb von Dächern oder in Türmen angebrachten → Mobilfunkantennen ist darauf zu achten, dass der → Sicherheitsabstand zur → Blitzschutzanlage eingehalten wird. Bei den Erdungsanlagen der Kirchen darf nicht vergessen werden, die → Schrittspannung im Eingangsbereich zu verhindern. Die wichtigsten Schutzmaßnahmen sind unter den zugehörigen Stichwörtern nachzulesen.
Die → Blitz- und Überspannungsschutzmaßnahmen für die allgemeine Elektroinstallation in der Kirche sowie für die Glocken- und Uhrsteuerung sind ebenfalls ein nicht zu trennender Bestandteil der Blitzschutzanlage.
In neuester Zeit muss auch die in Kirchen installierte BUS-Technik gegen Blitz und → Überspannung geschützt werden.

Kläranlagen → Großtechnische Anlagen

Klassische Nullung ist ein früherer Begriff, → TN-C-System.

Klimaanlagen müssen mit dem → Potentialausgleich verbunden werden. Die → Rückkühlgeräte der Klimaanlagen müssen - wie unter eigenem Stichwort beschrieben - geschützt werden.

Koeffizient K_i ist ein Koeffizient für die Berechnung des → Sicherheitsabstandes s, wie unter dem Stichwort → „Näherungsformel" beschrieben ist. Der Koeffizient ist von der → Blitzschutzklasse, wie in Tabelle N1 angegeben, abhängig.

Kombi-Ableiter (DEHNventil, POWERTRAB und weitere baugleiche Modelle) sind zwei- bis vierpolige → Blitzstromableiter mit Parallelschaltung von thermisch überwachten Metalloxyd-Varistoren und Gleitfunkenstrecken. Bis Ende des vorigen Jahrhunderts waren das die meisten installierten Blitzstromableiter. Bei einem entfernten Blitzschlag und kleinen → Überspannungen waren die Varistoren aktiv und bei einem direkten Blitzschlag haben die Gleitfunkenstrecken die Blitzströme abgeleitet. Nachteil der Schutzgeräte war der Ausblasbereich der Gleitfunkenstrecken. Die Blitzstromableiter mussten so installiert werden, dass im Ausblasbereich, 15 cm unter der unteren Kante, keine spannungsführenden, nicht isolierten Teile waren. Ein zweiter Nachteil waren die Leckströme der Varistoren. Aus diesem Grund gab es keine Genehmigung durch die Energieversorgungsunternehmen, diese Kombi-Ableiter als Blitzstromableiter vor dem Elektrozähler einzubauen. Die Kombi-Ableiter wurden später ersetzt durch die neuen, nicht ausblasenden Blitzstromableiter.

Kopplungen sind Wirkungen zwischen Stromkreisen, bei denen Energie von einem Kreis auf den anderen übertragen wird. Die Wirkungen können durch galvanische, kapazitive oder induktive Kopplung entstehen, es können aber auch alle Kopplungen gleichzeitig auftreten.

Galvanische Kopplung (**Bild K5**) entsteht z.B. bei einem Blitzschlag in ein Gebäude, wenn am → Ausbreitungswiderstand ein Spannungsfall von mehreren 10 bis 100 kV entsteht. Wenn das Gebäude mit anderen Gebäuden durch stromleitfähige Kabel verbunden ist, kommt es zum Durchschlag der Isolationen und ein ohmsch eingekoppelter Stoßstrom des Potentialausgleichs fließt zum anderen Gebäude, wo die Teilblitzenergie (Scheitelwert mehrere kA) noch einmal die Isolationen in Richtung → Erdungsanlage durchschlägt. Die Größe des eingekoppelten Stoßstromes ist von den Widerständen der Erdungsanlagen der Gebäude abhängig.

Die gleiche Art von galvanischen Kopplungen entsteht in Stromkreisen mit gemeinsamen Impedanzen.

Induktive Kopplung (**Bild K6**) entsteht durch Wirkung des magnetischen Feldes eines stromdurchflossenen Leiters auf andere, in der Nähe befindliche nicht abgeschirmte Leiter. Bei einem Blitzschlag in die → Blitzschutzanlage verursacht der Stoßstrom in der → Ableitung mit seiner hohen Steilheit di/dt max. ein dem Strom entsprechendes Magnetfeld um diesen Leiter. In andere, in der Nähe befindliche Leiter, werden abhängig vom ihrem Abstand zur Ableitung und abhängig von ihrer Länge Überspannungen induziert. Dieser Effekt ist auch als Transformatoreffekt bekannt. Siehe auch Stichwort → „Magnetische Feldkopplung". Bei falsch ausgeführten Überspannungsschutzinstallationen entsteht eine induktive Kopplung zwischen den geschützten und ungeschützten Adern oder Erdungsanschlüssen, → Kopplungen bei Überspannungsschutzgeräten.

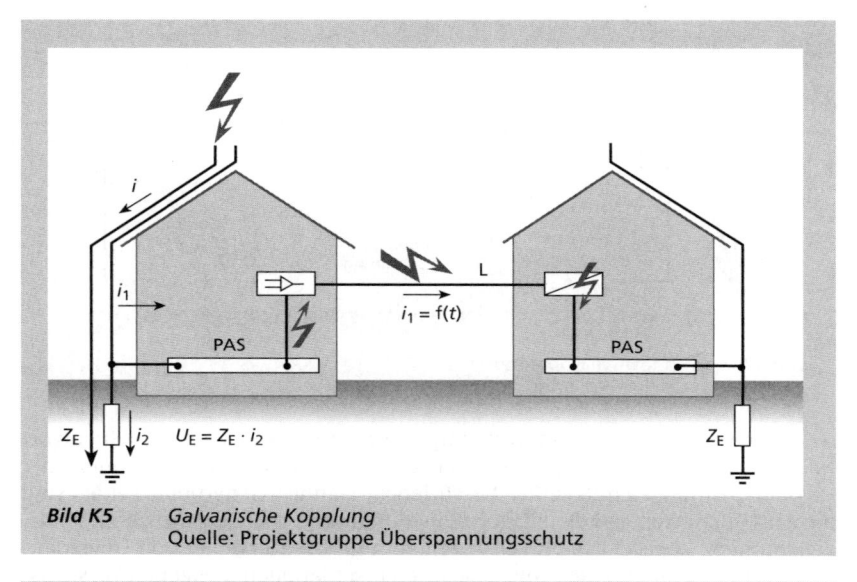

Kopplungen

Bild K5 *Galvanische Kopplung*
Quelle: Projektgruppe Überspannungsschutz

$U_E = Z_E \cdot i_2$

$i_1 = f(t)$

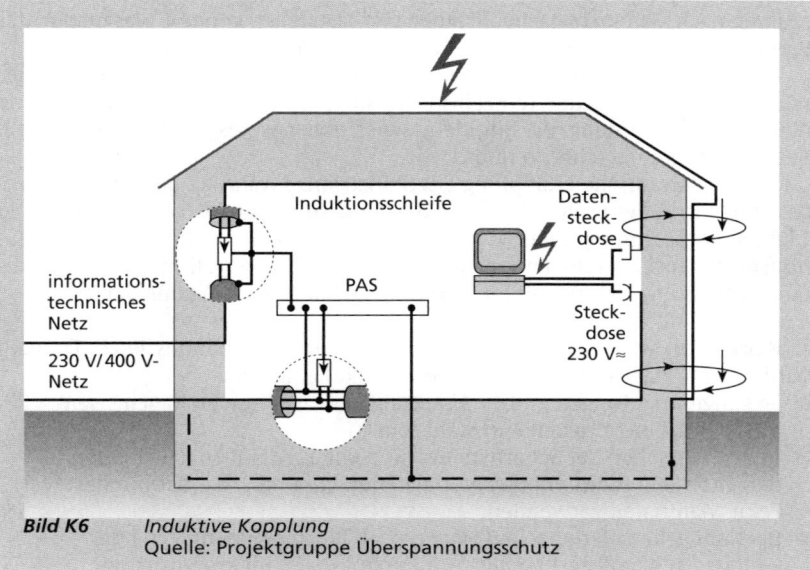

Bild K6 *Induktive Kopplung*
Quelle: Projektgruppe Überspannungsschutz

Kapazitive Kopplung (**Bild K7**) entsteht zwischen zwei Leitungen mit unterschiedlichen Potentialen in einem elektrischen Feld. Die Koppelkapazitäten verursachen einen maximalen eingekoppelten Strom von mehreren Ampere, der dann die angeschlossenen Geräte zerstört.

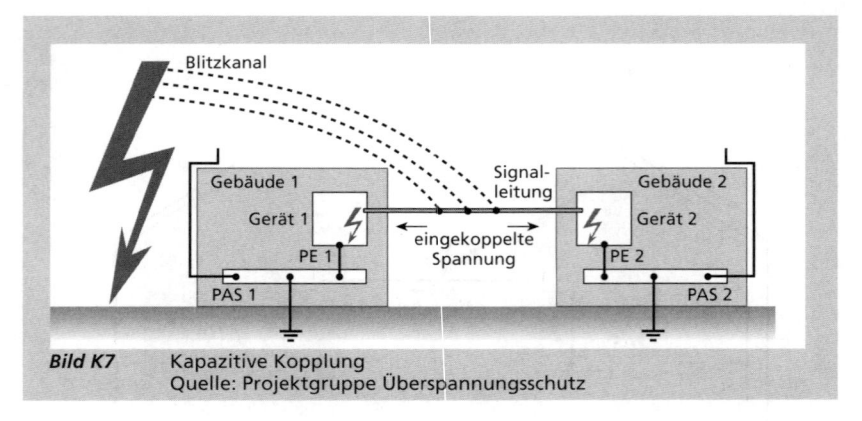

Kopplungen bei Überspannungsschutzgeräten

Bild K7 Kapazitive Kopplung
Quelle: Projektgruppe Überspannungsschutz

Kopplungen bei Überspannungsschutzgeräten. Unter dem Stichwort → „Überspannungsschutz in der Praxis" sind falsche Installationen der → Überspannungsschutzgeräte beschrieben. Häufig wiederholte Fehler sind die Anschlussarten, bei denen es zu Einkopplungen in die eigentlich zu schützenden nicht abgeschirmten Leitungen kommt. Die Hersteller von Überspannungsschutzgeräten bilden solche falschen Installationen in eigenen Versuchsräumen nach, damit sie nachvollziehen und feststellen können, was man in der Praxis nur mit schweren Schäden an den Einrichtungen erfährt.

Bei elektromagnetischen → Kopplungen zwischen parallel laufenden geschützten und ungeschützten Leitungen von 1 m Länge entsteht nämlich eine neue → Überspannung, die ein Mehrfaches höher ist als der Spannungspegel des Überspannungsschutzgerätes.

Bei der galvanischen Kopplung des Stoßstromes während des Ableitvorganges entsteht an der Erdleitung durch den Stoßstrom mit z. B. einer Steilheit von 1 kA/µs ein Spannungsabfall von ca. 1 kV/m. Diesen Wert dürfen die Installationsfirmen nicht vergessen, weil jede Kabelüberlänge eine Erhöhung des Spannungspegels um 1 kV pro Meter Leitung verursacht. → V-Ausführung

Korrosion wäre schon allein ein Thema für ein separates Buch. Deshalb wird hier nur das Wichtigste als Schwerpunkt behandelt.
- → Fangeinrichtungen und → Ableitungen in aggressiven Rauchgasen müssen aus nicht rostendem Stahl sein.
- In den Bereichen der Schornsteine mit nicht aggressiven Rauchgasen darf man kein Aluminium-Material benutzen, sondern muss mindestens FeZn-Materialen verwenden.
- Bei Kupfer-Installationen auf Dächern, ob Blechverkleidungen oder → Blitzschutzanlage, ergeben sich Kupferinhalte im Regenwasser, die dann darunter liegende FeZn- oder Aluminium-Teile (das müssen keine Blitzschutzteile sein) durch Korrosion angreifen.
- Unterschiedliche Werkstoffe, z. B. Kupfer und Aluminium sowie Kupfer mit FeZn-Material, dürfen nicht direkt, d.h. nicht ohne Cupal-Zwischenlage oder Zweimetallklemmen verbunden werden.

- Aluminiummaterial darf nicht auf und in kalkhaltigen Oberflächen, z. B. Beton und Putz, installiert werden.
- Fundamenterder dürfen nicht direkt, d.h. nicht ohne → Funkenstrecke mit FeZn-Erdern im Erdbereich verbunden werden.
  Erklärung: Der → Fundamenterder hat ein negativeres Potential als die → Erdungsanlage im Erdbereich und so kommt es zu Ausgleichsströmen zwischen beiden Erdern und damit zur Durchrostung der Erdungsanlage im Erdreich. Durch die Installation der → Funkenstrecke werden die Korrosionsströme unterbrochen. Die Erdungsanlage ist nicht mit Strömen belastet und rostet langsamer. Sie wird in diesem Fall nur von der Umgebungserde beeinflusst. V4A-Erdungsmaterial Werkstoffnummer 1.4571 hat dagegen ein positiveres Potential, das in der Nähe des Potentials von Fundamenterdern liegt. Somit entstehen keine Ausgleichsströme zwischen den Erdern. Daher können/müssen beide oder auch mehrere → Erder miteinander verbunden werden.
- → Erdeinführungen, falls sie nicht aus o. g. V4A-Material sind, müssen 30 cm oberhalb und 30 cm unterhalb des Erdbereichs gegen Korrosion durch eine Korrosionsschutzbinde geschützt werden.
- Vielfach wird die Meinung vertreten, dass andere → Netzsysteme anstelle des → TN-S-Systems Ausgleichsströme in den Erdungsanlagen verursachen und damit das Korrodieren sowohl der Erdungsanlage als auch anderer Installationen in der „geschützten" baulichen Anlage zur Folge haben.

Korrosion der Metalle. Dazu gehören alle Korrosionsarten, wie elektrolytische oder chemische Korrosion.

Krankenhäuser und Kliniken müssen nach der alten Norm DIN 57185-2 (VDE 0185 Teil 2): 1982-11[N28], Abschnitt 4.6, geschützt werden. Nach den → neuen Normen erreichen die Krankenhäuser und Kliniken hauptsächlich die Blitz-Schutzklasse I. Bei einem Vergleich der Normen stellen sich die gleichen Aussagen heraus, z. B. Einhalten einer Maschenweite von nicht mehr als 10 x 10 m und Ableitungen alle 10 m Gebäudeumfang.

Nach der alten Norm müssen Ableitungen einen Abstand von mindestens 0,5 m zu den Fensterrahmen aufweisen. Dies ist aber nach der neuen anerkannten Näherungsberechnung bei → Blitzschutzklasse I nicht ausreichend, da Fenster 10 m oberhalb der Potentialausgleichsebene keinen ausreichenden Sicherheitsabstand haben, wenn sie nur einen halben Meter von der → Ableitung entfernt sind.

Nach [N28], Abschnitt 4.6.3, dürfen innere Installationen im Bereich der medizinisch genutzten Räumen nicht mit Teilen der Blitzschutzanlage verbunden werden. In der Praxis bedeutet dies, dass auch keine Einrichtungen auf dem Dach, die nicht im Schutzbereich liegen, z. B. → Mobilfunkantennen und andere, mit einer leitfähigen Verbindung ins Krankenhaus- oder Klinikinnere installiert werden dürfen. Die Anschluss- oder Antennenkabel der Einrichtungen führen nämlich bei einem Blitzschlag → Teilblitze ins Gebäudeinnere. Dies ist nicht zugelassen.

Kreuzerder ist bei → Blitzschutzsystemen kein anerkannter und ausreichender Erder. Die Kreuzerder-Mindestlänge von 2,5 m benutzt man nur für die Erdung von → Antennenanlagen bei Gebäuden ohne Blitzschutzanlage nach DIN EN 50083-1 (VDE 0855 Teil 1): 1994-03 [N57 und N58].

L

Landwirtschaftliche Anlagen, z. B. PC-gesteuerte Fütterungsautomaten, Melkautomaten oder andere Einrichtungen sind mit moderner Elektronik ausgestattet, werden aber auch infolge nicht geeigneter Elektroinstallationen häufig beschädigt. Die Installationsfirmen sind nach dem → EMV-Gesetz für den einwandfreien Betrieb der Gesamt-Anlage, die sich meist über mehrere Gebäude erstreckt, verantwortlich. Dabei ist der Zentral-PC oft im Hauptgebäude und die anderen Anlagenteile, Melder sowie aktiven Elemente wie Motoren, sind in den landwirtschaftlichen Gebäuden oder Hallen an das System angeschlossen. In diesen Fällen ist zu beachten, dass alle Gebäude und Hallen über die Elektroinstallations-Maßnahmen verfügen müssen, die in diesem Buch beschrieben sind. Gefordert werden dabei hauptsächlich einheitliche → Erdungsanlage, → Potentialausgleich, → TN-S-System und → Blitz- und Überspannungsschutzmaßnahmen. Die oft vertretene Meinung, dass Elektrokabel in Metallhallen ohne → Blitzschutzanlage keinen → Blitzstromableiter benötigen, ist falsch, weil auch ein Blitzschlag in eine Metallhalle oder eine Antenne die Anhebung der Spannung auf den Potentialausgleich verursacht und damit die Überspannungsschutzgeräte der Installationen bei Gebäudeeintritt überlastet sind.

Lautsprecheranlagen → Datenverarbeitungsanlage

Leitungsschirmung → Kabelschirmung

LEMP-Schutz-Management ist im Prinzip ein Leitfaden für Architekten, Elektroplaner, Errichter, → Blitzschutzexperten und Behörden für den Bau neuer Anlagen oder für umfassende Änderungen in der Ausführung oder Nutzung baulicher Anlagen nach DIN VDE 0185-103 (VDE 0185 Teil 103): 1997-09 [N33], Anhang E (informativ), Tabelle E.1.
Der verantwortliche Architekt oder der am Bau beteiligte Ingenieur wird zum Entwurf des → Blitzschutzes üblicherweise einen Blitzschutzexperten heranziehen. Die LEMP-Schutz-Planung ist ein Spezialgebiet, die ohne Kenntnisse der → EMV und aller in diesem Buch enthaltenen Stichworte nicht realisierbar ist.
Im ersten Schritt „LEMP-Schutz-Planung" muss der Blitzschutzexperte mit fundierter Kenntnis der EMV in engem Kontakt mit dem Eigner, dem Architekten, dem Errichter des Informationssystems, dem → Planer aller anderen relevanten Installationen und den Unterauftragnehmern eine Definition der → Schutzklassen (LPZs) und ihrer Grenzen vornehmen. All diese und auch die

Leuchtreklamen

folgenden Aufgaben sind unter eigenen Stichworten, z. B. → Blitzschutzzonenkonzept, → Blitzschutz-Potentialausgleich, → Blitzschutzsystem, → Schutzklassen-Ermittlung beschrieben. Zu diesem ersten Schritt gehören auch die Festlegung der → Raumschirm-Maßnahmen, der → Potentialausgleichsnetzwerke, der Maßnahmen für Versorgungsleitungen und elektrische Leitungen an den LPZ-Grenzen, sowie die Festlegungen der → Kabelführung und der → Schirmung.

Im zweiten Schritt „**LEMP-Schutz-Ausführung**" muss z. B. ein elektrotechnisches Ingenieurbüro die Übersichtszeichnungen, Beschreibungen und Leistungsverzeichnisse erstellen. Die wichtigsten Aufgaben dabei sind insbesondere das Anfertigen der Detailzeichnungen und der Ablaufpläne für die Installationen.

Bei der Prüfung der Planung müssen fehlende oder fehlerhafte Detailzeichnungen festgestellt werden. Erhält erst einmal der ausführende Monteur die falschen Pläne, so ist auch die falsche Installation kaum noch abzuwenden. Die Prüfung der Planung und die weitere Kontrolle gehören schon zum dritten Schritt des LEMP-Schutz-Managements, der **LEMP-Schutz-Installation** einschließlich der Überwachung. Bei der Überwachung haben Systemerrichter, Blitzschutzexperte, Ingenieurbüro oder Überwachungsbehörde die Aufgabe, die Qualität der Installation, der Dokumentation und die eventuell notwendige Überarbeitung von Detailzeichnungen zu kontrollieren.

Der vierte Schritt ist die **Abnahme des LEMP-Schutzes** durch einen unabhängigen Blitzschutzexperten oder durch die Überwachungsbehörde. Ihre Aufgabe ist die Kontrolle der ausgeführten Arbeiten und der Dokumentation des Systemzustandes.

Der fünfte Schritt sind **wiederkehrende Inspektionen** durch Blitzschutzexperten oder Überwachungsbehörden. Bei diesen Kontrollen in vorgeschriebenen Zeitabständen wird die Sicherung der Funktionsfähigkeit des Systems überprüft.

Mit einem richtig ausgeführten LEMP-Schutz-Management, wie in den oben genannten fünf Schritten beschrieben, kann man die besten Ergebnisse zum optimalen Schutz der baulichen Anlage bei niedrigsten Kosten erreichen. Alle falsch geplanten oder nachträglichen Maßnahmen verursachen Zusatzkosten.

Leuchtreklamen, die auf dem Dach, unterhalb der → Fangeinrichtung oder unterhalb der leitfähigen Blechkante in kleinerem Abstand als dem → Sicherheitsabstand s installiert sind, sind durch den direkten Blitzschlag gefährdet und müssen aus diesem Grund am Gebäudeeintritt LPZ 1 mit dem → Blitzstromableiter (SPD) der Anforderungsklasse „B" beschaltet werden. Damit ist die bauliche Anlage geschützt, die Leuchtreklame selbst aber noch nicht. Sie kann ebenfalls geschützt werden. Ist am Gebäudeeintritt auch der direkte Übergang in die → Blitz-Schutzzone LPZ 2, so müssen an diesen Stellen auch → Überspannungsschutzgeräte (SPD) der Anforderungsklasse „C" eingebaut werden.

Wenn die Leuchtreklame in einem → Schutzbereich einer isolierten Fangeinrichtung oder größerer Gebäude ist und einen größeren Abstand zur → Blitzschutzanlage hat als den → Sicherheitsabstand s, genügt es, SPDs der Anforderungsklasse „C" zu installieren.

Lichtwellenleiteranlagen. Lichtwellenkabel sind eine sehr gute „Überspannungsschutzmaßnahme" bei Verbindungen zwischen Gebäuden, die unterschiedliche Energieversorgungsquellen oder eine nicht EMV-freundliche Energieversorgung besitzen.

Wenn die maximal zulässige Schadenshäufigkeit der Anlage rechnerisch ermittelt werden muss, wird durch das Vorhandensein von Lichtwellenkabeln die Anzahl möglicher Schäden durch Blitzeinwirkungen verringert.

Lichtwellenkabel haben jedoch auch Nachteile, z.B. geringere Widerstandsfähigkeit gegen Feuchtigkeit und schwierige Kabelortung, z.B. bei Wartungsarbeiten.

Lichtwellenleiter-Erdkabel mit Schirmleitern müssen überall geerdet werden, eine durchgehende Verbindung der Schirme aufweisen sowie mit allen metallischen Elementen der Lichtwellenkabel verbunden werden. Wenn in einer Anlage der direkte Schirmanschluss nicht erlaubt ist, müssen die → Schirme über → Funkenstrecken oder über geeignete → Überspannungsschutzgeräte geerdet werden.

Literatur. Für weitere Informationen aus dem Bereich → EMV, → Blitzschutz und → Überspannungsschutz empfehle ich folgende Literatur. Übernommene wichtige Passagen aus diesen Literatur-Empfehlungen der einzelnen Informationen sind in dem Buch kursiv gekennzeichnet oder es wird mit eckiger Klammer, z.B. [L1], auf die entsprechende Literaturstelle hingewiesen. Weitere Informationsquellen sind die DIN-VDE-Normen, die unter eigenem Stichwort beschrieben sind.

[L1] *Müller, K.; Habiger, E.:* Kleines EMV-Lexikon in EMC Kompendium Elektromagnetische Verträglichkeit 2000.
Publisch-industry Verlag GmbH, München, 2000
[L2] Berufsgenossenschaft: Unfallverhütungsvorschriften VBG-Sammelwerk als CD-ROM: Carl Heymanns Verlag KG, Köln: 8. Ausgabe: 1999
[L3] *Hasse, P; Wiesinger, J.:* Handbuch für Blitzschutz und Erdung.
4. Aufl. München: Pflaum Verlag; Berlin: VDE-Verlag, 1993
[L4] *Hasse, P; Wiesinger, J.:* EMV Blitz-Schutzzonen-Konzept.
München: Pflaum Verlag; Berlin: VDE-Verlag, 1994
[L5] *Hasse, P; Wiesinger, J.:* Blitzschutz der Elektronik.
München: Pflaum Verlag; Berlin - Offenbach: VDE-Verlag GmbH, 1999
[L6] *Habiger, E.:* Elektromagnetische Verträglichkeit.
Hüthig Buch Verlag GmbH, Heidelberg, 1992
[L7] *Schimanski, J.:* Überspannungsschutz – Theorie und Praxis.
Hüthig Verlag GmbH, Heidelberg, 1996
[L8] *Hasse, P.:* Überspannungsschutz von Niederspannungsanlagen.
4. Aufl. Köln: TÜV-Verlag GmbH; 1998
[L9] *Trommer, W; Hampe, E.A.:* Blitzschutzanlagen.
Hüthig Verlag GmbH, Heidelberg, 1997
[L10] *Raab, V.:* Überspannungsschutz in Verbraucheranlagen.
Berlin: Verlag Technik 1998

Literatur

[L11] Vorträge der VDE/ABB-Fachtagung in Kassel 1996:
VDE-Fachbericht 49; Blitzschutz für Gebäude und Elektrische Anlagen,
VDE-Verlag Berlin-Offenbach 1996

[L12] Vorträge der VDE/ABB-Fachtagung in Neu-Ulm 1997:
VDE-Fachbericht 52; Neue Blitzschutznormen in der Praxis,
VDE-Verlag Berlin-Offenbach 1997

[L13] Vorträge der VDE/ABB-Fachtagung in Neu-Ulm 1999:
VDE-Fachbericht 56; Der Blitzschutz in der Praxis,
VDE-Verlag Berlin-Offenbach 1999

[L14] Gütegemeinschaft für Blitzschutzanlagen e.V.:
RAL-Pflichtenheft– Äußerer Blitzschutz, Beuth-Verlag Berlin 1998

[L15] *Rudolph, W; Winter, O.:* EMV nach VDE 0100. Berlin-Offenbach:
VDE-Verlag GmbH, 1995

[L16] *Vogt, D.:* VDE-Schriftenreihe 35; Potentialausgleich, Fundamenterder,
Korrosionsgefährdung. Berlin-Offenbach: VDE-Verlag GmbH, 2000

[L17] *Chun, E. A.:* Leitfaden zur Planung der Elektromagnetischen Verträglichkeit (EMV) von Anlagen und Gebäudeinstallationen Version 2.0.
Berlin-Offenbach: VDE-Verlag GmbH, 1999

[L18] Technische Anschlußbedingungen für den Anschluß an das Niederspannungsnetz TAB 2000 vom Verband der Elektrizitätswirtschaft
– VDEW– e.V.

[L19] Überspannungs-Schutzeinrichtungen der Anforderungsklasse B.
Richtlinie für den Einsatz von Überspannungs-Schutzeinrichtungen
der Anforderungsklasse B in Hauptstromversorgungssystemen.
1. Aufl.: Frankfurt am Main: Verlags- und Wirtschaftsgesellschaft
der Elektrizitätswerke m.b.H. – VWEW

[L20] Dehn + Söhne: Blitzplaner. 1999

[L21] *Anton Kohling* (Hrsg.): EMV von Gebäuden, Anlagen und Geräten,
VDE Verlag GmbH, Berlin-Offenbach, 1998

[L22] Deutsches Dachdeckerhandwerk „Sonderdruck Blitzschutz auf und
an Dächern"; Verlagsgesellschaft Rudolf Müller & Co. KG. Köln, 1999

[L23] *Grapentin M.:* EMV in der Gebäudeinstallation.
Verlag Technik Berlin, 2000-09-09

[L24] *Dr. Pigler F.:* VDB -INFO- 7 „Berechnung des Sicherheitsabstandes
zwischen Installationen und Blitzschutzsystemen nach DIN V ENV
61024-1:1996-08" Druckerei Hans Zimmermann GmbH, 1996

[L25] Überspannungsschutz Hauptkatalog Dehn + Söhne

[L26] Überspannungsschutz Trabtech Phoenix Contact

[L27] Vortrag von Prof. Dr.-Ing. habil F. Noack über die Wirksamkeit von
ESE-Fangeinrichtungen auf der VDE/ABB-Fachtagung in Neu-Ulm 1999:
VDE-Fachbericht 56; Der Blitzschutz in der Praxis, Seiten 9 bis 20;
VDE-Verlag Berlin-Offenbach 1999

[L28] Vortrag von Dipl.-Ing. (FH) *Klaus Peter Müller* über die Wirksamkeit von
Gitterschirmen, zum Beispiel Baustahlgewebematten, zur Dämpfung des
elektromagnetischen Feldes auf der VDE/ABB-Fachtagung in Neu-Ulm
1997: VDE-Fachbericht 52; Neue Blitzschutznormen in der Praxis,
Seiten 113 bis 126, VDE-Verlag Berlin-Offenbach 1997

Lüftungsanlagen

[L29] Gesetz über die Elektromagnetische Verträglichkeit von Geräten (EMVG) vom 18.09.1998 (2. Novellierung)

Lötverbindungen an Blechen müssen nach DIN 57185-1 (VDE 0185 Teil 1): 1982-11 [N27], Abschnitt 4.2.5, mindestens 10 cm² betragen und allseitig dicht hergestellt werden.

LPS [„engl." lightning protection system] → Blitzschutzsystem

Lüftungsanlagen müssen immer in den → Potentialausgleich einbezogen werden. Die Querschnitte der Anschlüsse dürfen nicht kleiner sein als der Querschnitt des zugehörigen Potentialausgleichsleiters. Die Stoßstellen bei Ventilatoren müssen auch mit gleichwertigem Material überbrückt werden.

EMV-Experten, Elektroplaner, Lüftungsanlagenplaner und ausführende Firma dürfen die Lüftungsanlage nicht in kleinerem → Trennabstand d zur äußeren Blitzschutzanlage als dem → Sicherheitsabstand s planen und installieren. Damit ist gemeint, dass die Zu- und Abluftrohre auf dem Dach so installiert werden müssen, dass sie mit der isolierten → Fangeinrichtung geschützt werden können.

M

Magnetfelder entstehen in der Nähe des Blitzkanals, blitzstromdurchflossener Leitungen, aber auch in der Nähe von Stromversorgungsleitungen. Bei Prüfungen festgestellte Ströme auf den Heiz- und Wasserleitungen erzeugen ebenfalls Magnetfelder.

Magnetische Feldkopplung. Bei einem Blitzschlag in einer Entfernung von 100 m entsteht ein vertikales elektrisches Feld von 11 000 V/m, was eine Induktion von 2000 V pro Meter Leitung verursacht. Das bedeutet, dass auch nicht angeschlossene Kabel oder auch aus der Steckdose herausgezogene Stecker keine Schutzmaßnahmen sind! Alle weiteren Kopplungen → Kopplungen.

Mangel. Werden die Sicherheit und/oder die Zuverlässigkeit einer Anlage gefährdet, so ist dies ein Mangel. Mangel ist eine Abweichung von den → anerkannten Regeln der Technik. Wenn Mängel entstehen, die Gefahren für Personen und Sachen verursachen können, müssen diese Mängel nach → BGV A 2 (VBG 4), § 3, Abschnitt 2, unverzüglich behoben werden.

Mangel-Beseitigung. In der → BGA A 2 (bisher VBG4), § 3 Grundsätze, Absatz (1), ist festgelegt:
„Ist bei einer elektrischen Anlage oder einem elektrischen Betriebsmittel ein Mangel festgestellt worden, d.h. entsprechen sie nicht oder nicht mehr den elektrotechnischen Regeln, so hat der Unternehmer dafür zu sorgen, dass der Mangel unverzüglich behoben wird. Falls bis dahin eine dringende Gefahr besteht, hat er dafür zu sorgen, dass die elektrische Anlage oder das elektrische Betriebsmittel im mangelhaften Zustand nicht verwendet werden".

Maschenerder → Vermaschte Erdungsanlage

Maschenförmiger Potentialausgleich → Potentialausgleichsnetzwerk

Maschenverfahren benutzt man für die Planung und Herstellung der → Fangeinrichtung auf ebenen Flächen. In anderen Fällen werden die → Schutzwinkel- und die → Blitzkugel-Verfahren benutzt.

Maschenweite ist beim → Maschenverfahren von der Norm und der → Blitzschutzklasse abhängig. Nach der „alten" DIN 57185-1 (VDE 0185 Teil 1): 1982-11 [N27], Abschnitt 5.1.1.2.1, darf die einzelne Masche nicht größer als 10 m x 20 m sein und kein Punkt des Daches darf einen Abstand größer als 5 m zur → Fangeinrichtung haben. Die Maschen nach DIN 57185-2 (VDE 0185 Teil 2): 1982-11[N28] für die in dieser Norm beschriebenen Anlagen sind kleiner, z. B. 10 m x 10 m.

Die Maschenweite M nach DIN V ENV 61024-1 (VDE V 0185 Teil 100):1996-08 [N30] ist der Tabelle 3 der Norm zu entnehmen. Die nachfolgende **Tabelle M1** entspricht dieser Tabelle.

Blitzschutzklasse	I	II	III	IV
Maschenweite in m	5 x 5	10 x 10	15 x 15	20 x 20

Tabelle M1 Zuordnung der Maschenweite zu den Schutzklassen.
Quelle: DIN V ENV 61024-1 (VDE V 0185 Teil 100):1996-08 [N30], Tabelle 3.

Maximaler Ableitstoßstrom I_{max} (bei SPDs) ist der maximale Scheitelwert des Stoßstroms 8/20 µs oder auch 10/350 µs, den das Gerät sicher ableiten kann.

Mehrdrahtiger Leiter (H07V-K) wird oft als Potentialausgleichsleiter benutzt, doch die Potentialausgleichsanschlüsse werden nicht immer richtig durchgeführt. Bei den Anschlüssen muss man Aderhülsen oder Kabelschuhe verwenden, was nur am Anfang und am Ende der Leitung realisierbar ist. Das Verlöten oder Verzinnen des gesamten Leiterendes ist nicht erlaubt. Bei den Potentialausgleichskontrollen findet man mitunter auch durchgehende (geschleifte) Verbindungen mit dem H07V-K-Leiter, die nicht als genormte Anschlüsse anerkannt werden dürfen. Der Leiter H07V-K darf nur innerhalb, nicht außerhalb der bauliche Anlage installiert werden.

Messen → Messgeräte und Prüfgeräte, → Messungen – Erdungsanlage und → Messungen – Potentialausgleich

Messgeräte und Prüfgeräte. Für die Überprüfung des → Blitzschutzsystems benutzt der Prüfer Messgeräte zur Überprüfung der → Erdungsanlage und des → Potentialausgleichs. Auf dem Markt werden viele Messgeräte angeboten, doch sie sind nicht alle für die Messungen der Erdungsanlage und des Potentialausgleichs geeignet.

Der → Prüfer muss im → Prüfbericht nach DIN V VDEV 0185-110 (VDE 0185 Teil 110): 1997-01 [N39] Angaben über das Messverfahren und den Messgerätetyp machen.

Wenn der Prüfer die → Blitzschutzanlage und das Blitzschutzsystem nach DIN V VDEV 0185-110 (VDE 0185 Teil 110): 1997-01 [N39] oder DIN VDE 0100 Teil 610 (VDE 0100 Teil 610): 1994-04 [N13] überprüft, so darf er nur Messgeräte nach DIN VDE 0413 benutzen.

DIN EN 61557-5 (VDE 0413 Teil 5): 1998-05 legt spezielle Anforderungen für Messgeräte zur Messung von → Erdungswiderständen mit Wechselspannung fest. Zu den Anforderungen gehören z. B.:

Messgeräte und Prüfgeräte

Die zwischen den Anschlüssen Erder „E" und Hilfserder „H" vorhandene Ausgangsspannung muss eine Wechselspannung sein.

Am Messgerät muss die Überschreitung von maximal zulässigen Sonden- und Hilfserderwiderständen feststellbar sein.

DIN EN 61557-4 (VDE 0413 Teil 4): 1998-05 legt Anforderungen für Messgeräte zur Messung des Widerstandes von Erdungsleitern, → Schutzleitern (→ PEN-, → PE-Leiter) und Potentialausgleichsleitern fest. Zu den wichtigsten Anforderungen gehören z.B.:

Der Messstrom muss bei allen Messbereichen mindestens 200 mA betragen.

Bei Messgeräten, an denen die Grenzwerte einstellbar sind, muss eindeutig erkennbar sein, dass der obere oder untere Grenzwert erreicht wurde.

Weitere Messgeräte zur Beurteilung der → Blitz- und Überspannungsschutzmaßnahmen sind insbesondere Zangenampermeter oder noch besser Zangenampermeter mit Oberwellen-Analysezange, da in letzter Zeit Überspannungsschäden an der Elektronik, verursacht durch → Oberschwingungen, zugenommen haben. Mit der Oberwellen-Analysezange kann man auch Ausgleichsströme über Potentialausgleichsleitungen, über → PE- sowie → PEN-Leiter nachweisen. **Bild M1** zeigt auf dem Display einer Oberwellen-Analysezange den gemessenen Wert 3,05 A auf dem PE-Leiter! Bei der gleichen Messung erhält man auch den PEAK-Wert in Höhe –1548 A und den CF Wert 69,77. Nach der Umschaltung erhält man auch die THD-Werte.

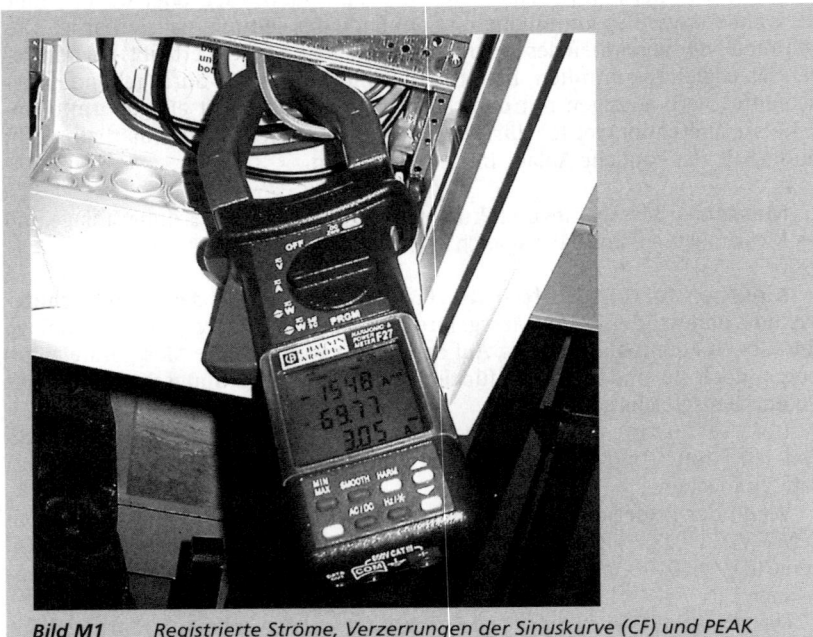

Bild M1 Registrierte Ströme, Verzerrungen der Sinuskurve (CF) und PEAK auf dem PE-Leiter mit Oberwellen-Analysezange.
Foto: Kopecky

Messgeräte und Prüfgeräte

Eine Ergänzung zur Oberwellen-Analysezange ist auch der flexible Stromwandler. Mit seiner Hilfe können Ausgleichsströme über größere Sammelschienen, Wasserleitungen oder auch Stahlkonstruktionen gemessen und die Störungsursachen ermittelt werden.

Ab dem 01.01.2001 besteht nach der Norm EN 6100-3-2 und 3 die Pflicht, Messungen von Oberschwingungen und Flickern an allen elektrischen Geräten, die eine Stromaufnahme von weniger als 16 A haben, durchzuführen.

Bei der Überprüfung von → Überspannungsschutzmaßnahmen hat sich auch das Speicheroszilloskop zur Registrierung der Überspannung bewährt. Mit dem Speicheroszilloskop können u.a. Oberschwingungen, verzerrte Ströme und Spannungen registriert und ausgedruckt werden (**Bild M2**).

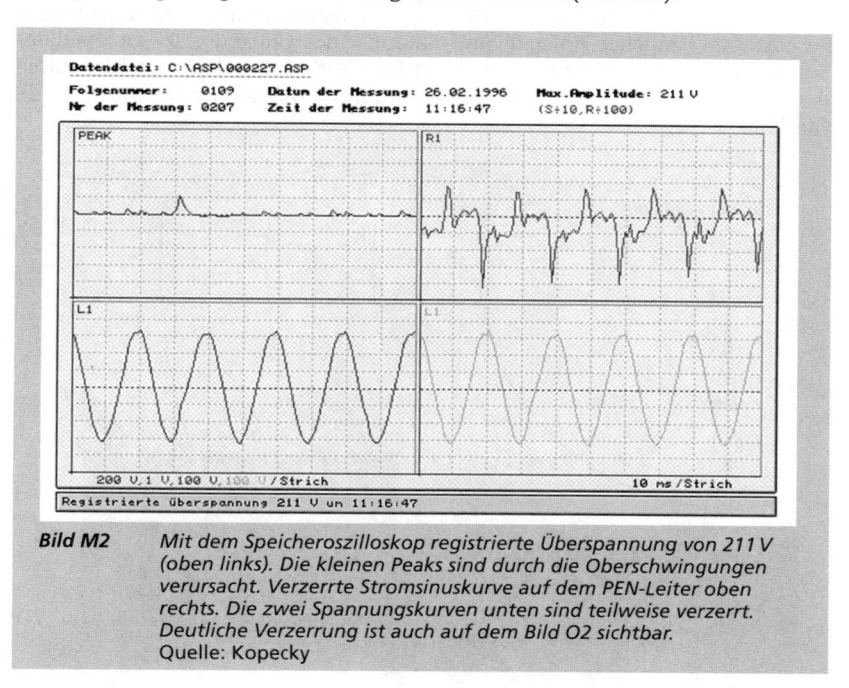

Bild M2   Mit dem Speicheroszilloskop registrierte Überspannung von 211 V (oben links). Die kleinen Peaks sind durch die Oberschwingungen verursacht. Verzerrte Stromsinuskurve auf dem PEN-Leiter oben rechts. Die zwei Spannungskurven unten sind teilweise verzerrt. Deutliche Verzerrung ist auch auf dem Bild O2 sichtbar.
Quelle: Kopecky

Ein anderes, aber von Prüfern der → Blitzschutzsysteme noch nicht allzu oft benutztes Messgerät ist das Metallsuchgerät zur Beurteilung von → Näherungen. Es wird eingesetzt, wenn der Verlauf der Installationen in der Wand, der Decke oder im Erdbereich unbekannt ist. → Näherungen.

Um die Messung des → spezifischen Erdwiderstandes richtig durchzuführen, muss man den Spannungstrichter der Erde und Hilfserde beachten. Wasserleitungen oder andere im Erdbereich verlaufende Einrichtungen können die neutrale Zone zwischen dem Spannungstrichter beeinflussen. Mit einem Metallsuchgerät für den Erdbereich kann man die unterirdischen Einrichtungen orten und die richtige Stelle für die Hilfserde und die Sonde auswählen.

Messgeräte und Prüfgeräte

Mit diesem Messgerät können auch der Verlauf und die Tiefe der Erdungsanlage ermittelt werden.

Um die Ortskoordinaten eines Blitzeinschlagsortes festzustellen (z. B. für das Blitzortungssystem BLIDS) benutzt man ein GPS-Messgerät (auch als Navigationsgerät bekannt). Weitere Informationen → Blitzortungssystem.

Eine andere Möglichkeit, um die Koordinaten zu erfahren, ist die Software „Route planen" oder andere ähnliche Software, in der die Koordinaten angegeben sind.

Zur Bestimmung der magnetischen Schirmdämpfung baulicher Anlagen und Räume bei Blitzentladung kann das Feldstärke-Messgerät DEHNmag benutzt werden.

Die Vorgehensweise bei der Messung der magnetischen Schirmdämpfung geschirmter baulicher Anlagen und Räume eines Gebäudes im Langwellenbereich des Rundfunksenders ist einfach. Die Größe der → Magnetfelder außen und innen wird gemessen und die Differenz ist die Schirmdämpfung in dB (**Bild M3**).

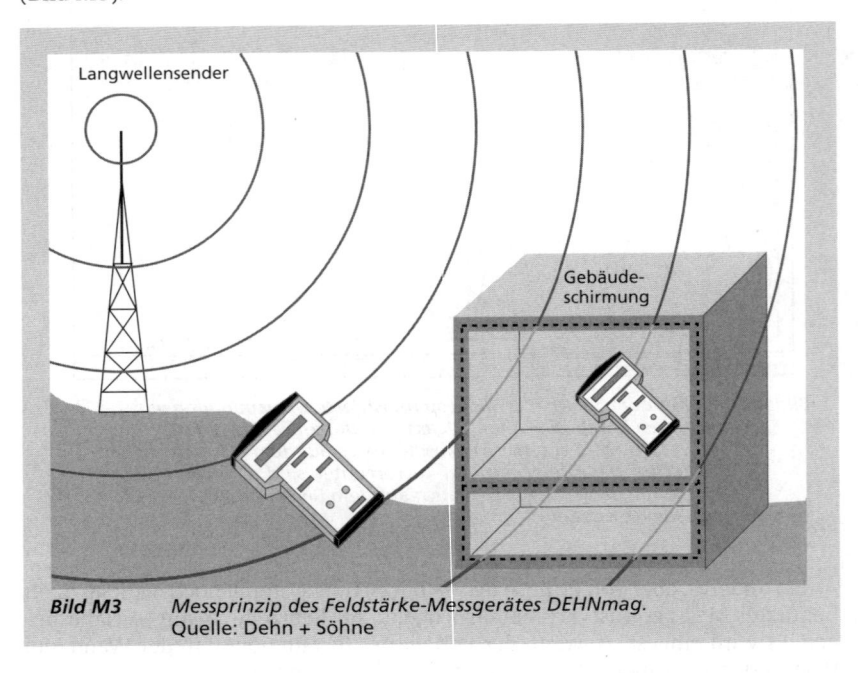

Bild M3 *Messprinzip des Feldstärke-Messgerätes DEHNmag.*
Quelle: Dehn + Söhne

Alle Blitzschutzmaterial-Hersteller haben Messgeräte zur Überprüfung der eigenen → Blitz- und Überspannungsschutzgeräte. Auf **Bild M4** ist der TRABTECH-TESTER zur Überprüfung vieler Phoenix-Überspannungsschutzgeräte abgebildet. Für die Dokumentation ist der TRABTECH-TESTER mit einer RS 232/C, V 24-Schnittstelle ausgestattet. Mit der TRABTECH PRINTBOX lassen sich die Ergebnisse der einzelnen Prüfungen detailliert ausdrucken.

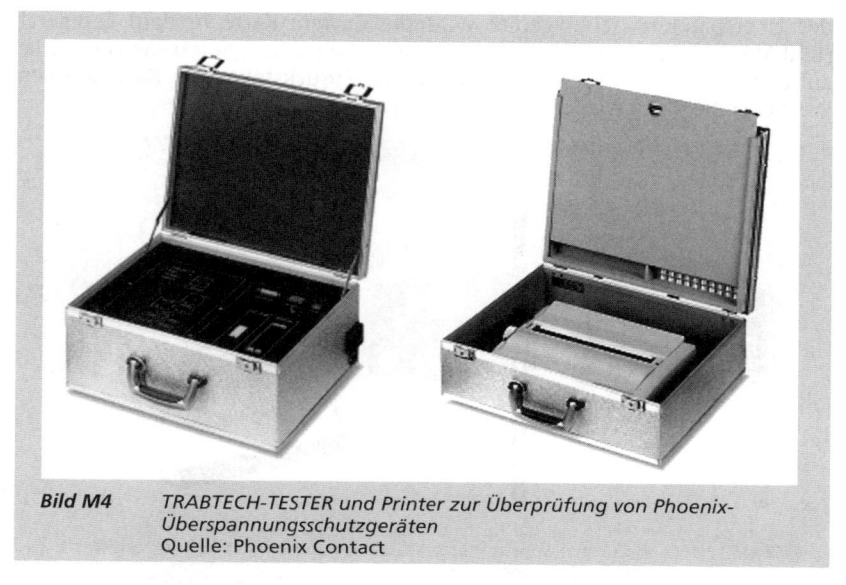

Messgeräte und Prüfgeräte

Bild M4 TRABTECH-TESTER und Printer zur Überprüfung von Phoenix-Überspannungsschutzgeräten
Quelle: Phoenix Contact

Die → Prüfer müssen jedoch die → Überspannungsschutzgeräte unterschiedlicher Hersteller überprüfen. Für diesen Fall ist ein Ableiterprüfgerät ohne Prüfadapter die bessere Lösung. Mit dem Ableiterprüfgerät erfolgt die Ermittlung der Ansprechspannung mit Hilfe eines eingeprägten Stromes von 1 mA.

Für die Überwachung von Leckströmen der Blitzstrom- und Überspannungsableiter kann die Überwachungseinrichtung DEHNisola benutzt werden. Die Mess- und Auswerteeinheit (1,5 TE) wird auf der Tragschiene installiert. Für die drei Durchsteckwandler können 2 Grenzwerte für die zu überwachenden Leckströme eingestellt und über die LED-Anzeigen vor Ort abgelesen oder fern über den Fernmeldekontakt gemeldet werden.

Für die Registrierung der Ableitvorgänge von Schutzgeräten kann man den Impulszähler P2 benutzen. Der Impulszähler mit 2 TE (Gerätebreite 36 mm) ist auf der Tragschiene zu installieren. Ein aufklappbarer Ringkern im Kunststoffgehäuse wird auf der Erdungsleitung des zu überwachenden Schutzgerätes befestigt. Das Zählgerät arbeitet mit eingebauter 9-V-Batterie mit Ladezustandskontrolle.

Eine preisgünstige Lösung ist der „Peak-Current-Sensor" (**Bild M5a**), mit dem man prüfen kann, ob das → Blitzschutzsystem oder die Blitzstrom- oder → Überspannungsschutzgeräte die Blitzstromenergie abgeleitet haben. Hierbei handelt es sich um eine Magnetkarte im Scheckkarten-Format in einem Kartenhalter für einen 8- oder 10-mm Runddraht. Der Halter mit dem Sensor ist an der Ableitung oder dem Erdungskabel der Überspannungsschutzgeräte befestigt. Durch einen Stromfluss ändert sich auch das Magnetfeld entsprechend stark und damit ändern sich auch die Eigenschaften der Magnetkarte. Bei der Kontrolle des Blitzschutzsystems nach einem Blitzschlag oder bei der Kontrolle

Messstelle

der Überspannungsschutzgeräte wird die Current-Karte in dem Lesegerät (**Bild M5c**) ausgewertet. Das Lesegerät zeigt die größte gemessene Feldstärke auf dem Display an. Nach dem Ablesen und Zurückstellen der Karte auf den Wert 0 ist die Karte wieder einsetzbar.

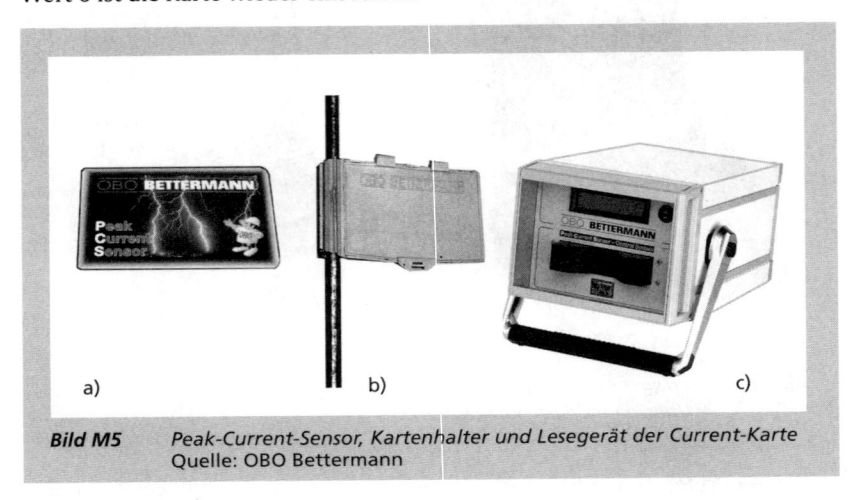

Bild M5 Peak-Current-Sensor, Kartenhalter und Lesegerät der Current-Karte
Quelle: OBO Bettermann

Messstelle ist eine Verbindungsstelle (Trennstelle, → Potentialausgleichsschiene), die so geplant und angeordnet ist, dass die elektrische Prüfung und Messung von Komponenten (→ Erdungsanlage, → Fangeinrichtungen und → Ableitungen) des Blitzschutzsystems unterstützt wird. Die Messstelle muss im Normalfall geschlossen sein und darf nur für Messzwecke mit Hilfe eines Werkzeuges geöffnet werden.

Beispiel aus der Praxis:
Bei Kontrollen entdeckt man fälschlicherweise, dass sowohl die → Erdeinführungen als auch die Ableitungen an dem gleichen Regenfallrohr befestigt sind. Das Gleiche gilt auch für Stahlwände (**Bild M6**). In diesen Fällen kann man zwar die Trennstellen öffnen, aber die Widerstandswerte sind immer in Ordnung, da man nur eine sehr kleine Schleife über dem leitfähigen Material misst und nicht die Erdungsanlage. Ähnliches gilt auch für Einführungen auf dem Dach durch Metallkanten (**Bild M7**). Wenn die Einführung nicht aus isoliertem Material, z.B. NYY besteht und so abgedichtet ist, wie auf dem Bild sichtbar, erhält man immer gute Widerstandswerte, selbst wenn 1 m tiefer schon keine Erdungsanlage mehr vorhanden ist. In dem ersten Fall (→ Regenfallrohr) schafft man Abhilfe durch eine isolierte Befestigung der Erdeinführung, wie auf **Bild M8** zu sehen ist. In dem zweiten Fall (Dacheinführung) sollten nach [L22] die Ableitungsaustritte aus der Wand schon isoliert sein oder unterhalb der Blechabdeckung muss das nicht isolierte Band oder der Draht gekürzt und mit einer isolierten Leitung, z.B. NYY, verbunden und herausgeführt werden. Die Anschlussklemme muss isoliert werden (**Bild M9**).

Messstelle

Auf der Messstelle einer Erdeinführung sollte der → Potentialausgleich (PA) nicht angeschlossen werden. Der Potentialausgleich muss auf der anderen Klemme der Erdeinführung angeschlossen werden.

Bild M6 Nicht messbare Erdungsanlage, da die Erdeinführung und die Ableitung auf einer Metallwand befestigt sind.
Foto: Kopecky

Bild M7 Nicht messbare Erdungsanlage, da die Einführung gegen die Blechkante nicht isoliert ist.
Foto: Kopecky

Messstelle

Bild M8 Mit der isolierten Befestigung der Erdeinführung kann man die Erdeinführung und auch die Ableitung auf einem leitfähigen Rohr oder der Wand befestigen und dabei eine einwandfreie Messung der Erdungsanlage gewährleisten.
Foto: Kopecky

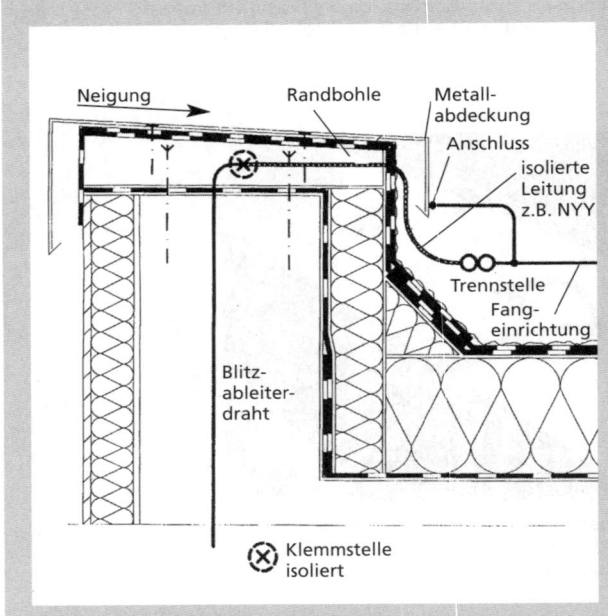

Bild M9 Ableitung im Beton/Mauerwerk mit Attika als Fangeinrichtung und Trennstelle.
Quelle: Deutsches Dachdeckerhandwerk „Sonderdruck Blitzschutz auf und an Dächern"; Verlagsgesellschaft Rudolf Müller & Co. KG. Köln 1999 [L22]

Messungen – Erdungsanlage. Bis zur Veröffentlichung der DIN V ENV 61024-1 (VDE V 0185 Teil 100): 1996-08 [N30] waren die Größe und die Messwerte der → Erdungsanlage bei → Architekten und → Planern nicht von großem Interesse. Nach Abschnitt 2.3 der oben genannten Norm muss der Planer neuerdings aber die Erdungsanlage für bauliche Anlagen mit den → Blitzschutzklassen I und II im Zusammenhang mit dem → spezifischen Erdwiderstand koordinieren (→ Erder-Typ B). Noch vor Baubeginn und Planung der Erdungsanlage muss der spezifische Erdwiderstand gemessen werden.

Die Messungen dürfen nicht während eines Gewitters oder bei Gewitteranbahnung durchgeführt werden!

Bei einer eventuell notwendigen Trennung der Erdungsanlage darf man nicht vergessen, dass die überprüfte Einrichtung ohne Erdung ist und für Einrichtung und Personen Gefahr bestehen kann.

Messungsart: 2-Pol-Erdungsmessungen
In einer Stadt oder auf einem Gelände mit befestigten Flächen ist das Setzen von Erdspießen problematisch, ggf. auch gar nicht möglich. In diesem Fall kann man eine Erdungsmessung gegen eine → Bezugserde, z. B. Wasserleitung oder → PE-Leiter, durchführen. Bei der Benutzung der „Bezugserde" darf man die Kompensation des Messleitungswiderstandes nicht vergessen.

In der Praxis wird der PE-Leiter in der Steckdose als Bezugserde benutzt! Wenn der → Prüfer bei der ersten Messung einen größeren Widerstand vorfindet, muss er sich zuerst durch andere Messungen überzeugen, ob es sich nicht um einen größeren Schleifenwiderstand der Steckdose handelt. Bei einer niederohmigen Messung hat er die Bestätigung, dass der Schleifenwiderstand in Ordnung ist und kann den Schutzkontakt der Steckdose als Bezugserde für die Messungen benutzen.

Messungsart: Übergangswiderstand
Die 2-Pol-Messung ist auch für den Übergangswiderstand an allen Messstellen zur Erdungsanlage bekannt. Man misst den Übergangswiderstand (Durchgangswiderstand) zwischen den → Ableitungen und der → Erdungsanlage. Nach DIN V VDEV 0185-110 (VDE 0185 Teil 110): 1997-01 [N39], Absatz 6.3.2, ist ein Richtwert < 1 Ω für den Übergangswiderstand vorgeschrieben.

An Stellen, an denen keine Ableitungen sind, z. B. unter geerdeten Regenfallrohren oder anderen leitfähigen geerdeten Einrichtungen, wird der Widerstand zur → „Bezugserde" gemessen, da der Übergangswiderstand über das Regenfallrohr hochohmig ist.

Der Übergangswiderstand kann auch mit der Prüfzange (vom Hersteller als Erdungsprüfzange benannt), ohne eine → Trennstelle abzutrennen, gemessen werden. Nicht alle Hersteller schreiben in der Bedienungsanleitung für die Prüfzange, dass die damit durchgeführte Messungsart den Übergangswiderstand einer Erdungsschleife und nicht den der Erdungsanlage misst, was auch richtig ist. Der gemessene Wert ist nur der Übergangswiderstand einer Erdungsschleife im Erdbereich (wenn es nicht ein Einzelerder ist), er darf im Prüfbericht nicht als Erdungswiderstand ausgewiesen werden.

Der Widerstand des Potentialausgleichs wird unter dem Stichwort → Messungen – Potentialausgleich erklärt.

Messungen – Erdungsanlage

Messungsart: Gesamterdungswiderstand (spießlos)
Der Gesamterdungswiderstand in einem dicht bebauten Gebiet ist mit Sonden schwer zu messen. Die schnellste Möglichkeit, den Gesamtwiderstand zu ermitteln, hat man im Hauptanschlussraum. Nach der → PEN-Leiter- oder auch der → PE-Leiter-Trennung wird der Widerstand zwischen der Potentialausgleichsschiene und dem abgeklemmten PEN(PE)-Leiter gemessen. Es darf nicht vergessen werden, die weiteren PE-Leiter der Erdungsstellen in der überprüften Anlage zu trennen, da sonst im Hauptanschlussraum kein Gesamtwiderstand, sondern nur ein Schleifenwiderstand bis zur anderen Erdungsstelle der PE-Leiter und zurück gemessen wird. Erfahrungsgemäß beträgt der Schleifenwiderstand des PEN-Leiters der Energieversorgung in einer Stadt durchschnittlich bis 0,6 Ω. Der Erdungswiderstand des PEN-Leiters beträgt ca. 0,2 bis 0,3 Ω.
Der Gesamterdungswiderstand ist der gemessene Wert zwischen geerdeter Potentialausgleichsschiene und abgeklemmtem PEN-Leiters abzüglich ca. 0,3 Ω.

Messungsart: Widerstandsmessung mit den Erdspießen
Der Gesamterdungswiderstand, der Erdausbreitungswiderstand und auch der Einzelerderwiderstand können mit einer Drei- oder auch einer Vierpol-Widerstandsmessung ermittelt werden.
Die Messgeräte müssen nach DIN EN 61557-5 (VDE 0413 Teil 5): 1998-05 gebaut sein. Die Messung erfolgt oft automatisch und die Messgeräte müssen anzeigen, dass die Spieße eine ausreichende Verbindung mit der Erde haben. Der → Prüfer selbst muss ebenso wie früher die richtige Stelle zum Einbringen der Erdspieße finden.
Bei kleineren Erdungsanlagen, kleinem → Erdungswiderstand und idealen Bedingungen wird der Erdspieß H (Hilfserde) in einer Entfernung von 40 m von der gemessenen Erde in den Erdbereich eingetrieben. Der Erdspieß S (Sonde) muss in der neutralen Zone, zwischen der Erde und dem → Hilfserder eingesetzt werden (**Bild M10**). Bei größeren Erdungsanlagen ist die Hilfserde in einer 2,5 bis 3fachen Entfernung der Diagonale des Maschenerders anzuordnen. Wenn der → spezifische Erdwiderstand in der Umgebung sehr groß ist, müssen die Abstände von Sonde S und Hilfserder H ein Mehrfaches der Diagonale des Maschenerders sein.
Sind der → Spannungstrichter der → Erdungsanlage und der Hilfserder weit genug voneinander entfernt, so liegt zwischen den beiden Spannungstrichtern eine ausreichend lange neutrale Zone für die Sonde S. Wenn die Spannungstrichter einen zu kleinen Abstand haben und mit dem Spieß der Sonde S die neutrale Zone nicht gefunden wird, so müssen die Abstände vergrößert werden.
Die Spannungstrichter einer schlecht leitfähigen Erde sind groß und die eines gut leitfähigen Bodens sind klein.
Ein erfahrener → Prüfer erkennt schon oft vor Ort, wie weit und in welche Richtung die Spieße eingesteckt werden müssen. Die Sonde, evtl. auch die → Hilfserde, müssen so lange versetzt werden, bis der gemessene Wert konstant bleibt. Wasserleitungen, Elektrokabel und auch andere leitfähige Gegenstände im Erdbereich können die Spannungstrichter beeinflussen. Dann muss die Entfernung vergrößert und auch die Richtung geändert werden.

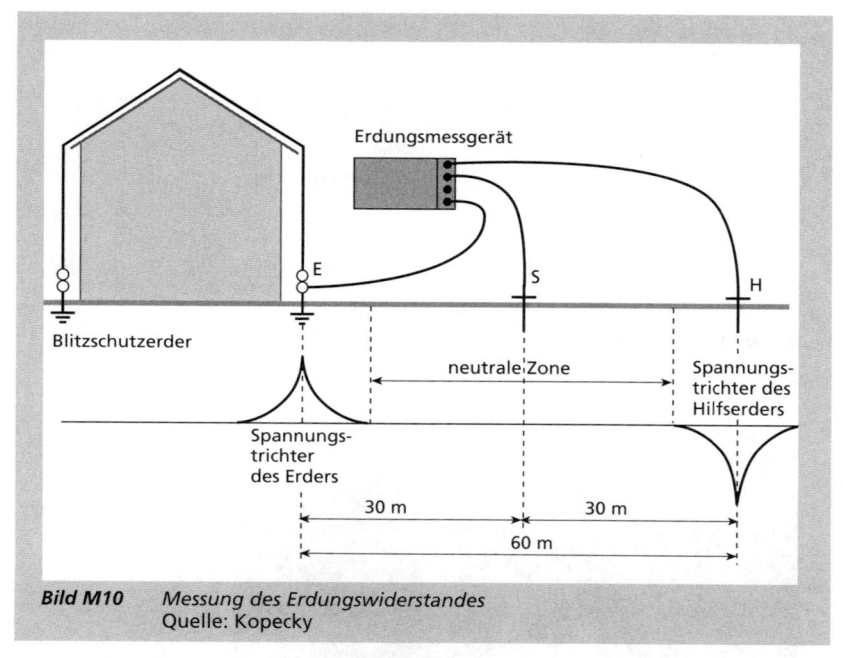

Messungen – Erdungsanlage

Bild M10 Messung des Erdungswiderstandes
Quelle: Kopecky

Die Hilfserder- und die Sondenleitungen dürfen nicht zu nah nebeneinander verlegt werden.

Messungsart: Selektive Messungen mit Stromzange

Die selektive Messung mit der Stromzange ist eine neue Messmethode, die der Fachwelt noch nicht umfassend bekannt ist.

Nach der alten bekannten Methode muss bei der Messung der Einzelerder die Trennstelle abgeklemmt werden. Durch den Einfluss des Kopplungswiderstandes zwischen den Erdern, aber auch durch den Einfluss der in den → Potentialausgleich einbezogenen Wasserleitungen und anderen leitfähigen Einrichtungen wird ein niedrigerer Messwert R_E angezeigt, als er in Wirklichkeit vorhanden ist (**Bild M11**).

Auch bei größeren Entfernungen von mehreren zehn Metern ist zwischen zwei Erdern die Kopplung festzustellen.

Bei der selektiven Messung mit einer speziellen Stromwandlerzange (**Bild M12**) dagegen kann der Einfluss parallel liegender Erder eliminiert werden.

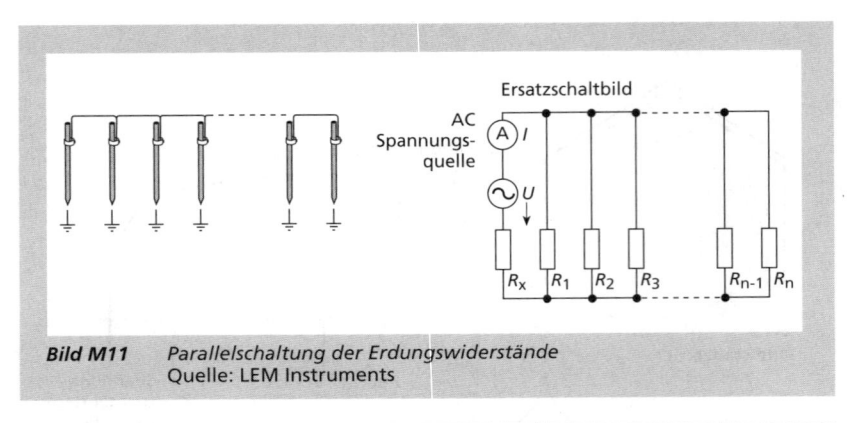

Messungen – Erdungsanlage

Bild M11 Parallelschaltung der Erdungswiderstände
Quelle: LEM Instruments

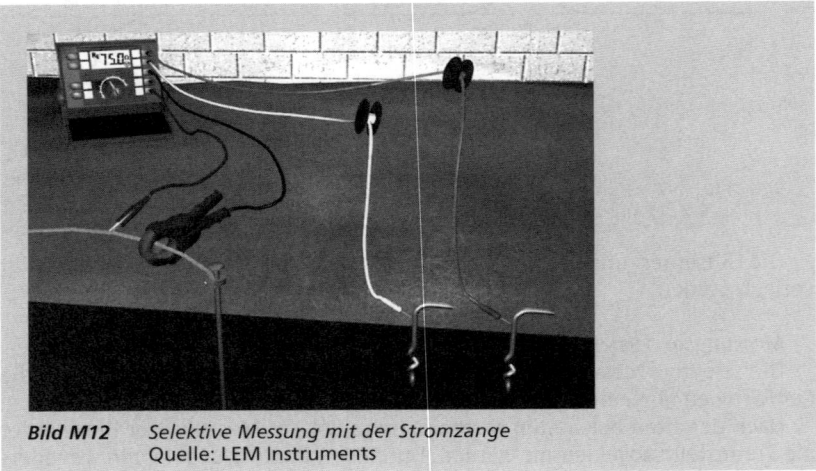

Bild M12 Selektive Messung mit der Stromzange
Quelle: LEM Instruments

Messungsart: Erdungsimpedanzmessung
Die Erdungsimpedanz für Kurzschlussstromberechnung in Energieversorgungsanlagen mit hohen Spannungen und hohen Strömen kann nur mit Erdungsmessgeräten mit einer Messfrequenz, die möglichst nahe der Netzfrequenz ist, gemessen werden.

Messungsart: spezifischer Erdwiderstand – Wenner-Methode
Der spezifische Erdwiderstand ist eine geologisch-physikalische Größe, die zur Berechnung der Erdungsanlagen benötigt wird.
Auf dem zu überprüfenden Gelände werden vier gleich lange Erdspieße in gerader Linie und im gleichen Abstand a voneinander in den Erdboden eingetrieben. Mit dem Abstand a bestimmt man die Tiefe des gemessenen spezifischen Erdwiderstandes. Die Einschlagtiefe der Erdspieße sollte maximal 30 % vom Abstand a betragen.

Aus dem gemessenen Widerstandswert R errechnet sich der spezifische Erdwiderstand.

$\varphi_E = 2\pi \cdot a \cdot R$

φ_E mittlerer spezifischer Erdwiderstand in Ωm
R gemessener Widerstand in Ω
a Sondenabstand in m

Mit der „Wenner-Messmethode" kann der spezifische Erdwiderstand ungefähr bis zu einer Tiefe, die dem Abstand a zweier Spieße entspricht, berechnet werden.

Man erfährt bei der ersten Messung mit dem Abstand $a = 0{,}5\,m$ den spezifischen Erdungswiderstand in 0,5 m Tiefe, in der Ringerder verlegt werden. Mit dem Abstand von 9 m ermittelt man den spezifischen Erdungswiderstand bis in die Tiefe von ca. 9 m für den Tiefenerder. Bei Messungen mit Abständen a zwischen 0,5 und 9 m können die Werte in eine Grafik (**Bild M13**) eingetragen werden. Dabei ergeben sich Kurven, mit denen der Erdbereich ausgewertet und die Erdungsanlage geplant werden kann.

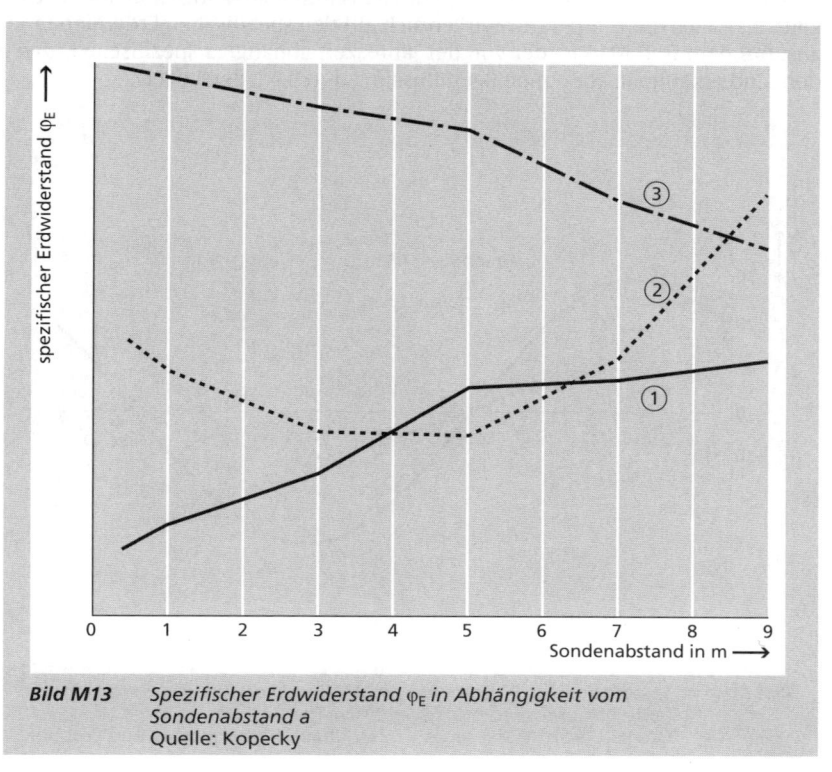

Bild M13 Spezifischer Erdwiderstand φ_E in Abhängigkeit vom Sondenabstand a
Quelle: Kopecky

Messungen – Erdungsanlage

Kurve 1: Mit zunehmender Tiefe ergibt sich keine Verbesserung von φ_E. Der Erdbereich ist nur für einen → Fundamenterder oder → Banderder geeignet.

Kurve 2: Ab einer Tiefe von 5 Metern bringt das Vergrößern der Einschlagtiefe keine Verbesserung φ_E. Es empfiehlt sich, außer Banderder nur die Hälfte eines → Tiefenerders mit einer Länge von 4,5 m einzuplanen. Da der 4,5 m lange Tiefenerder nur die Hälfte der genormten Länge hat, muß die Anzahl der Tiefenerder verdoppelt werden.

Kurve 3: Erst in der Tiefe nimmt der → spezifische Erdwiderstand φ_E ab. Im Erdbereich sind Tiefenerder zu empfehlen.

Die Messergebnisse können durch unterirdische Einrichtungen, z. B. Metallrohre, Wasseradern und andere leitfähige Gegenstände, verfälscht werden. Aus diesem Grund müssen weitere Messungen an anderen Stellen durchgeführt werden und die Achse der Spieße muss um 90° gedreht werden.

Spezifischer Erdwiderstand und Jahreszeit

Bei Messungen erzielt man unterschiedliche Messwerte, die von Jahreszeit und Wetterlage abhängig sind. Die Bodenzusammensetzung, Bodenfeuchtigkeit, aber auch die Temperatur wirken sich auf den spezifischen Erdwiderstand aus. Auf dem **Bild M14** ist der von der Jahreszeit abhängige spezifische Erdwiderstand erkennbar, aber ohne Beeinflussung durch Niederschläge.

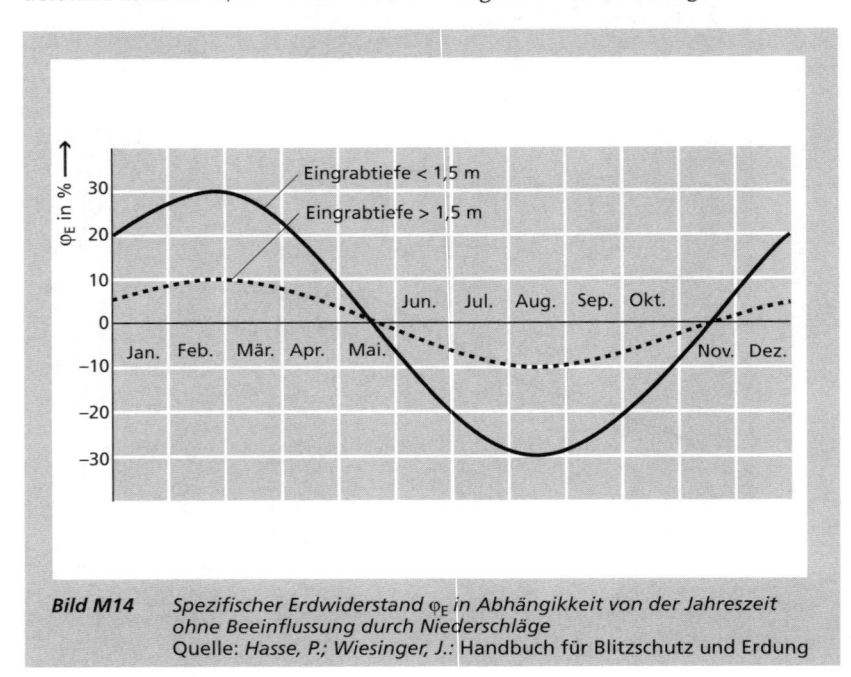

Bild M14 Spezifischer Erdwiderstand φ_E in Abhängikkeit von der Jahreszeit ohne Beeinflussung durch Niederschläge
Quelle: *Hasse, P.; Wiesinger, J.:* Handbuch für Blitzschutz und Erdung

Messungen – Erdungsanlage

Vorgehensweise bei der praktischen Überprüfung einer → Erdungsanlage:
Jeder → Prüfer sollte sich bei der Erstprüfung einer ihm unbekannten Erdungsanlage über die Erdungsart informieren. Die Messung „Erdung/Ableitung", auch als Durchgangswiderstand bekannt, und die Messung des Gesamterdungswiderstandes alleine geben keine Auskunft über die Güte der zu beurteilenden Erdungsanlage im Erdbereich. Mit folgender Vorgehensweise, erklärt an einem Beispiel aus der Praxis, erfährt der Prüfer, wie die Erdungsanlage wirklich zu beurteilen ist.

Beispiel aus der Praxis:
Ein Bürogebäude mit einem Gebäudeumfang von 240 m und einem Innenhof von 10 m x 10 m besitzt eine Fangeinrichtung, 12 Ableitungen und 12 Erdeinführungen (**Bild M15**).

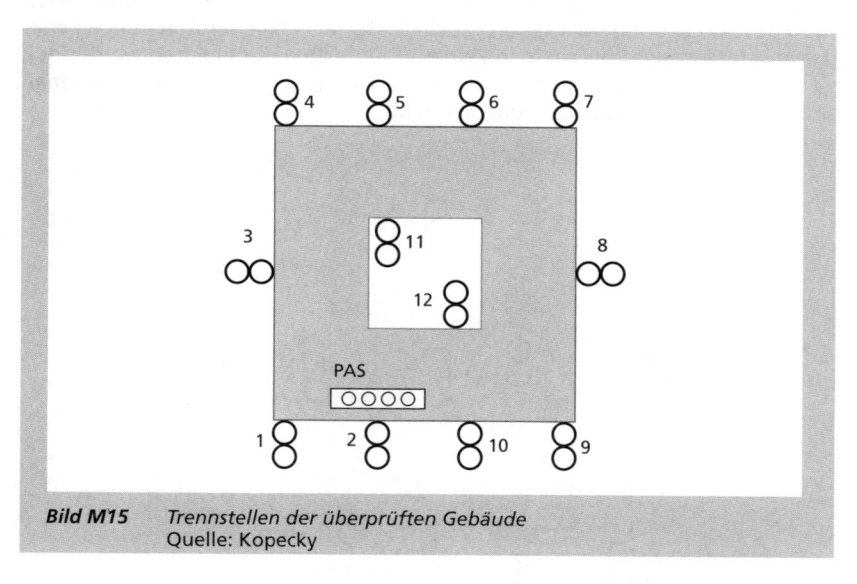

Bild M15 *Trennstellen der überprüften Gebäude*
Quelle: Kopecky

Im vorgelegten alten Prüfbericht der → Blitzschutzanlage betrugen alle Messwerte bis zu 1 Ω, womit die Anlage als in Ordnung beurteilt wurde.
Der Prüfer wollte nun erfahren, ob die → Erdungsanlage wirklich normgerecht ist.
Nach der Messung des Gesamterdungswiderstandes im Hauptanschlussraum wurde die Erdungsanlage von der → Potentialausgleichsschiene getrennt. Verbunden mit der Potentialausgleichsschiene blieben nach wie vor alle bereits vorher angeschlossenen Einrichtungen. Der Prüfer rollte eine komplette Drahthaspel von 100 m aus. Er hat den Drahtwiderstand gemessen und die Kompensation des Messleitungswiderstandes am Messgerät durchgeführt. Bei älteren Messgeräten ohne Kompensationsmöglichkeit muss der Messleitungswiderstand später vom gemessenen Wert abgezogen werden. Zur Feststellung des Leitungswiderstandes musste der Draht von der Trommel abgerollt werden,

Messungen – Erdungsanlage

da Unterschiede von bis zu 9 Ω (Messgerät abhängig) bestehen, wenn der Draht von der Spule nicht abgerollt wird.

Alle → Trennstellen wurden vom Prüfer geöffnet. Die Drahtlänge reichte auf der linken Seite bis zur Erde Nummer 4, auf der rechten Seite bis zur Nummer 8 und im Innenhof bis zu beiden Erden. Er begann mit der Messung der Erdwiderstände von der entferntesten Stelle und trug die netto gemessenen Werte in die Zeichnung (**Bild M16**) ein. Bei den Erden mit höherem Widerstand als 1 Ω blieben die Trennstellen noch geöffnet. War bei der Messung der Wert kleiner 1 Ω, durfte die Trennstelle geschlossen werden und dann konnten auch die Widerstände der anderen Ableitungen gemessen werden. Wenn bei einer benachbarten → Ableitung der Widerstand in Ordnung war, hatte der Prüfer die Bestätigung, dass die vorherige Ableitung niederohmig ist und konnte von da an auch die weiteren Ableitungen messen. Bei guten Erdwiderständen durften nach der durchgeführten Messung auch die Trennstellen der Ableitungen wieder zusammengefügt werden. In keinem Fall durften die Ableitungen mit den → Erdeinführungen bei schlechtem Widerstand geschlossen werden, da man sonst nicht die folgenden Ergebnisse erfährt.

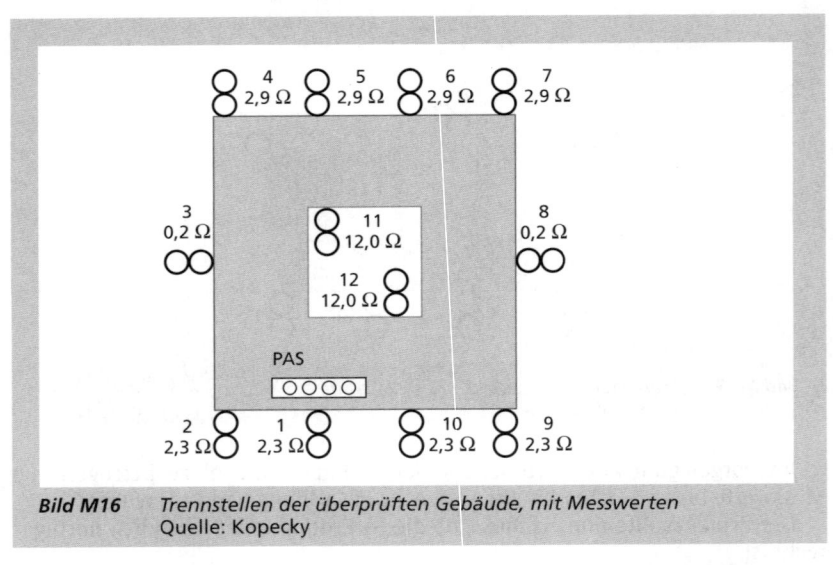

Bild M16 Trennstellen der überprüften Gebäude, mit Messwerten
Quelle: Kopecky

Die Erden 3 und 8 hatten einen guten Widerstand und der Prüfer konnte sie als neue „Bezugserden" für die restlichen Messungen der Erden 5, 6 und 7 benutzen. Er trug die restlichen Werte in die gleiche Zeichnung (Bild M16) ein.

Bei der Kontrolle der gemessenen Werte auf der Zeichnung konnte er feststellen, dass die Erden 4 bis 7 den gleichen Widerstand von 2,9 Ω, die Erden 1, 2, 9, 10 den gleichen Widerstand von 2,3 Ω und die Erden im Innenhof den gleichen Widerstand von 12 Ω hatten. Die Erden sind damit in drei Gruppen mit je einem Erdungsband angeordnet, wie man im **Bild M17** sehen kann. Die drei Gruppen sind aber nicht gegenseitig miteinander verbunden. Es stellt sich die

Frage, weshalb die Erden 3 und 8 einen so guten Widerstand haben. Bei der Überprüfung im Keller wurde in der Nähe der Erde 8 eine Verbindung mit einem Heizungsrohr entdeckt. Nach dem Abklemmen des Heizungsrohrs wurde der Wert erneut gemessen und dann mit 76 Ω registriert. Bei der Kontrolle der Erder wurde ein Tiefenerderkopf entdeckt. Beim → spezifischen Erdwiderstand φ_E vor Ort, im Vergleich zu dem Widerstand der 60-Meter-Erdleitung bei den Erden 4 bis 7 war sofort erkennbar, dass der Tiefenerder maximal 1,5 Meter tief ist (→ Erdungsanlage Prüfung).

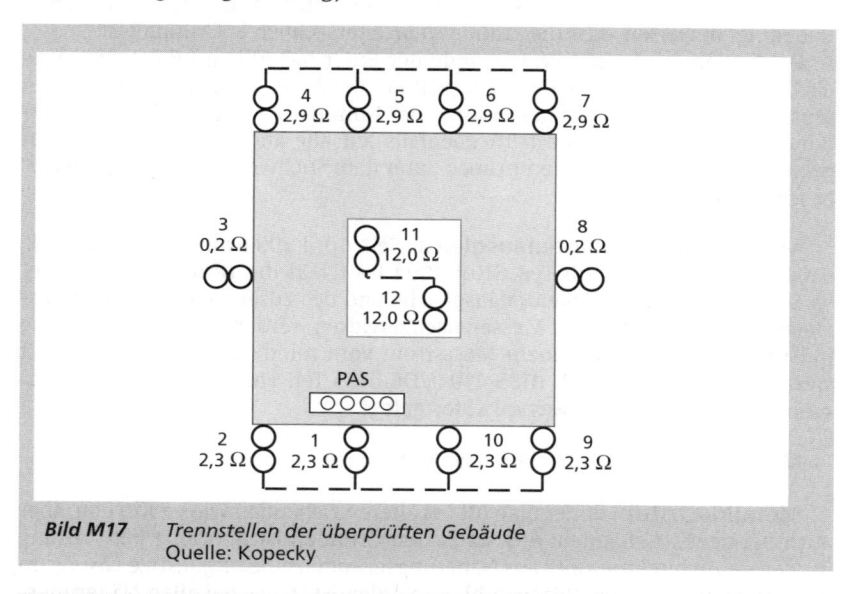

Bild M17   Trennstellen der überprüften Gebäude
Quelle: Kopecky

Bild M18   Angebliche Erdungsanlage mit folgenden Mängeln:
– keine normgerechte Erdeinführung, – Aluminium im Erdbereich benutzt, – keine Erdungsanlage, sondern nur ein Anschluss mit dem Luftschacht und der Schienenklemme, der nicht gegen Korrosion geschützt ist. Weitere häufig vorkommende Mängel kann man dem Stichwort Erdungsanlage entnehmen.
Foto: Kopecky

Im Keller auf der Seite der Erde Nummer 3 wurde kein Anschluss entdeckt. Nach der Entfernung der Pflastersteine stellte sich jedoch heraus, dass die angebliche Erdungsanlage aus Aluminium besteht und nur 40 cm lang ist. Die → „Erdungsanlage" wurde mit dem Luftschacht (**Bild M18**) und damit mit dem → PE-Leiter des Ventilators verbunden.

Fazit des Praxis-Beispiels:
Die Vorgehensweise bei der Messung wurde absichtlich beschrieben, um zu zeigen, dass die vom ersten Prüfer gemessenen guten Messwerte bis 1 Ω nicht unbedingt beweisen, dass die Erdungsanlage tatsächlich in Ordnung ist.

Die beiden sehr guten Widerstände der Erder haben beim Prüfer den Verdacht erweckt, dass auch eine Sichtprüfung der Erder vorgenommen werden musste. Es hat sich gezeigt, die „Erden" der Nummern 3 und 8 haben keine Erdung nach Norm. Dasselbe trifft ebenfalls auf alle anderen Erder des Bürogebäudes zu, was unter anderem auch unter dem Stichwort → „Erdungsanlage" beschrieben ist.

Messungen – Potentialausgleich. Seit April 1994 muss nach DIN VDE 0100 Teil 610 (VDE 0100 Teil 610): 1994-04 [N13] die Durchgängigkeit der → Schutzleiter, des → Potentialausgleichs und des zusätzlichen Potentialausgleichs durch Erproben und Messen nachgewiesen werden. Für die → Messung müssen Messgeräte mit einem Messstrom vom mindestens 200 mA benutzt werden. Nach DIN V VDEV 0185-110 (VDE 0185 Teil 110): 1997-01 [N39], Abschnitt 6.3.1, ist ein Richtwert < 1 Ω festgelegt.

Metalldach → Metallfassade und Metalldach

Metalldachstuhl findet man oft bei älteren Gebäuden wie → Kirchen, aber auch bei neuen Gebäuden. Aus statischen Gründen ist dies eine gute Lösung für den → Architekten, aber aus Näherungsgründen eine ungünstige Lösung. In den Fällen, wo ein Metalldachstuhl vorhanden ist, muss bei allen Näherungsstellen die Verbindung des Dachstuhls mit der → Fangeinrichtung ausgeführt und an der tiefsten Stelle der Dachstuhl noch einmal mit den → Ableitungen verbunden werden.

Keine leitfähigen Rohr-, Klima- oder Elektroinstallationen dürfen in kleinerem Abstand als dem → Sicherheitsabstand zum Metalldachstuhl installiert werden. Wenn der Abstand kleiner als der Sicherheitsabstand ist, müssen die unter den Stichwörtern zu Näherungen beschriebenen Maßnahmen ausgeführt werden.

Metallene Installationen sind ausgedehnte Metallteile in dem zu schützenden Volumen, die einen Pfad für den Blitzstrom bilden können, wie Rohrleitungen, Treppen, → Aufzugführungsschienen, Lüfter, Kanäle von Heizungs- und Klimaanlagen, durchverbundener Armierungsstahl, [N40], Abschnitt 3.2.

Metallfassade und Metalldach haben mehrere Vorteile für → Architekten und auch für die → EMV-Planung. Mit einem Metalldach, einer Metallfassade und mit deren richtiger Ausführung wird eine große Reduzierung der

Metallfassde und Metalldach

elektromagnetischen Felder (etwa um den Faktor 100) erreicht. Ein weiterer Vorteil ist, dass keine Gefahr durch → Näherungen innerhalb des Metalldachs und der Metallfassade besteht, vorausgesetzt es können keine → Teilblitze über andere Einrichtungen ins Gebäudeinnere eindringen.

Die einzelnen metallenen Elemente der Metallfassade und des Metalldaches müssen blitzstromtragfähig verbunden werden. Die Schirmwirkung ist vom Abstand der Verbindungen der Einzelelemente abhängig.

In der Praxis findet man auch falsch ausgeführte Blechanschlüsse, wie auf **Bild M19** zu sehen ist. Dieser Anschluss ist nicht blitzstromtragfähig. Ein richtig ausgeführter blitzstromtragfähiger Anschluss ist auf **Bild M20** erkennbar.

Bild M19   Falscher, nicht blitzstromtragfähiger Anschluss der Blechfassade an die Erdungsanlage.
Foto: Kopecky

Bild M20   Fachgerechter Anschluss des Regenfallrohrs, der Blechfassade und der unteren, sonst nicht leitfähig verbundenen Blechkante an die Erdungsanlage.
Foto: Kopecky

Metallfolie

Unabhängig von der → Blitzschutzanlage müssen auch bei baulichen Anlagen mit leitenden Fassaden nach E DIN IEC 61024-1-2 (VDE 0185 Teil 102 Entwurf): 1999-02, Nationales Vorwort zu Abschnitt 8.1 und 8.2, die leitenden Fassaden im Verkehrsbereich grundsätzlich in Abständen ≤ 10 m mit einem → Erder verbunden werden.

Metallfolie auf dem Isoliermaterial unter dem Dach ist sehr oft durch → Näherungen gefährdet und kann bei einem Blitzschlag Feuer verursachen. Auf **Bild M21** ist eine aus Näherungsgründen geschmolzene Alu-Folie sichtbar. Abhilfe schafft man durch die Vergrößerung des Trennungsabstandes, so dass die Fangeinrichtung weiter entfernt ist. → DEHNdist

Bild M21 Geschmolzene Aluminium-Folie auf dem Isoliermaterial, verursacht durch eine Näherung.
Foto: Kopecky

Metallschornstein und alternativ seine Anker, falls vorhanden, müssen mit der → Erdungsanlage verbunden werden.

Mindestschirmquerschnitt für den Eigenschutz von Kabeln und Leitungen. Bei der Einbeziehung der → Schirme in den → Blitzschutzpotentialausgleich verursacht der fließende Teilblitzstrom → Überspannungen zwischen den aktiven Leitern und dem Schirm eines Kabels, abhängig vom Material und von den Abmessungen des Schirmes sowie von der Länge und der Lage des Kabels.

Nach DIN V ENV 61024-1 (VDE V 0185 Teil 100):1996-08 [N30], Anhang D, beträgt der Mindestquerschnitt A_{min} für den Eigenschutz eines Kabels:

$$A_{min} = \frac{I_t \cdot \rho_c \cdot l_c \cdot 10^6}{U_c} \text{ in mm}^2$$

I_t Blitzteilstrom über dem Schirm
ρ_c spezifischer Widerstand des Schirmes in Ωm
l_c Kabellänge in m (siehe Tabelle K2)
U_c Stoßspannungsfestigkeit des Kabels in kV (siehe Tabelle K3)

Mittlerer Radius ist ein Wert l_1, der als minimaler Wert für den mittleren Radius r des → Ringerders oder Fundamenterders gilt. Näheres ist unter dem Stichwort → Erder, Typ B beschrieben.

Mobilfunkanlagen und Antennen verändern zwar nicht die → Blitzschutzbedürftigkeit der Gebäude, an oder auf denen sie installiert sind, aber mit falsch ausgeführten Blitz- und Überspannungsschutzmaßnahmen erhöht sich das Schadensrisiko der Einrichtungen in dem Gebäude, die nicht in die Blitz- und Überspannungsschutzmaßnahmen einbezogen sind.

Mit anderen Worten, die Mobilfunkbetreiber haben sehr gute Lösungsvorschläge für den Schutz der eigenen Einrichtungen nach dem heutigen → Stand der Technik, was hier in den folgenden Absätzen und unter dem Stichwort → „Überspannungsschutz" beschrieben ist.

Zur Vermeidung von unkontrollierten Überschlägen bei Mobilfunkanlagen müssen alle auf dem Dach installierten Einrichtungen über einen vermaschten Funktionspotentialausgleich (VFPA) miteinander verbunden werden. Die Maschenweite soll ca. 5 x 5 m sein. Damit wird eine Äquipotentialfläche mit niedriger Impedanz erreicht. Alle Antennenstandrohre, Kabelpritschen, Verteiler, → Potentialausgleichsschienen und → Kabelschirme müssen mit dem VFPA, der auch teilweise die → Fangeinrichtung ist, verbunden werden. Das bedeutet, wenn die Kabelpritsche an einer Stelle mit dem VFPA verbunden ist und mehrere Meter weiter kreuzt noch einmal der VFPA (Fangeinrichtung), muss auch an dieser Stelle noch einmal ein Anschluss durchgeführt werden. Der Anschluss schließt nicht nur die „geöffnete" Masche, die die Gefahr von Überschlägen verursacht, sondern er verkleinert auch die Impedanz der Äquipotentialfläche.

Die Mobilfunkbetreiber schützen die eigenen Anlagen nach den → Blitzschutzklassen II oder III (Bestimmung der Betreiber); dadurch sind die Schutzmaßnahmen den Bedürfnissen angepasst.

Ist die → Blitzschutzanlage auf dem Gebäude installiert, sind die oben beschriebenen Maßnahmen in das vorhandene Blitzschutzsystem eingegliedert und die → Ableitungen und die → Erdungsanlage werden mit benutzt, vorausgesetzt sie sind in Ordnung.

Die Meinung, dass der Komplex der Mobilfunkantennen dort, wo keine Blitzschutzanlage am Gebäude ist, nach DIN EN 50083-1 (VDE 0855 Teil 1): 1994-03 [N60] installiert werden kann, ist nicht richtig. Näheres → Antennen.

Antennenkabel, Energieversorgungskabel, Telekommunikationskabel und auch andere sind an den → Blitzschutzzonen mit Blitz- und Überspannungsschutzgeräten (SPD) geschützt. Sehr oft sind die o.g. Kabel aber nicht nur außerhalb, sondern auch innerhalb der Gebäude in einem Steigschacht parallel mit anderen Kabeln der Gebäude installiert angeordnet. Durch diese parallele Installation und durch die bei Blitzschlag entstehenden Ein-→ Kopplungen in die benachbarten Kabel entstehen Schäden an den Einrichtungen der Mietgebäude.

Mobilfunkanlagen und Antennen

In dem Fall, wenn es zu Einkopplungen in andere Einrichtungen oder zu → Näherungen an den Einrichtungen der Mietgebäude kommen kann, müssen auch diese Anlagen in das Blitz- und Überspannungsschutzsystem einbezogen werden. Wenn ein Mobilfunkbetreiber mit eigener → Blitzschutzklasse „schwächer" als die Blitzschutzklasse der Mietgebäude ist, muss das Gesamt-Blitzschutzsystem nach der „schärferen" Blitzschutzklasse ausgeführt werden. Das bezieht sich vor allem auf die Leistungen der Blitz- und → Überspannungsschutzgeräte.

Praxiserfahrungen:
Auf dem Dach werden nicht immer die richtigen Klemmen oder Kabel eingesetzt. Nur die Klemmen, die blitzstromtragfähig sind, können für Anschlüsse verwendet werden.

H07V-K-Kabel (für Nichtfachleute: der gelb-grüne Draht) dürfen nicht außerhalb der Gebäude, wo Sonnenschein möglich ist, benutzt werden.

Die Installationen auf dem Dach befinden sich auch oft außerhalb des → Schutzbereichs und sind damit nicht gegen direkten Blitzschlag geschützt. Auf **Bild M22** ist eine Kabelverlegung oberhalb eines Verteilers abgebildet. Die Stelle ist zufällig auch die höchste Stelle auf dem Dach, aber ohne Schutz. Die → Kabelschirme sind an der auf der Stahlkonstruktion befestigten → Potentialausgleichsschiene (PAS) angeschlossen. Die PAS ist mit dem VFPA (Fangeinrichtung) jedoch nicht verbunden, sondern nur mit 2 Schrauben M6 locker auf der Stahlkonstruktion befestigt. Diese Schwachstelle des PAS wiederholt sich sehr oft an anderen Gebäuden nur mit dem Unterschied, dass die Stahlkonstruktion mit dem VFPA verbunden ist. Die oft verwendeten M6-Schrauben sind jedoch nicht blitzstromtragfähig und die PAS müsste richtigerweise mittels eines Kabels mit dem VFPA verbunden werden.

Mobilfunkantennen verursachen sehr oft → Näherungen. Die Näherungen sind jedoch nicht immer auf den ersten Blick erkennbar, wie **Bild N1** zeigt. Es müssen nämlich nicht Näherungen mit Antennenmasten oder Kabeln sein. Oftmals wurden auch Cu-Entwässerungsrohre der Klimaanlagen in der → Dachrinne oder in der Nähe von → Ableitungen entdeckt. In diesen Fällen müssten die Betreiber mit PVC-Rohren arbeiten. In der Nähe der Mobilfunkinstallationen befinden sich auch die allgemeinen Installationen der Mietgebäude. Dabei handelt es sich um alle leitfähigen Teile der Gebäude, von Heizungsrohren bis zu → Brandmeldeanlagen, die ebenfalls durch die Näherungen gefährdet sind. Als Erweiterung zu diesem Absatz lesen Sie die Stichworte über → „Näherungen".

Näherungen entstehen auch bei Antennen, die unterhalb des Daches installiert sind. Die Betreiber meinen sehr oft, dass die Antennen z.B. in Gauben nicht geschützt werden müssen, da sie im Schutzbereich sind. Die Antennen sind aber zu weit vom Blitzschutz-Potentialausgleich entfernt und es entstehen neue Näherungen. Ein Beispiel für die Beurteilung dieser Näherungen ist unter dem Stichwort → „Näherungen" beschrieben. Bei hohen Gebäuden mit Satteldächern sind die → Trennungsabstände d überwiegend kleiner als die notwendigen → Sicherheitsabstände s!

Die Blitz- und Überspannungsschutzgeräte (SPD) der Anlagen werden in letzter Zeit schon richtig verdrahtet, nur bei älteren Anlagen findet man noch in der Verdrahtung Fehler. Die SPD-Hersteller liefern für die Mobilfunkbetreiber die Anschlussalternativen in der 3+1-Schaltung. Damit sind die früheren Mängel bei den Systemen beseitigt, da die 3+1-Schaltung auch für → TN-Systeme anwendbar ist. Die Erdung der SPD muss aber weiterhin aufmerksam überprüft werden.

Bei einem bestimmten Mobilfunkbetreiber findet man oft immer wiederkehrende gleiche Erdungsmängel. Ob das durch ein falsches Schema, das in Umlauf gebracht worden ist verursacht wurde, ist nicht bekannt. Die bei den → Potentialausgleichsschienen (PAS) für die SPD als „Erde" markierten Kabel sind in Wirklichkeit keine Erde, sondern nur eine Verbindung zur weiteren PAS. Bei dem selben Betreiber waren auch in mehreren Fällen die installierten SPD nicht geerdet!

Bild M22 Nicht fachgerecht ausgeführte Installation der Erdungsmaßnahmen, wie im Text oben beschrieben.
Foto: Kopecky

Moderne Nullung ist ein älterer Begriff, → TN-S-System.

Mülldeponie → Großtechnische Anlagen

N

Naheinschlag → Direkt- und Naheinschlag

Näherungen DIN VDE 0185 Teil 1 (VDE 0185 Teil 1) [N27], Absatz 6.2; DINV ENV 61024-1 (VDE 0185 Teil 100) Absatz 3.2 [N30].
Von einer Näherung spricht man, wenn der Abstand zwischen der → Blitzschutzanlage und metallenen Gebäudeteilen bzw. elektrischen Anlagen kleiner ist, als der notwendige → Sicherheitsabstand s.

Bei einem kleineren Abstand als dem Sicherheitsabstand s besteht beim Blitzschlag die Gefahr eines Über- oder Durchschlages.

Näherungen können wie folgt beseitigt werden:

- Vergrößerung des → Trennungsabstandes,
- Verwendung von Isoliermaterial zur Verhinderung der negativen Auswirkung der Näherung,
- Verbindung der Blitzschutzanlage mit den gefährdeten metallenen Gebäudeteilen.

Nach DIN V ENV 61024-1 (VDE V 0185 Teil 100):1996-08 [N30], Abschnitt 3.2, muss das Isolationsmaterial eine Stehstoßspannung U_i mit Stoßspannungswelle 1/50 µs nicht kleiner als U_i [in kV] $\geq 500 \cdot s$ [in m] vertragen.

Wenn keine der beiden erstgenanten Alternativen anwendbar sind, so muss an dieser Stelle eine Potentialausgleichsverbindung (direkt oder indirekt über den → Blitzstromableiter) realisiert werden.

Sichtbare Näherungen können z. B. zu Thermostaten, Überwachungseinrichtungen (Bild N3), → Außenbeleuchtungen, Bewegungsmeldern, Telefonanschlüssen, Elektroinstallationen (Bild N2), Rohrleitungssystemen, Blechen, Zargen, Metallfenstern, → Sonnenblenden und anderen leitfähigen Materialien in der Nähe der Blitzschutzanlage auftreten. Zur Blitzschutzanlage gehören auch solche leitfähigen Teile wie → Dachrinnen, Blechkanten, Regenfallrohre und ähnliches. Die Installationen unterhalb der Dachrinnen oder → Regenfallrohre sind demnach auch gefährdet.

Bei Installationen an Innenwänden und Dachseiten aus durchverbundenem Stahlbeton oder aus → Metallfassaden und Metalldächern muss kein Sicherheitsabstand eingehalten werden, da keine Gefährdung durch Näherungen besteht. Der Blitzstrom verteilt sich flächenförmig. Innerhalb der Anlage entstehen an den Leitern nur geringe Spannungseinkopplungen.

Anders ist es bei Gebäuden mit gemauerten, aus Holz oder anderen Materialien errichteten Wänden.

Näherungen

Im diesem Fall muss der Sicherheitsabstand s berechnet werden, um an einzelnen Stellen die Näherungen beurteilen zu können.

Die Berechnung des Sicherheitsabstandes s kann nicht mehr nach der alten Näherungsformel aus DIN VDE 0185 Teil 1 [N27] erfolgen. Damals ist man davon ausgegangen, dass sich der Blitzstrom auf alle Ableitungen gleichmäßig verteilt. Heute weiß man jedoch, dass der hochfrequente Blitz sich hauptsächlich an der Einschlagstelle konzentriert. Aus diesem Grund und wegen der falschen Bewertung der Isolationsfestigkeit der festen Baustoffe und der Luft ist die Anwendung der alten Näherungsformel nicht mehr erlaubt.

Für die Berechnung des Sicherheitsabstandes s ist jetzt die neue → Näherungsformel nach DIN V ENV 61024-1 (VDE V 0185 Teil 100): 1996-08, Abschnitt 3.2, [N30] anzuwenden.

Nach der Berechnung erfährt man, ob die Installationen in der Wand oder im Raum gefährdet sind.

Näherungen können nicht nur an der Blitzschutzanlage und deren Teilen, sondern auch an anderen Einrichtungen auftreten. Auf dem Dach installierte Dachaufbauten mit leitfähigen Verbindungen ins Gebäudeinnere verursachen ebenfalls Näherungen. Das können z.B. Lüftungsanlagen, → Rückkühlgeräte der Klima-anlagen, → Antennen (**Bild N1**) usw. sein. Antennenkabel von Mobilfunkantennen können in einem gemeinsamen Kabelschacht ebenfalls Näherungen verursachen. Dabei ist zu beachten, dass Antennenkabel mit bis zu 50% des → Blitzstromes belastet werden können. Bei einer falsch ausgeführten

Bild N1 *Beispiel für Näherungen. Auf der inneren Wandseite sind Ankerschrauben einer Mobilfunkantenne zu sehen. Auf dem Dach ist die Antenne direkt mit der Fangeinrichtung verbunden. Bei einem Blitzschlag auf dem Dach werden die Elektro- und Steuerungskabel sowie die Heizungsanlage wegen der Näherung zu den Ankerschrauben gefährdet. Hier muss der Trennungsabstand zwischen den Schrauben und den Kabeln vergrößert werden.*
Auch Kontrollen dieser Art gehören zur Blitzschutzanlagen-Prüfung; die Näherungen müssen im Prüfbericht eingetragen werden.
Foto: Kopecky

Näherungen

→ Blitzschutzanlage können die Antennenkabel auch mit über 50% des Blitzstroms belastet werden.

Die Rückkühlgeräte von Klimaanlagen auf dem Dach sind oft direkt mit der → Fangeinrichtung verbunden. Die Klimarohre sowie Steuerungs- und Elektrokabel führen aber auch direkt in den → EDV-Raum. Es sind damit nicht nur die benachbarten Einrichtungen auf der Kabel- und Rohrstrecke gefährdet, sondern auch der EDV-Raum, da über die Rohre → Teilblitzströme dorthin gelangen können.

Die Cu-Rohre der Rückkühlgeräte, Antennenkabel oder andere Einrichtungen verursachen nicht nur Näherungen, sondern auch → Kopplungen zu den benachbarten Installationen. Deshalb dürfen in das Gebäude eingeführte Leitungen nicht mit anderen Installationen parallel verlegt werden. Bei einer parallelen und nicht ausreichend abgeschirmten Verlegung müssen alle (nicht nur die neuen) Installationen nach dem → Blitzschutzzonenkonzept geschützt werden.

Beispiele für Näherungen aus der Praxis:

Ableitungen werden fälschlicherweise vielfach zur Befestigung von Antennen-, Telefon-, Baustrom- und anderen Elektrokabeln benutzt. Oft werden auch Kabelkanäle, die parallel zur Ableitung installiert sind, gefunden. Dies ist ebenso falsch. Dabei handelt es sich z. B. um auf dem Dach oder dicht unterhalb der Blechkante installierte → Leuchtreklamen. Über → Dachrinnenheizungen können → Teilblitzströme ebenso ins Gebäudeinnere gelangen und nicht geschützte, wichtige und teure Einrichtungen zerstören.

Unter den Dächern befinden sich oft auch → Metalldachstühle, Ausdehnungsbehälter, Heizungsanlagen, → Klimaanlagen, → Brandmeldeanlagen, → Aufzüge, → Dachausbauten mit Metallständern und anderen leitfähigen Materialien. Zu diesen Teilen dürfen ebenfalls keine Näherungen entstehen.

Eine weitere Gefahr für Installationen im Gebäude stellen die unter dem Dach installierten Starkstromkabel und Kabel der Anlagen der Informationstechnik dar. Diese Kabel sind nicht selten nur 20 bis 30 cm von der → Blitzschutzanlage entfernt. Die → Fangeinrichtungen kreuzen diese Elektrokabel, wenn sie nicht sogar parallel zu ihnen verlaufen. Bei Gebäuden, die unter Denkmalschutz stehen, ist eine Verbindungsleitung der Fangspitzen der Fangeinrichtung oftmals über die gesamte Länge parallel zu den Brandmeldeanlagen installiert. Bei Unterdachanlagen sind die Sicherheitsabstände nur schwer einzuhalten (→ Unterdachanlage und → Gefahrenmeldeanlage).

Auf **Bild N2** ist als Beispiel die Elektroinstallation einer → Kirche neben einer Unterdachanlage zu sehen. Bei dieser Installationsart ist nicht nur die Glockensteuerung gefährdet, sondern auch die Sicherheit der Kirchenbesucher. In einer Kirche in der Eifel ist es z. B. zu einem Blitzüberschlag auf die Kirchenbeleuchtung gekommen, bei dem die Blitzenergie über die Lampe in den Bereich zwischen Pfarrer und Kirchenbesuchern in den Boden eingeschlagen ist.

Bild N3 zeigt eine Überwachungskamera direkt unterhalb eines Metalldaches. Bei einen Blitzschlag können Überwachungskamera und Zentrale zerstört werden.

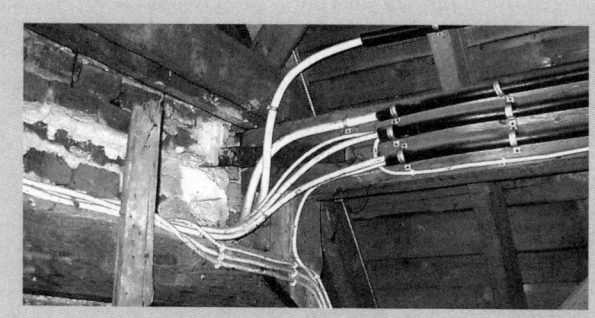

Bild N2 *Eine Unterdachanlage einer Kirche in unmittelbare Nähe der Elektroinstallation.*
Foto: Kopecky

Bild N3 *Gefährdete Überwachungskamera mit Näherung zum Metalldach.*
Foto: Kopecky

Bei gemauerten (nicht aus Stahlbeton erstellten) Gebäuden mit einer größeren Grundfläche werden oft auch → innere Ableitungen festgestellt. Eventuelle → Teilblitzströme können hier benachbarte Einrichtungen beeinflussen und zerstören. Toleriert werden kann dies nur beispielsweise bei Räumen ohne besondere technische Einrichtungen und ohne benachbarte Installationen.

Ein weiteres Beispiel sei genannt: Hier wurden elektronische Einrichtungen eines → EDV-Raumes unter einem Flachdach beschädigt, was Anlass dazu gab, die Elektroinstallation genau zu überprüfen. Mit dem Metallsuchgerät hat man festgestellt, dass die Elektroinstallation für den EDV-Raum nicht in diesem Raum selbst installiert war, sondern auf dem Flachdach unterhalb der Dachpappe, 8 cm von der → Fangeinrichtung entfernt. Die Ausführung der Elektroinstallation oberhalb der Dachdecke ist jedoch nicht erlaubt.

Bei der Prüfung von → Näherungen braucht man Informationen über Installationen an/in den Wänden/Decken oder die Installationen müssen mit Suchgeräten gefunden werden, um die Näherungen beurteilen zu können.

Näherungen aus Sicht der Architekten

Firmen, die Näherungen mit direktem Anschluss „beseitigen", müssen auch Näherungen mit Elektrokabeln beachten. Hier funktioniert der direkte Anschluss nicht. Auf **Bild N4** sieht man z. B. einen Blitzstromableiter, der zwischen einer Leuchtreklame und einer Ableitung zusätzlich installiert wurde, um die Näherungen zu beseitigen. Zuzüglich muss man noch beim Übergang in weitere LPZ zusätzliche SPDs der Kategorie „C" installieren.

Bild N4 Beseitigung der Näherung der Elektroinstallation der Leuchtreklame mittels eines Blitzstromableiters.
Foto: Kopecky

Näherungen aus Sicht der Architekten. Nach DIN VDE 0185 Teil 103 (VDE 0185 Teil 103): 1997-09 [N33], Anhang E, Tabelle E.1 → „LEMP-Schutz-Management für neue bauliche Anlagen mit umfangreicher Elektronk und/oder umfassenden Änderungen in der Ausführung oder Nutzung baulicher Anlagen" sollten → Blitzschutzexperten mit fundierten Kenntnissen auf dem Gebiet der EMV von Architekten beauftragt werden, das LEMP-Schutz-Management zu erstellen und die Pläne relevanter Installationen zu korrigieren und zu überwachen.

Weniger gefährdete Gebäude für empfindliche elektronische Einrichtungen sind Gebäude mit durchverbundenem Stahlbeton oder mit → Metallfassaden. Bei richtiger Ausführung besteht bei diesen Gebäuden keine Näherungsgefahr. Allzu oft findet man bei der Begutachtung der → Blitzschutzanlagen auch Gebäude, bei denen sich die → Ableitungen hinter der Blechverkleidung befinden. In solchen Fällen ist eine gute Abschirmung mit der Blechfassade mehr ein Nachteil, weil die elektromagnetischen Felder im Gebäude nicht reduziert werden.

Bei gut abgeschirmten Gebäuden müssen natürlich auch die Blitz- und Überspannungsschutzmaßnahmen an den → Blitzschutzzonen durchgeführt werden.

Bei gemauerten Gebäuden sollten sich die → EDV-Räume besser in unteren als in oberen Stockwerken befinden. In oberen Stockwerken treten Probleme mit Näherungen eher auf als in unteren. → Näherungsformel

Näherungen aus Sicht der Blitzschutzexperten

Näherungen aus Sicht der Blitzschutzexperten. Der Aufgabenbereich der Blitzschutzexperten ist das → LEMP-Schutz-Management, bei dem die Arbeiten aller Handwerker überwacht werden müssen. Darunter fallen auch Arbeiten, die auf den ersten Blick nicht mit Elektroarbeiten in Verbindung stehen. Zum Beispiel muss darauf geachtet werden, dass auf Dächern keine leitfähigen Lüftungsrohre in der Nähe von Blechaußenkanten installiert sein dürfen. Die Rohre befinden sich zwar im Schutzbereich der Fangstangen, doch durch den kleinen Abstand zur Blechkante kann es zum Überschlag von der Blechkante kommen. Handwerker müssen ihre Arbeiten so planen, dass an gefährdeten Stellen keine leitfähigen Kanten installiert werden bzw. Rohre und Kabel an anderer Stelle installiert werden. Die Gefahr des Auftretens von → Näherungen müssen im Voraus festgestellt werden, um Maßnahmen zur Vermeidung dieser Näherungen treffen zu können.

Blitzschutzexperten haben u.a. darauf zu achten, das z.B.:

a) an Gebäudeecken entweder → Ableitungen **oder** Überwachungskameras installiert werden,
b) Kabel der → Mobilfunkantennen nicht im gleichen Schacht mit anderen ungeschützten Kabeln verlegt werden; ansonsten müssen diese abgeschirmt → oder alle Kabel nach dem Blitzschutzzonen-Prinzip geschützt werden,
c) Thermostate von Heizungszentralen nicht hinter leitfähigen → Regenfallrohren angebracht werden und sich Alarmleuchten in ausreichendem Abstand von Ableitungen und der Dachkanten befinden. Bei einem Blitzschlag in beiden genannten Fällen werden nicht nur die Thermostate und die Alarmleuchten (**Bild N5**) zerstört, sondern auch die Zentralen der Einrichtungen, wenn diese nicht geschützt sind.

In der Planungsphase müssen Maßnahmen zur Vermeidung von Näherungen getroffen werden, die zum LEMP-Schutz-Management gehören.

Bild N5 Ungünstige Stelle für eine Alarmleuchte. Hier sind Näherungen nicht nur mit der Ableitung, sondern auch mit der als Fangeinrichtung wirkenden leitfähigen Blechkante vorhanden.
Foto: Kopecky

Näherungsformel

Näherungsformel. Wie schon unter dem Stichwort → Näherungen angesprochen wurde, muss der → Sicherheitsabstand entsprechend DINV ENV 61024-1 (VDE 0185 Teil 100) Absatz 3.2 [N30] berechnet werden.

Der → Trennungsabstand d zwischen den Teilen der *Fangeinrichtungen* und Ableitungen einerseits und allen metallenen Installationen bzw. elektrischen und informationstechnischen Einrichtungen innerhalb und *auch außerhalb* der zu schützenden baulichen Anlage anderseits darf nicht kleiner als der Sicherheitsabstand s sein:

$d \geq s$

Im obigen Absatz ist der Text der DINV ENV 61024-1 (VDE 0185 Teil 100) [N30], Absatz 3.2, wiedergegeben und um die kursiv geschriebenen Wörter ergänzt worden

Begründung :

Die → Fangeinrichtung auf dem Dach, z. B. die Fangeinrichtung auf dem First, kann Näherungen mit der Elektroinstallation unter dem First verursachen. Das gleiche gilt auch für die → Unterdachanlagen unter dem First.

Mit dem Wort „außerhalb" in o.g. Satz wird sich auf Beispiele bezogen, die unter dem Stichwort Näherungen zu finden sind. Das betrifft z.B. das Anbringen von → Außenlampen, Thermostaten, Bewegungsmeldern, die, in der Nähe von Ableitungen befestigt, auch Näherungen verursachen können.

Der Sicherheitsabstand s berechnet sich wie folgt:

$$s = k_i \frac{k_c}{k_m} \, l \, (\text{in m})$$

k_i Koeffizient der gewählten → Schutzklasse des Blitzschutzsystems
k_c Koeffizient der → geometrischen Anordnung
k_m Koeffizient vom Material innerhalb der Trennungsstrecke
l (in m)   Länge der Ableitungseinrichtung, gemessen von der Stelle der → Näherung bis zur nächstliegenden Stelle des → Blitzschutz-Potentialausgleichs

Die obige Definition von „*l*" wurde aus der Norm [N30] übernommen. Im Deutschen Nationalen Anhang der Norm ist aber empfohlen: *Das „l" ist die Länge der Ableitungseinrichtung, gemessen von der Stelle der Näherung bis zur nächsten Ebene des Blitzschutz-Potentialausgleichs und nicht bis zur nächstliegenden Stelle des Blitzschutz-Potentialausgleichs"*. (Siehe auch **Bild N6**.)

Der Blitzschutz-Potentialausgleich wird im Allgemeinen im Kellergeschoss oder etwa auf Erdniveau durchgeführt. Wird der Blitzschutz-Potentialausgleich jedoch in mehreren Etagen ausgeführt, dann zählt die Länge *l* nur bis zur nächsten Stelle der Blitzschutz-Potentialausgleichsebene und nicht bis zur untersten Blitzschutz-Potentialausgleichsebene. An der Stelle der Blitzschutz-Potentialausgleichsebene beträgt der Sicherheitsabstand Null und erst mit zunehmendem Abstand nimmt auch der notwendige → Sicherheitsabstand zu.

Näherungsformel

Tabelle N1 gibt die Werte von k_i, **Tabelle N2** die Werte von k_c und **Tabelle N3** die Werte von k_m an.

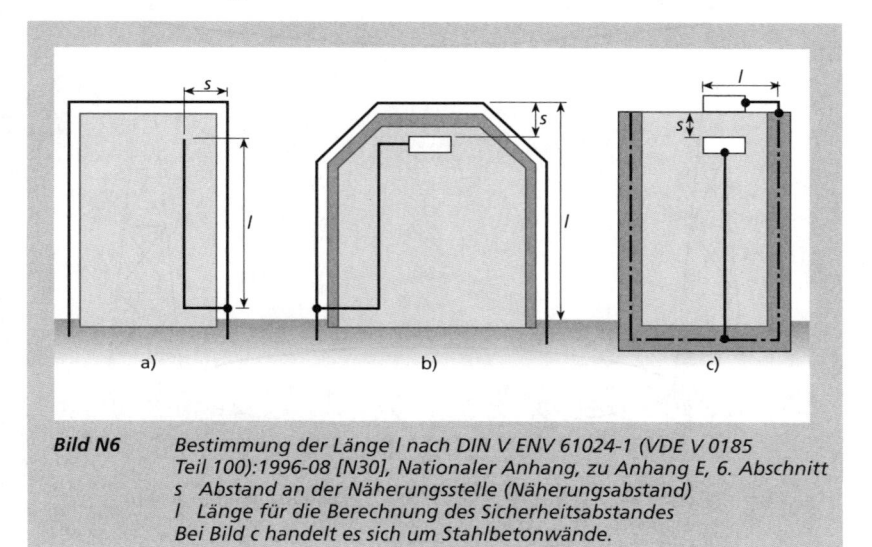

Bild N6   Bestimmung der Länge l nach DIN V ENV 61024-1 (VDE V 0185 Teil 100):1996-08 [N30], Nationaler Anhang, zu Anhang E, 6. Abschnitt
s   Abstand an der Näherungsstelle (Näherungsabstand)
l   Länge für die Berechnung des Sicherheitsabstandes
Bei Bild c handelt es sich um Stahlbetonwände.

Schutzklasse	k_i
I	0,1
II	0,075
III und IV	0,05

Tabelle N1   Werte des Koeffizienten k_i
Quelle: DIN V ENV 61024-1 (VDE V 0185 Teil 100): 1996-08 [N30], Tabelle 6

Typ der Fangeinrichtung	Ableitungen auf Erdniveau nicht verbunden	Ableitungen auf Erdniveau verbunden
einzelne Fangstange	1	1
gespannte Drähte oder Seile	1	siehe **Bild N7**
Fangmaschennetz	1	siehe **Bild N8**

Tabelle N2   Werte des Koeffizienten k_c
Quelle: DIN V ENV 61024-1 (VDE V 0185 Teil 100): 1996-08 [N30], Tabelle 6

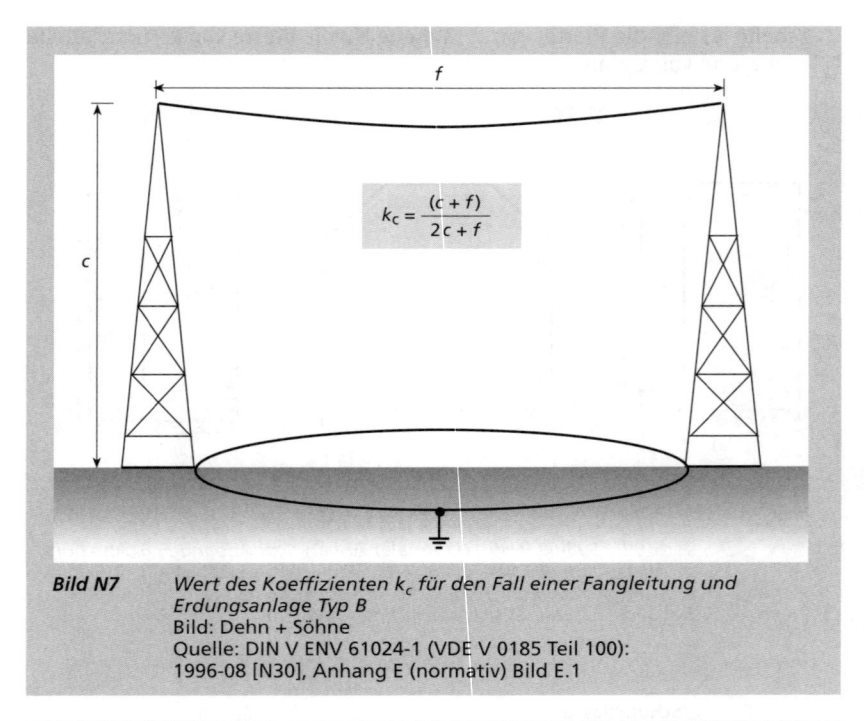

Näherungsformel

$$k_C = \frac{(c+f)}{2c+f}$$

Bild N7   Wert des Koeffizienten k_c für den Fall einer Fangleitung und Erdungsanlage Typ B
Bild: Dehn + Söhne
Quelle: DIN V ENV 61024-1 (VDE V 0185 Teil 100):
1996-08 [N30], Anhang E (normativ) Bild E.1

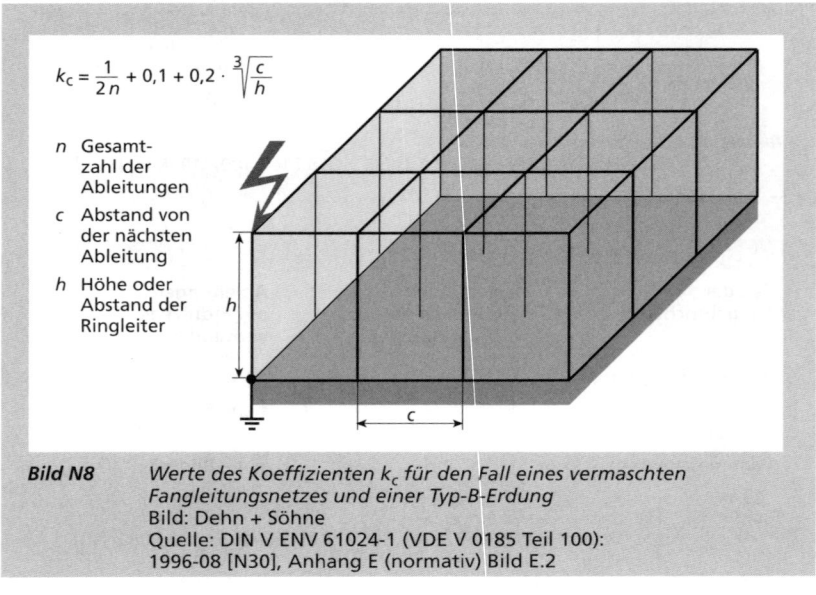

$$k_C = \frac{1}{2n} + 0{,}1 + 0{,}2 \cdot \sqrt[3]{\frac{c}{h}}$$

n   Gesamtzahl der Ableitungen

c   Abstand von der nächsten Ableitung

h   Höhe oder Abstand der Ringleiter

Bild N8   Werte des Koeffizienten k_c für den Fall eines vermaschten Fangleitungsnetzes und einer Typ-B-Erdung
Bild: Dehn + Söhne
Quelle: DIN V ENV 61024-1 (VDE V 0185 Teil 100):
1996-08 [N30], Anhang E (normativ) Bild E.2

Näherungsformel

Als Information und Ergänzung zu Tabelle N2: Die neuen Werte k_c sind zur Stellungnahme unterbreitet. Die vorgeschlagenen Werte k_c werden voraussichtlich vereinfachend für zwei Ableitungen 0,66 und für 4 Ableitungen und mehr 0,44 betragen.

Material in der Näherungsstelle	k_m
Luft	1,0
festes Material	0,5

Tabelle N3 *Werte des Koeffizienten k_m*
Quelle: DIN V ENV 61024-1 (VDE V 0185 Teil 100): 1996-08 [N30], Tabelle 7

Als Ergänzung zu Tabelle N3: In E DIN IEC 817122/CD (VDE 0185 Teil 10): 1999-2 [N29], Tabelle 12, und E DIN IEC 61024-1-2 (VDE 0185 Teil 102 Entwurf): 1999-02 [N32], Abschnitt 8.2.2, sind zusätzlich folgende Koeffizientenwerte angegeben:

PVC-Material $k_m = 20$
PE-Material $k_m = 60$

Es gibt Fälle, bei denen zur Beurteilung der Näherungen, z.B. bei → Gefahrenmeldeanlagen, diese Koeffizienten benutzt werden sollten. Ohne einbringen von PVC- und PE-Platten bzw. Rohren zwischen der → Blitzschutzanlage und z.B. dem Brandmelder können bei hohen Gebäuden die Brandmeldeanlagen nicht abgenommen werden, weil sie sonst einen kleineren → Trennungsabstand d als den erforderlichen → Sicherheitsabstand s haben.

Nach der Berechnung des Sicherheitsabstandes s müssen Stellen, an denen Näherungen auftreten könnten, genau kontrolliert werden.

Wenn verschiedene Materialien innerhalb des Trennungsabstandes verwendet wurden, muss die Beurteilung entsprechend dem folgenden Beispiel durchgeführt werden.

Beispiel: Vereinfachte Berechnung des notwendigen Sicherheitsabstandes
Bei der Kontrolle einer Anlage muss beurteilt werden, ob der vorhandene Trennungsabstand größer ist als der berechnete Sicherheitsabstand, z.B. 0,45 m für Luft im Fall des folgenden Beispiels.

Dazu werden alle Abstände und Materialbreiten mit dem jeweils zugehörigen Koeffizienten k_m multipliziert. Die Ergebnisse werden dann addiert, wie die folgende Rechnung zeigt:

Abstand Fangleitung zum Dach	5 cm Luft	0,05 x 1,0 = 0,050 m
Dachabdeckung, Holzbalken und die Wände	25 cm festes Material	0,25 x 0,5 = 0,125 m
Abstand zu Elektrokabel	20 cm Luft	0,20 x 1,0 = 0,200 m
Gesamt		0,375 m

Näherungsformel

Schlussfolgerung: Der gesamte Trennungsabstand in diesem Beispiel ist zwar größer als 0,45 m, aber durch die Berücksichtigung der geringeren Koeffizienten für festes Material wird nur eine **wirksame Trennung** von 0,375 m erreicht.

Das bedeutet: Der für diese Materialkombination notwendige Trennungsabstand muss also größer sein als der für Luft benötigte Scherheitsabstand s.

Zu beachten ist, dass zu „benachbarten" Einrichtungen der Ableitung (z.B. Außenlampen) der Überschlag über Wandflächen erfolgt und nicht über Luft. Das Gleiche gilt für → Fangstangen und → Fangspitzen auf dem Dach. Von ihnen erfolgt der Überschlag zu benachbarten Einrichtungen über das Dachmaterial. In solchen Fällen muss deshalb der Abstand mit dem Koeffizienten für festes Material berechnet werden.

Übungsbeispiel:

Ein altes gemauertes Gebäude (24 m x 12 m x 11 m) mit 45 cm dicken Wänden und einer Blitzschutzanlage mit 4 Ableitungen wird in ein Bürogebäude mit einem → EDV-Raum umgebaut. Welche Maßnahmen müssen vom EMV-→ Planer vorgesehen werden, damit keine Näherungen auftreten?

Zuerst muss für das Objekt (**Bild N9**) die → Blitzschutzklasse ermittelt werden.

Wie auf **Bild N10** zu sehen ist, ist für das Gebäude die Blitzschutzklasse II ermittelt worden. Diese Ermittlung wurde mit dem Programm → „Blitzschutzklassenberechnung" durchgeführt, das sich auf der beiliegenden CD-ROM befindet.

Nach der alten DIN VDE 0185 Teil 1 (VDE 0185 Teil1): 1982-11, Absatz 5.2.1 [N27] sind für das Gebäude 4 → Ableitungen ausreichend. Nach DINV ENV 61024-1 (VDE 0185 Teil 100): 1997-01 [N30] muss das Gebäude jedoch 5 (oder mehr) Ableitungen haben.

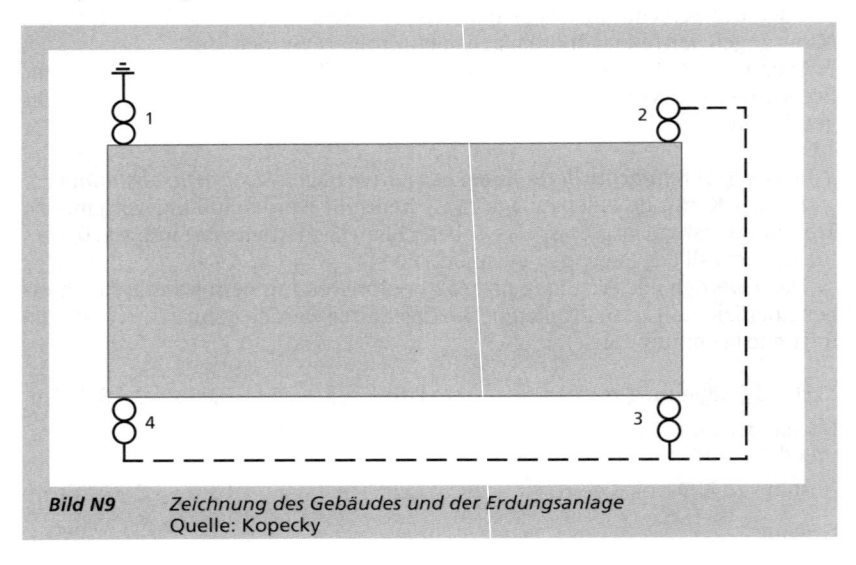

Bild N9   *Zeichnung des Gebäudes und der Erdungsanlage*
Quelle: Kopecky

Näherungsformel

Nach der Berechnung beträgt der Sicherheitsabstand *s* für den heutigen Stand mit 4 Ableitungen s = 0,71 m. Dieser Abstand bezieht sich nur auf die 3 Ableitungen, die auf Erdniveau verbunden sind. Der Sicherheitsabstand beträgt bei den Einrichtungen, die in den → Blitzschutzpotentialausgleich einbezogen sind, also *s* = 0,71 m. Wenn z. B. das Fernmeldekabel nicht in den Blitzschutzpotentialausgleich einbezogen ist, beträgt der Sicherheitsabstand zum → Fernmeldekabel, wie bei der Ableitung mit dem Tiefenerder, 1,65 m (**Bild N11**).

Datenblatt
Blitzschutzklassenberechnung nach ENV 61024-1

Projekt-Nr.	EMV, Blitz- und Überspannungsschutz
Projektname	Musterprojekt
PLZ/Ort	12345 Musterstadt
Straße	Fränklin Straße 77

Nc	Berechnung: Nc = A x B x C		0,000400000
A)	Gebäudekonstruktion	A = A1 x A2 x A3 x A4	0,1
A1	Bauart der Wände:	Mauerwerk, Beton ohne Bewehrung, nicht miteinander leitend verbundene Fertigbauteile	0,5
A2	Dachkonstruktion:	Stahlbeton	2
A3	Dachdeckung:	Kunststoff-Folie, Dachpappe, Kiespreßdach	0,5
A4	Dachaufbauten:	Elektrogeräte	0,2
B)	Gebäudenutzung	B = B1 x B2 x B3 x B4	0,004
B1	Nutzung durch Personen:	mäßige Panikgefahr	0,1
B2	Art des Gebäudeinhaltes:	entflammbar	0,2
B3	Wert des Gebäudeinhaltes:	wertvolle Einrichtung	0,2
B4	Maßnahmen u. Einrichtungen zur Schadensverringerung:	keine Einrichtungen bzw. Maßnahmen	1
C)	Folgeschäden	C = C1 x C2 x C3	1
C1	Umweltgefährdung:	keine	1
C2	Ausfall wichtiger Versorgungsleistungen:	kein Ausfall	1
C3	sonstige Folgeschäden:	geringe	1

Nd	Berechnung: Nd = Ng x Ae x Ce / 1000000		0,005172
Ng	ØErdblitzdichte je qkm u.Jahr		1,7
Ae	Äquiv. Fläche d. baul. Anlage	Ae = L x W + 6 x H (L+W) + 9 x Pi x H²	6085 qm
L	Länge	24 m	
W	Breite	12 m	
H	Höhe	11 m	
Ce	relative Lage der baul. Anl.:	Bauliche Anlage umgeben von kleineren Gebäuden	0,5
E > 1 - Nc / Nd		Berechnung des geforderten Wirkungsgrades in Prozent	92,266582%

Ergebnis:

Blitzschutzklasse:		**BSK 2**

Bild N10 Berechnete Schutzklasse II des Blitzschutzsystems
Quelle: Kopecky

Näherungsformel

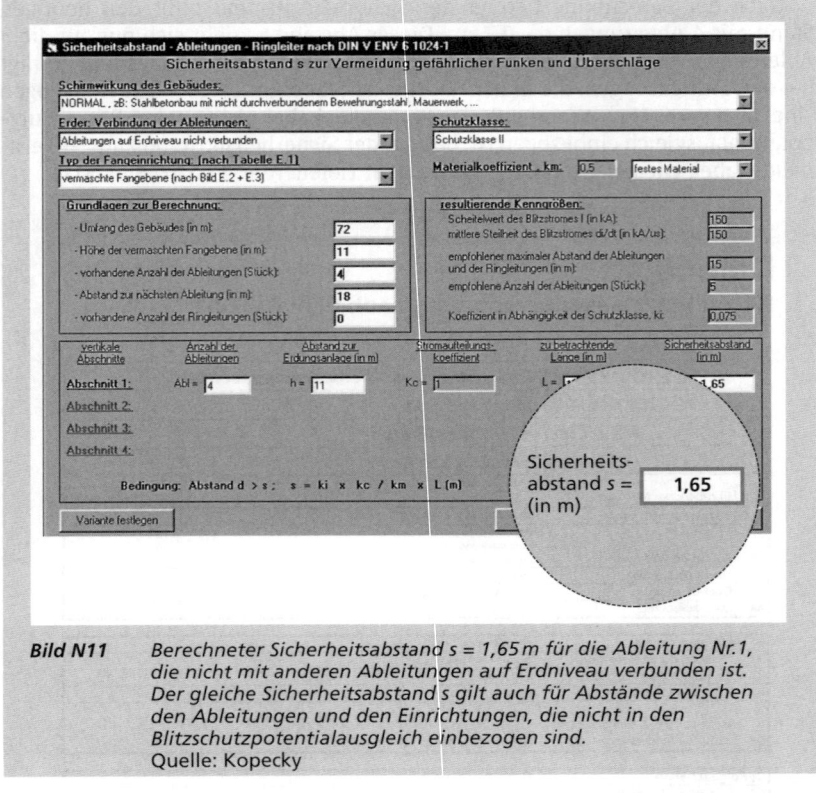

Bild N11 Berechneter Sicherheitsabstand $s = 1{,}65\,m$ für die Ableitung Nr.1, die nicht mit anderen Ableitungen auf Erdniveau verbunden ist. Der gleiche Sicherheitsabstand s gilt auch für Abstände zwischen den Ableitungen und den Einrichtungen, die nicht in den Blitzschutzpotentialausgleich einbezogen sind.
Quelle: Kopecky

Die einzige Ableitung mit dem → Tiefenerder (Koeffizient $k_c = 1$) hat keine Verbindung mit anderen Ableitungen auf Erdniveau und hat nach der Berechnung (**Bild N11**) einen Sicherheitsabstand von $s = 1{,}65\,m$.

Welche Informationen geben die Zahlen dem Planer?

Will der Planer die Blitzschutzanlage nach der neuen Norm DINV ENV 61024-1 (VDE 0185 Teil 100) [N30] realisieren, muss er mindestens noch eine zusätzliche Ableitung planen. Aus EMV-Sicht ist es besser, noch zwei gegenüber installierte Ableitungen zu planen. Nach dem gleichen Berechnungsprinzip wie vorher, aber mit 6 Ableitungen erhalten wir den Sicherheitsabstand $s = 0{,}64\,m$ für die Ableitungen, die auf Erdniveau verbunden sind. Die Ableitung Nr. 1 hat weiterhin den Sicherheitsabstand $s = 1{,}65\,m$.

Der berechnete Sicherheitsabstand bezieht sich auf die Länge l; sie beträgt in unserem Fall 11 m. Wie sieht es aber bei 5 Metern aus oder bei einer anderen Gebäudehöhe. Im Programm für die Berechnung des Sicherheitsabstandes wird dann eine andere Länge l eingegeben.

Eine andere Möglichkeit zur Ermittlung des Sicherheitsabstandes stellen die hier abgebildeten Grafiken der Näherungen in den **Bildern N12 und N13** dar.

Näherungsformel

Bild N12 a) Der Sicherheitsabstand s ist von der Länge l vom Verbindungspunkt mit dem Potentialausgleich abhängig. Die Ableitung Nr.1 hat keine Verbindung zum Blitzschutzpotentialausgleich und ist nicht mit anderen Ableitungen auf Erdniveau verbunden. Sie hat den Koeffizienten $k_c = 1$.
b) Sicherheitsabstand s für die Ableitungen, die auf Erdniveau verbunden sind.
Quelle: Kopecky

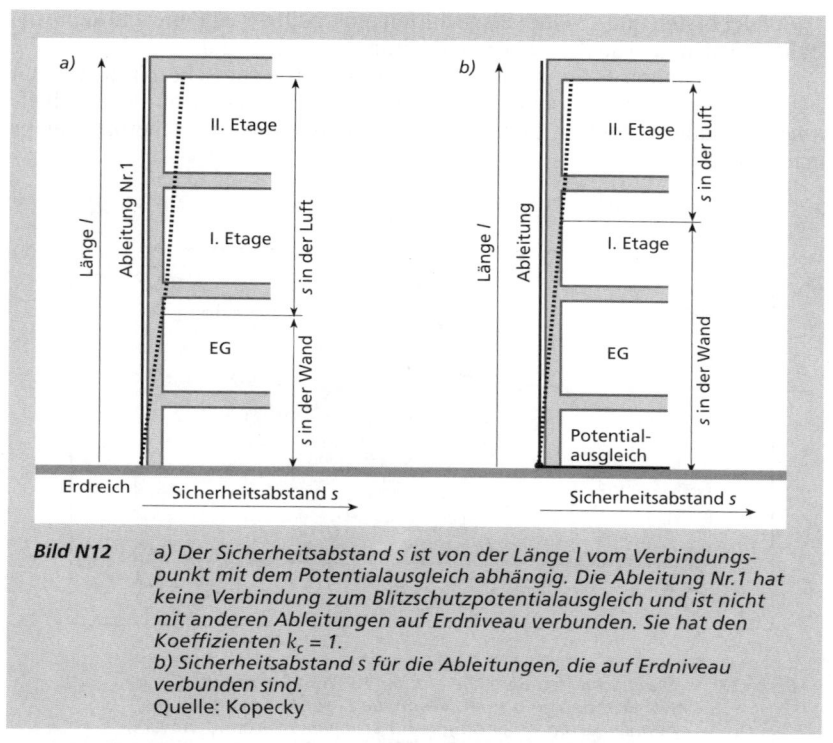

Zur besseren Veranschaulichung wurde die Länge l senkrecht abgebildet. Der Sicherheitsabstand s ist waagerecht aufgetragen. Diese Darstellung hat den Vorteil, dass Planer und später auch Prüfer die Näherungen bei Mauerwerk mit gleichen Abmaßen vergleichen können.

Auf **Bild N12a** sieht man an der Wand die Ableitung Nr. 1 und den gestrichelten Sicherheitsabstand s, der von der Länge abhängig ist. Die Grafik zeigt, dass die Installationen im Erdgeschoss in der Wand an den Stellen, wo außen die Ableitung installiert ist, gefährdet sind. Auf der ersten und zweiten Etage sind nicht nur die Installationen in der Wand, sondern auch Büroeinrichtungen im Raum gefährdet. Die gestrichelte Linie hat an der Stelle, an der sie aus der Wand austritt, auf der inneren Seite einen Knick, weil die Luft einen anderen Koeffizienten k_m hat als das Wandmaterial.

Auf dem **Bild N12b** sieht man, dass durch die Verbindung der Ableitungen auf Erdniveau gefährliche Näherungen erst eine Etage höher beginnen.

Resultat für den Planer:
Das alte Gebäude ist für einen Umbau in ein Bürogebäude nur bedingt geeignet. Der → EDV-Raum darf sich nur im Erdgeschoss befinden. Alle → Ableitungen müssen auf Erdniveau verbunden und Elektroinstallationen müssen in den → Blitzschutzpotentialausgleich einbezogen werden.

Näherungsformel

Auf der ersten und zweiten Etage dürfen innerhalb der Außenwand keine Installationen an den Stellen sein, wo Ableitungen verlegt sind.

Auf der zweiten Etage müssen benutzte elektrotechnische Einrichtungen zusätzlich noch einen Abstand zu den Außenwänden haben, an denen Ableitungen installiert sind. In **Bild N13** ist der Bereich für die Näherungsgefahr markiert.

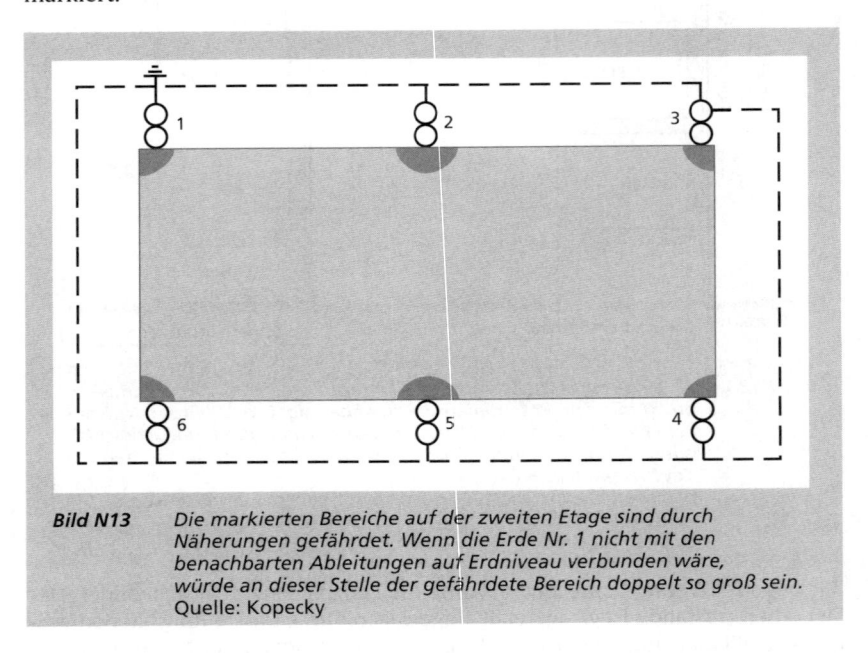

Bild N13 Die markierten Bereiche auf der zweiten Etage sind durch Näherungen gefährdet. Wenn die Erde Nr. 1 nicht mit den benachbarten Ableitungen auf Erdniveau verbunden wäre, würde an dieser Stelle der gefährdete Bereich doppelt so groß sein. Quelle: Kopecky

Was aber ist, wenn Monteur oder → Prüfer vor Ort keinen Taschenrechner oder Computer zur Verfügung hat? Wie beurteilt er, ob die Anlage → Näherungen hat oder nicht? Wie weit entfernt muss der Monteur eine Beleuchtung von der → Ableitung installieren, damit sie nicht gefährdet ist?

Der Monteur muss wie in den oben beschriebenen Fällen die → Blitzschutzklasse kennen und wissen, ob und wo in der baulichen Anlage der → Blitzschutz-Potentialausgleich ausgeführt ist. **Tabelle N4** enthält eine kleine Orientierungshilfe für Sicherheitsabstände mit aufgerundeten Maßen. Sie gibt den Sicherheitsabstand s für festes Material in m pro Meter Länge der Ableitungseinrichtung, gemessen von der Stelle der Näherung bis zur nächstliegenden Stelle des Blitzschutz-Potentialausgleichs (BPA) an.

Spalte „T100" gilt für → Blitzschutzanlagen, die schon nach Teil 100 installiert sind.

In Spalte „T1 und T2" sind die Angaben der Näherungsbeurteilung für Anlagen, die noch nach der alten Norm Teil 1 und 2 gebaut sind, aufgeführt. Weil die Abstände der Ableitungen größer sind als nach den neuen Normen, sind die Werte für den Sicherheitsabstand s auch größer.

Näherungsformel

In der vierten Spalte stehen die Angaben zu solchen baulichen Anlagen, die keinen BPA haben oder bei denen die beurteilte Einrichtung in den BPA nicht einbezogen ist oder die Ableitungen unten auf Erdniveau nicht miteinander verbunden sind. Damit ist z. B. die Lautsprecheranlage auf einem Schulhof gemeint, die nicht in den BPA einbezogen ist und somit für die Lautsprecher der Sicherheitsabstand der Spalte „ohne BPA" gilt.

Die Zahlen in der Tabelle sind nur informativ und für die Fälle, in denen Ableitungen und Ringleiter gleichmäßig verteilt sind. Wenn das nicht der Fall ist, muss der Sicherheitsabstand genau berechnet werden.

Die grobe Ermittlung der Näherungen nach Tabelle N4 ersetzt nicht die Berechnung der Näherungen in Abhängigkeit aller notwendigen Daten. Werden jedoch schon mit der Grobberechnung negative Ergebnisse erreicht, erzielen Sie mit den PC-Programmen die gleiche Bestätigung. Im umgekehrten Fall können durch das PC-Programm negative Ergebnisse (größerer Sicherheitsabstand) ausgewiesen werden, obwohl der Überschlag positive Ergebnisse brachte, da das Programm mit mehr Daten arbeitet.

Schutzklasse	T100	T1 und T2	ohne BPA
I	0,05	0,07	0,20
II	0,04	0,05	0,15
III	0,03	0,04	0,10
IV	0,05	0,04	0,10

Tabelle N4 *Sicherheitsabstände s für festes Material in m pro Meter Abstand der Näherungsstelle von der Potentialausgleichsebene in Abhängigkeit von der Ausführung der Blitzschutzanlage. Die Sicherheitsabstände für Luft betragen 50%.*
Quelle: Kopecky

Anwendungsbeispiel:

Ein Blitzschutzanlagen-→ Prüfer muss bei der Prüfung einer → Mobilfunkstation die → Näherungen an einem Silogebäude beurteilen. Das Silogebäude ist 30 Meter hoch und hat 60 cm dicke Wände und die → Blitzschutzanlage ist noch nach Teil 1 gebaut. Nach heutigem Stand wäre die Blitzschutzklasse vermutlich II. Die Berechnung des Sicherheitsabstandes der baulichen Anlage ergibt schon in 12 Meter Höhe (0,6 : 0,05 = 12) für die Installationen und Einrichtungen auf der inneren Wandseite, wo die → Ableitungen installiert sind, eine Gefährdung. Bei nicht ausgeführtem BPA ist das schon in einer Höhe von 4 Metern (0,6 : 0,15 = 4) der Fall. Das bedeutet, dass in der Anlage ein BPA installiert werden muss. Wenn die Anlage z. B. kein Silogebäude ist, sondern ein Aussichtsturm, den auch Besucher betreten, kann dort Panik bei Gefahr entstehen. Die berechnete Blitzschutzklasse wäre dann vermutlich nach heutigen Stand die Klasse I. Bei durchgeführtem BPA entsteht die Näherungsgefahr schon bei (0,6 : 0,07 = 8,57) 8,5 Metern und bei nicht durchgeführtem BPA (0,60 cm : 0,20 = 3) bei 3 Metern.

Rechnerisch problematisch ist die Berechnung des → Sicherheitsabstandes *s*

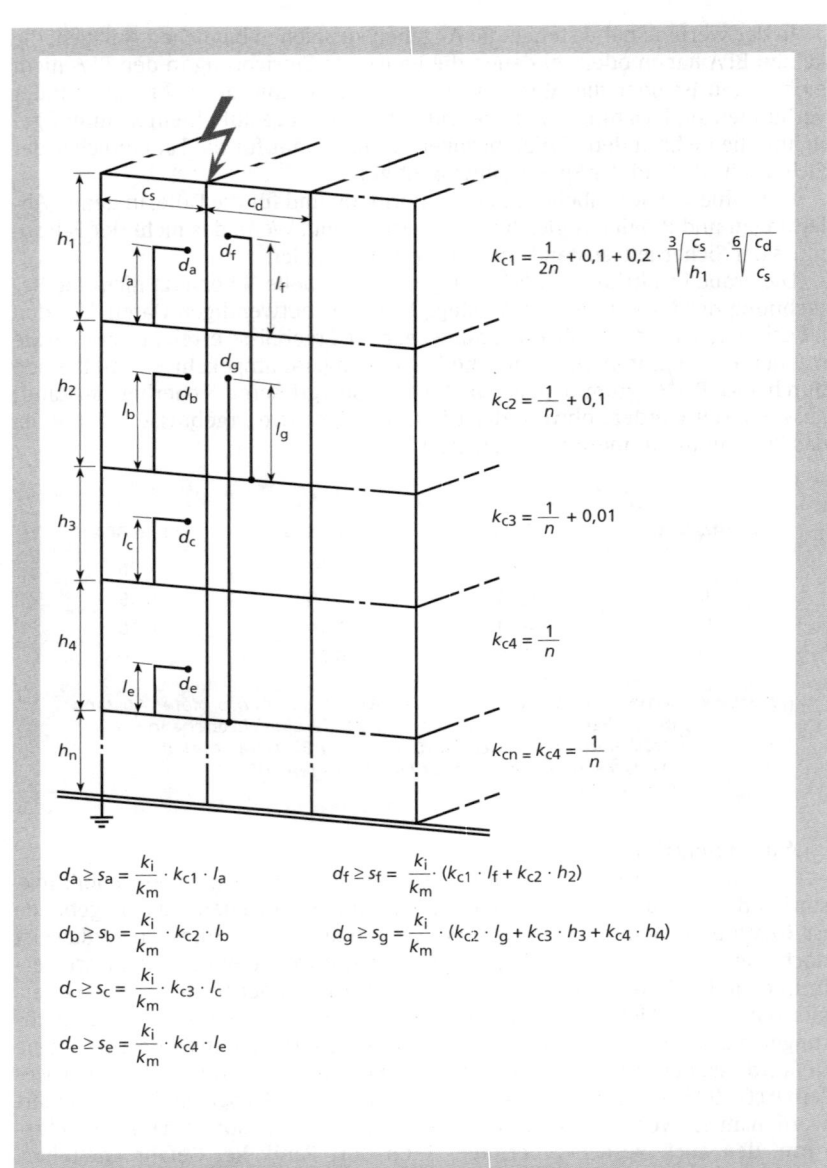

Näherungsformel

$$k_{c1} = \frac{1}{2n} + 0{,}1 + 0{,}2 \cdot \sqrt[3]{\frac{c_s}{h_1}} \cdot \sqrt[6]{\frac{c_d}{c_s}}$$

$$k_{c2} = \frac{1}{n} + 0{,}1$$

$$k_{c3} = \frac{1}{n} + 0{,}01$$

$$k_{c4} = \frac{1}{n}$$

$$k_{cn} = k_{c4} = \frac{1}{n}$$

$$d_a \geq s_a = \frac{k_i}{k_m} \cdot k_{c1} \cdot l_a \qquad d_f \geq s_f = \frac{k_i}{k_m} \cdot (k_{c1} \cdot l_f + k_{c2} \cdot h_2)$$

$$d_b \geq s_b = \frac{k_i}{k_m} \cdot k_{c2} \cdot l_b \qquad d_g \geq s_g = \frac{k_i}{k_m} \cdot (k_{c2} \cdot l_g + k_{c3} \cdot h_3 + k_{c4} \cdot h_4)$$

$$d_c \geq s_c = \frac{k_i}{k_m} \cdot k_{c3} \cdot l_c$$

$$d_e \geq s_e = \frac{k_i}{k_m} \cdot k_{c4} \cdot l_e$$

Bild N14 Beispiel der Berechnung des Sicherheitsabstandes im Falle eines vermaschten Fangleitungsnetzes, eines die Ableitungen verbindenden Ringleiters und einer Typ-B-Erdung.
Quelle: DIN V ENV 61024-1 (VDE V 0185 Teil 100): 1996-08 [N30], Bild E.4

Netzrückwirkungen

im Falle eines vermaschten Fangleitungsnetzes, bei dem die Ableitungen mit den Ringleitern verbunden sind. Die geometrische Anordnung der Ableitungen und der Ringleiter beeinflusst die Sicherheitsabstände, wie an dem Beispiel der Berechnung in **Bild N14** zu sehen ist. Für die Berechnung ist es eine Erleichterung, ein PC-Programm statt eines Taschenrechners zu benutzen. Ungefähre Werte erreicht man auch mit der Tabelle N4, aber dann sind die Werte der einzelnen Abschnitte zwischen den Ringleitern zusammen addiert.

Neue Installationen müssen so ausgeführt werden, dass sie keine unzulässigen Näherungen verursachen. Verkleinerung der Sicherheitsabstände s erreicht man mit einer größeren Anzahl von Ableitungen, durch den Einsatz von → Ringleitern und alternativ durch den Einsatz von Isolationsmaterial.

Natürliche Erder sind nach DIN 57185-1 (VDE 0185 Teil 1): 1982-11, Abschnitt 2.2.12 [N27] alle Einrichtungen, die mit Erde oder Wasser unmittelbar oder über Beton in Verbindung stehen und deren ursprünglicher Zweck nicht die Erdung ist, die aber als Erder wirken.

In der DIN V ENV 61024-1 (VDE V 0185 Teil 100): 1996-08, Abschnitte 2.3.5 und 2.5 [N30] sind die Anforderungen an natürliche Erder beschrieben. Die Verbindungen der Bewehrungsstäbe müssen sorgfältig ausgeführt werden, um die mechanische Beschädigung des Betons zu verhindern.

Natürliche Gebäudebestandteile z. B. → Metallfassaden, → Metalldächer, Stahlkonstruktionen, Stahlträger, Stahlskelett und hauptsächlich die → Bewehrung dürfen für das → Blitzschutzsystem benutzt werden [N27]. Aus EMV-Sicht ist die Mitbenutzung der → natürlichen Gebäudebestandteile vorgeschrieben.

Nach DIN V ENV 61024-1 (VDE V 0185 Teil 100): 1996-08 [N30] Abschnitt 2.1.3 können als natürliche Bestandteile alle Metallblechverkleidungen verwendet werden, vorausgesetzt, dass die elektrischen Verbindungen zwischen den Einzelteilen dauerhaft ausgeführt sind. Als dauerhafte Ausführung gelten Hartlöten, Schweißen, Pressen, Schrauben oder Nieten.

NEMP [„engl." nuclear electromagnetic puls] bedeutet eine Kernexplosion.

Nennspannung U_N (bei SPDs) entspricht der Nennspannung des zu schützenden Systems. Die Angabe der Nennspannung dient bei Schutzgeräten für informationstechnische Anlagen oftmals der Typkennzeichnung. Bei Wechselspannung wird sie als Effektivwert angegeben [L25].

Nennstrom I_N (bei SPDs) ist der höchste zulässige Betriebsstrom, der dauernd über die dafür gekennzeichneten Anschlussklemmen geführt werden darf [L25].

Netzrückwirkungen in Stromversorgungsnetzen werden durch den Einsatz von Betriebsmitteln mit nichtlinearen Lasten verursacht. Näheres → Oberschwingungen

Netzsysteme

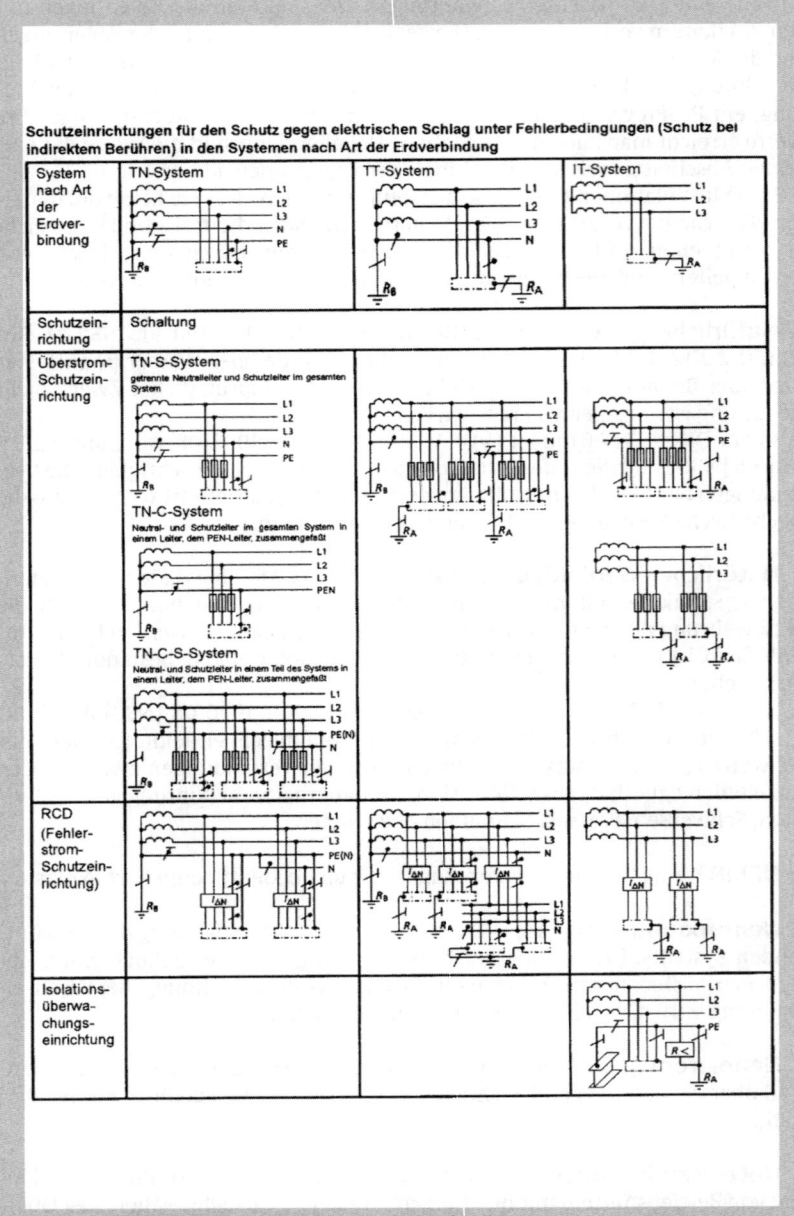

System nach Art der Erdverbindung	TN-System	TT-System	IT-System
Schutzeinrichtung	**Schaltung**		
Überstrom-Schutzeinrichtung	**TN-S-System** – getrennte Neutralleiter und Schutzleiter im gesamten System **TN-C-System** – Neutral- und Schutzleiter im gesamten System in einem Leiter, dem PEN-Leiter, zusammengefaßt **TN-C-S-System** – Neutral- und Schutzleiter in einem Teil des Systems in einem Leiter, dem PEN-Leiter, zusammengefaßt		
RCD (Fehlerstrom-Schutzeinrichtung)			
Isolationsüberwachungseinrichtung			

Tabelle N5 Netzsysteme nach Art der Erdverbindung.
Quelle: DIN VDE 0100-410 (VDE 0100 Teil 410): 1997-01 [N2], Tabelle N1

Netzsysteme

Netzsysteme haben in der → EMV eine große Bedeutung. Die verschiedenen Netzsysteme unterscheiden sich in der Art der Erdverbindung. In Deutschland sind die drei Systeme TN, TT und IT nach DIN VDE 0100-410 (VDE 0100 Teil 410): 1997-01 [N2] erlaubt (Siehe **Tabelle N5**).

Beschreibung der drei Systeme:
Der erste Buchstabe bei allen Systemen gibt Auskunft zu den Erdungsverhältnissen der Stromquelle.

T direkte Erdung eines Netzpunktes
I Isolierung aller aktiven Teile von Erde oder Verbindung eines Punktes über eine Impedanz, z. B. Isolationsüberwachung

Der zweite Buchstabe erklärt die Erdungsverhältnisse der Körper (Verbraucher).

T Körper ist direkt geerdet
N Körper direkt mit dem geerdeten Punkt des Systems verbunden

Im TN-System werden noch folgende weitere drei Systeme je nach Abhängigkeit der Trennung oder Nichttrennung der Neutralleiter und Schutzleiter unterschieden: die Systeme TN-C, TN-C-S und TN-S.

Der letzte Buchstabe bestimmt die Anordnung des Neutralleiters und des Schutzleiters.

S getrennte Neutralleiter N und Schutzleiter PE im gesamten System
C Neutralleiter und Schutzleiter sind im gesamten System in einem einzigen Leiter zusammengefasst (PEN-Leiter).

Seit mehreren Jahren werden Netzsysteme in der EMV-Welt in EMV-freundliche oder nicht EMV-freundliche eingeteilt [L1], [L15], [L17].

Stromversorgung	Netzsystem	Freundlichkeit zur EMV im Gebäude
TN-S-System	TN-S-System	EMV-freundlich, beste Lösung.
TN-C-System	TN-S-System	EMV-freundlich nur für die einzelnen Gebäude. Bei großtechnischen Anlagen müssen zusätzliche Maßnahmen durchgeführt werden.[1]
TN-C-System	TN-C-S-System	Nicht empfohlen, EMV-freundlich nur in Abhängigkeit von der Ausführungsart[2] her.
TN-C-System	TN-C-System	Ungeeignet, nicht EMV freundlich.
TT-System	TT-System	EMV-freundlich nur, wenn die bauliche Anlage keine weitere leitfähige Verbindung mitanderen Gebäuden hat.[3]
IT-System	IT-System	EMV-freundlich nur, wenn die bauliche Anlage keine weitere leitfähige Verbindung mit anderen Gebäuden hat.[3]
TT-System IT-System		Mit den Trenntransformatoren in der Energieversorgung können die informationstechnischen Geräte EMV-freundlich betrieben werden.

Tabelle N6 Netzsystem-Freundlichkeit, Übersicht über alle Systeme
Quelle: Kopecky   (Fußnotenerklärung siehe nächste Seite)

1) Bei Großanlagen, z.B. Kläranlagen, Mülldeponien, Rechencentern mit separaten Bürogebäuden und allen anderen baulichen Anlagen, die mit einem TN-C-System energieversorgt sind, können folgende Störungen entstehen.

Durch den nicht symmetrischen Verbrauch und Störungen aller Art können Ausgleichsströme über alle leitfähigen Verbindungen zwischen den einzelnen Gebäuden, über die Daten-, Steuerungskabel und über weitere Wege entstehen. Durch die Ausgleichsströme können dann die auf Überspannung empfindlich reagierenden Teile zerstört werden.

Schon im Jahr 1985 wurden in Norm DIN VDE 0800 Teil 2 [N52], Abschnitt 15.2, sowie später in DIN VDE 0100-444 (VDE 0100 Teil 444): 1999-10 [N10]; Abschnitt 444.3.15, und in weiteren Normen Maßnahmen zur Begrenzung fließender Ströme in Anlagen mit Potentialausgleich und Schirmen beschrieben. Diese Maßnahmen entsprechen dem TN-S-System oder der galvanischen Trennung der Übertragungssysteme.

Wenn die Verlegung neuer Kabel (nachträglich) für ein TN-S-System nicht realisierbar oder zu teuer ist, müssen die Verbindungen über die Steuer- und Meldekreise durch andere Maßnahmen beseitigt werden. Zur Auswahl stehen:
a) Glasfasertechnik (Lichtwellenleiter),
b) Anwendung von Betriebsmitteln der Schutzklasse II,
c) Anwendung von Transformatoren mit getrennten Wicklungen.

2) Ist die Ausführung so beschaffen, dass das TN-C-System nur bei Gebäudeeintritt den Keller oder außen liegende Einrichtungen versorgt und der PEN-Leiter nur beim Gebäudeeintritt geerdet ist, entstehen nur minimale Ausgleichs-Streuströme. Abhängig vom Potentialausgleich und vom Erdungssystem sind dann die auf Überspannung empfindlich reagierenden Einrichtungen in oberen Etagen nicht mit Ausgleichsströmen belastet.

3) Bei TT- oder auch IT-Systemen baulicher Anlagen mit getrennten Erdern dürfen keine anderen metallischen Kabel zwischen den baulichen Anlagen vorhanden sein, da es sonst zu Ausgleichsströmen zwischen den einzelnen Anlagen und damit zu nicht erlaubten Störungen oder auch Zerstörungen kommt. Als Alternative ist eine galvanische Trennung der Übertragungssysteme unter 1) beschrieben.

Bei einem TT-System mehrerer baulicher Anlagen mit einem gemeinsamen Erder entsteht annähernd ein TN-S-System, d.h. ein EMV-freundliches System. Beim TT-System müssen die Blitz- und Überspannungsschutzgeräte in der Energietechnik nur in 3+1-Schaltung installiert werden.

Neue Normen. Unter dem Begriff „neue Normen" sind die Normen, Vornormen und Entwürfe zusammengefaßt, die nach dem Jahr 1996 erschienen sind.

Die wichtigsten Merkmale dieser Normen sind:

- → Schutzklassen
- → Ermittlung der Schutzklassen
- Festlegungen für den → äußeren Blitzschutz, → Fang- und → Ableitungseinrichtungen und Erder
- → Blitzschutz-Potentialausgleich

- Näherungsbestimmung und neue Formel für die Berechnung des → Sicherheitsabstandes
- Blitz-Schutzzonen-Konzept für großtechnische Anlagen
- → Prüffristen in Abhängigkeit der Blitz-Schutzklassen

Neutralleiter → N-Leiter

Normen
[N1]   DIN 57100 (VDE 0100): 1973-5
       Bestimmungen für das Errichten von Starkstromanlagen
       mit Nennspannungen bis 1000 V
[N2]   DIN VDE 0100-410 (VDE 0100 Teil 410): 1997-01
       Errichten von Starkstromanlagen mit Nennspannungen bis 1000 V
       Schutzmaßnahmen; Schutz gegen elektrischen Schlag
       (IEC 60364-4-41:1992, mod.); Deutsche Fassung HD 384.4.41 S2: 1996
[N3]   DIN VDE 0100-430 (VDE 0100 Teil 430): 1991-11
       Errichten von Starkstromanlagen mit Nennspannungen bis 1000 V
       Schutzmaßnahmen; Schutz von Kabeln und Leitungen bei Überstrom
[N4]   E DIN VDE 0100-443 (VDE 0100 Teil 443 Entwurf): 1987-04
       Errichten von Starkstromanlagen mit Nennspannungen bis 1000 V
       Schutzmaßnahmen; Schutz gegen Überspannungen infolge
       atmosphärischer Einflüsse; Identisch mit IEC 64(CO)168
[N5]   E DIN VDE 0100-443/A1 (VDE 0100 Teil 443/A1 Entwurf): 1988-2;
       Errichten von Starkstromanlagen mit Nennspannungen bis 1000 V
       Schutzmaßnahmen; Schutz gegen Überspannungen infolge
       atmosphärischer Einflüsse; Änderung 1
       Identisch mit IEC 64(CO)181
[N6]   E DIN VDE 0100-443/A2 (VDE 0100 Teil 443/A3 Entwurf): 1993-2
       Errichten von Starkstromanlagen mit Nennspannungen bis 1000 V
       Schutzmaßnahmen; Schutz gegen Überspannungen infolge
       atmosphärischer Einflüsse und infolge von Schaltvorgängen;
       Änderung 2
       Identisch mit IEC 64(Sec)614 und IEC 64(Sec)607
[N7]   E DIN IEC 64(Sec)675 (VDE 0100 Teil 443/A3 Entwurf): 1993-10;
       Errichten von Starkstromanlagen mit Nennspannungen bis 1000 V
       Schutzmaßnahmen; Schutz gegen Überspannungen infolge
       atmosphärischer Einflüsse und von Schaltvorgängen; Änderung 3
       (IEC 64(Sec)675: 1993)
[N8]   E DIN IEC 64/907/CDV (VDE 0100 Teil 443/A4 Entwurf): 1997-04;
       Elektrische Anlagen von Gebäuden
       Schutzmaßnahmen; Schutz gegen Überspannungen infolge
       atmosphärischer Einflüsse und von Schaltvorgängen; Änderung 4
       (IEC 64/907/CDV.1996)
[N9]   E DIN IEC 64/1004/CD (VDE 0100 Teil 443/A5 Entwurf): 1998-07;
       Elektrische Anlagen von Gebäuden
       Schutzmaßnahmen; Schutz gegen Überspannungen infolge
       atmosphärischer Einflüsse und von Schaltvorgängen; Änderung 5

Normen

[N10] DIN VDE 0100-444 (VDE 0100 Teil 444): 1999-10
Elektrische Anlagen von Gebäuden
Schutzmaßnahmen - Schutz bei Überspannungen - Schutz gegen elektromagnetische Störungen (EMI) in Anlagen von Gebäuden

[N11] **Vornorm DIN V VDEV 0100-534 (VDE V 0100 Teil 534): 1999-4**
Elektrische Anlagen von Gebäuden
Auswahl und Errichtung von Betriebsmitteln – Überspannungs-Schutzeinrichtungen

[N12] DIN VDE 0100-540 (VDE 0100 Teil 540): 1991-11
Errichten von Starkstromanlagen mit Nennspannungen bis 1000 V
Auswahl und Errichtung elektrischer Betriebsmittel – Erdung, Schutzleiter, Potentialausgleichsleiter

[N13] DIN VDE 0100 Teil 610 (VDE 0100 Teil 610): 1994-04;
Errichten von Starkstromanlagen mit Nennspannungen bis 1000 V; Prüfungen; Erstprüfungen

[N14] DIN VDE 0101 (VDE 0101): 1989-05
Errichten von Starkstromanlagen mit Nennspannungen über 1 kV

[N15] DIN VDE 0101 (VDE 0101): 2000-01
Starkstromanlagen mit Nennwechselspannungen über 1 kV

[N16] DIN VDE 0110-1 (VDE 0110 Teil 1): 1997-04
Isolationskoordination für elektrische Betriebsmittel in Niederspannungsanlagen Grundsätze, Anforderungen und Prüfungen (IEC 60664-1:1992, mod.) Deutsche Fassung HD 625.1 Sl:1996

[N17] Beiblatt 2 zu DIN VDE 0110-1 (VDE 0110 Teil 1): 1997-04
Isolationskoordination für elektrische Betriebsmittel in Niederspannungsanlagen Berücksichtigung von hochfrequenten Spannungsbeanspruchungen

[N18]]DIN VDE 0141 (VDE 0141): 1989-07
Erdungen für Starkstromanlagen mit Nennspannungen über 1 kV

[N19] DIN VDE 0141 (VDE 0141): 2000-01
Erdungen für spezielle Starkstromanlagen mit Nennspannungen über 1 kV

[N20] DIN 48 801 ... DIN 48 852
Normen für Bauteile Äußerer Blitzschutz, Blitzschutzanlage Beschreibung und Bericht über eine Prüfung

[N21] DIN 57150 (VDE 0150): 1983-4
Schutz gegen Korrosion durch Streuströme aus Gleichstromanlagen

[N22] DIN VDE 0151 (VDE 0151): 1986-6
Werkstoffe und Mindestmaße von Erdern bezüglich der Korrosion

[N23] DIN 18014: 1994-02
Fundamenterder

[N24] DIN 18384
VOB Verdingungsordnung für Bauleistungen
Teil C: Allgemeine Technische Vertragsbedingungen für Bauleistungen (ATV) – Blitzschutzanlagen

[N25] DIN EN 50178 (VDE 0160): 1998-4
Ausrüstung von Starkstromanlagen mit elektronischen Betriebsmitteln

Normen

[N26] **DIN VDE 0165 (VDE 0165): 1991-02**
Errichten elektrischer Anlagen in explosionsgefährdeten Bereichen
[N27] **DIN 57185-1 (VDE 0185 Teil 1): 1982-11**
Blitzschutzanlage: Allgemeines für das Errichten
[N28] **DIN 57185-2 (VDE 0185 Teil 2): 1982-11**
Blitzschutzanlage: Errichten besonderer Anlagen
[N29] **E DIN IEC 817122/CD (VDE 0185 Teil 10): 1999-2**
Blitzschutzanlage: Errichten besonderer Anlagen
[N30] **Vornorm DIN V ENV 61024-1 (VDE V 0185 Teil 100):1996-08**
Blitzschutz baulicher Anlagen
Allgemeine Grundsätze (IEC 61024-1-1990, mod..)
Deutsche Fassung ENV 61024-1:1995
[N31] **E DIN IEC 61662 (VDE 0185 Teil 101 Entwurf): 1998-11**
Abschätzung des Schadensrisikos infolge Blitzschlags
(IEC 61662: 1995 + A1:1996)
[N32] **E DIN IEC 61024-1-2 (VDE 0185 Teil 102 Entwurf): 1999-02**
Gebäudeblitzschutz; Teil 1: Allgemeine Grundsätze; Leitfaden B
(Anwendungsrichtlinie): Planung, Errichtung Instandhaltung, Prüfung;
Identisch mit IEC 81 (Sec) 48
[N33] **DIN VDE 0185-103 (VDE 0185 Teil 103): 1997-09**
Schutz gegen elektromagnetischen Blitzimpuls
Allgemeine Grundsätze (IEC 61312-1:1995, mod.)
[N34] **E DIN IEC 81/105A/CDV (VDE 0185 Teil 104 Entwurf): 1998-09**
Schutz gegen elektromagnetischen Blitzimpuls
Allgemeine Grundsätze (IEC 61312-1:1995, mod.)
[N35] **E DIN IEC 81/106/CDV (VDE 0185 Teil 105 Entwurf): 1998-04**
Schutz gegen elektromagnetischen Blitzimpuls
Schutz für bestehende Gebäude
[N36] **E DIN IEC 81/120/CDV (VDE 0185 Teil 106 Entwurf): 1999-04**
Schutz gegen elektromagnetischen Blitzimpuls (LEMP)
Anforderungen an Störschutzgeräte (SPDs)
(IEC 81/120/CDV: 1998)
[N37] **E DIN IEC 81/121/CD (VDE 0185 Teil 106/A1 Entwurf): 1999-04**
Schutz gegen elektromagnetischen Blitzimpuls (LEMP)
Anforderungen an Störschutzgeräte (SPDs) – Koordination
von SPDs in bestehenden Gebäuden
(IEC 81/121/CD: 1998)
[N38] **E DIN IEC 81/114/CD (VDE 0185 Teil 107 Entwurf): 1999-01**
Prüfparameter zur Simulation von Blitzwirkungen
an Komponenten des Blitzschutzsystems
(IEC 81/114/CD: 1998)
[N39] **Vornorm DIN V VDEV 0185-110 (VDE 0185 Teil 110): 1997-01**
Blitzschutzsysteme; Leitfaden zur Prüfung von Blitzschutzsystemen
[N40] **DIN EN 50164-1 (VDE 0185 Teil 201): 2000-04**
Blitzschutzbauteile: Teil 1: Anforderungen für Verbindungsbauteile

Normen

[N41] **DIN VDE 0228-1 (VDE 0228 Teil 1): 1987-12**
Maßnahmen bei Beeinflussung von Fernmeldeanlagen
durch Starkstromanlagen
Allgemeine Grundlagen

[N42] **DIN EN 61557-4 (VDE 0413 Teil 4): 1998-05**
Geräte zum Prüfen, Messen oder Überwachen von Schutzmaßnahmen
Widerstand von Erdungsleitern, Schutzleitern und Potential-
ausgleichsleitern
(IEC 61557-4: 1997); Deutsche Fassung EN 61557-4: 1997

[N43] **DIN EN 61557-5 (VDE 0413 Teil 5): 1998-05**
Geräte zum Prüfen, Messen oder Überwachen von Schutzmaßnahmen
Erdungswiderstand
(IEC 61557-5: 1997); Deutsche Fassung EN 61557-5: 1997

[N44] **DIN IEC 66060-1 (VDE 0432 Teil 1): 1994-06**
Hochspannungs - Prüftechnik
Allgemeine Festlegungen und Prüfbedingungen
(IEC 60060-1:1989 +Corrigendum März 1990) Deutsche Fassung HD
588.1 S1:1991

[N45] **DIN VDE 0618-1 (VDE 0618 Teil 1): 1989-08**
Betriebsmittel für den Potentialausgleich
Potentialausgleichsschiene (PAS) für den Hauptpotentialausgleich

[N46] **DIN EN 60099-1 (VDE 0675 Teil 1): 1994-12**
Überspannungsableiter
Überspannungsableiter mit nichtlinearen Widerständen und
Funkenstrecken für Wechselspannungsnetze
(IEC 60099-1: 1991); Deutsche Fassung EN 60099-1:1994

[N47] **DIN EN 60099-5 (VDE 0675 Teil 5): 1997-08**
Überspannungsableiter
Anleitung für Auswahl und Anwendung
(IEC 60099-5: 1996 mod.); Deutsche Fassung EN 60099-5: 1996

[N48] **E DIN VDE 0675-6 (VDE 0675 Teil 6): 1989-11**
Überspannungsableiter zur Verwendung in Wechselstromnetzen
mit Nennspannungen zwischen 100 V und 1000 V

[N49] **E DIN VDE 0675-6/A1 (VDE 0675 Teil 6/A1 Entwurf): 1996-03**
Überspannungsableiter zur Verwendung in Wechselstromnetzen
mit Nennspannungen zwischen 100 V und 1000 V Änderung 1

[N50] **E DIN VDE 0675 Teil 6/A2 (VDE 0675 Teil 6/A2 Entwurf): 1996-10**
Überspannungsableiter zur Verwendung in Wechselstromnetzen mit
Nennspannungen zwischen 100 V und 1000 V Änderung 2

[N51] **DIN VDE 0800-1 (VDE 0800 Teil 1): 1989-05**
Fernmeldetechnik
Allgemeine Begriffe, Anforderungen und Prüfungen für die Sicherheit
der Anlagen und Geräte

[N52] **DIN VDE 0800-2 (VDE 0800 Teil 2):1985-07**
Fernmeldetechnik
Erdung und Potentialausgleich

Normen

[N53] **DIN VDE 0800-10 (VDE 0800 Teil 10): 1991-03**
Fernmeldetechnik
Übergangsfestlegungen für Errichtung und Betrieb der Anlagen

[N54] **DIN V EN V 61000-2-2 (VDE 0839 Teil 2-2 EMV): 1994-04**
Umgebungsbedingungen, Verträglichkeitspegel für NF-leitungsgeführte Störgrößen in öffentlichen Netzen

[N55] **DIN EN 61000 2-4 (VDE 0839 Teil 2-4 EMV): 1995-05**
Umgebungsbedingungen, Verträglichkeitspegel für NF-leitungsgeführte Störgrößen in Industrieanlagen

[N56] **Vornorm DIN V ENV 50142 (VDE V 0843 Teil 5): 1995-10**
Störfestigkeits-Grundnorm
Störfestigkeit gegen Stoßspannungen
Deutsche Fassung ENV 50142: 1994

[N57] **DIN VDE 0845-1 (VDE 0845 Teil 1): 1987-10**
Schutz von Fernmeldeanlagen gegen Blitzeinwirkung, statische Aufladungen und Überspannungen aus Starkstromanlagen
Maßnahmen gegen Überspannungen

[N58] **E DIN VDE 0845-2 (VDE 0845 Teil 2 Entwurf): 1993-10**
Schutz von Einrichtungen der Informationsverarbeitungs- und Telekommunikationstechnik gegen Blitzeinwirkungen, Entladung statischer Elektrizität und Überspannungen aus Starkstromanlagen
Anforderungen und Prüfungen von Überspannungsschutzeinrichtungen

[N59] **DIN EN 61663-1 (VDE 0845 Teil 4-1): 2000-07**
Blitzschutz - Telekommunikationsleitungen - Teil 1:
Lichtwellenleiteranlagen (IEC 61663-1:1999 + Corrigendum :1999),
Deutsche Fassung EN 61663-1:1999

[N60] **DIN EN 50083-1 (VDE 0855 Teil 1): 1994-03**
Kabelverteilsysteme für Ton- und Fernsehrundfunk-Signale
Sicherheitsanforderungen
Deutsche Fassung EN 50083-1: 1993

[N61] **DIN 57855-2 (VDE 0855 Teil 2): 1975-11**
Bestimmungen für Antennenanlagen
Funktionseignung von Empfangsantennenanlagen

[N62] **DIN EN 50083-1/A1 (VDE 0855 Teil 1/A1): 1999-01**
Kabelverteilsysteme für Fernseh-, Ton- und interaktive Multimedia-Signale
Sicherheitsanforderungen

[N63] **DIN EN 1127-1: 1997-10**
Explosionsschutz, Teil 1: Grundlagen und Methodik

[N64] **VG 95 372: 1996-03**
Elektromagnetische Verträglichkeit (EMV) einschließlich Schutz gegen den Elektromagnetischen Impuls (EMP) und Blitz (Übersicht)

[N65] **VG 95 371 Teil 10: 1995-11**
Elektromagnetische Verträglichkeit (EMV) einschließlich Schutz gegen den Elektromagnetischen Impuls (EMP) und Blitz. Allgemeine Grundlagen, Bedrohungsdaten für den NEMP und Blitz. Beiblatt 1: 1993-09, Beiblatt 2:1993-08.

Notstromaggregat

[N66] **VG 96 907 Teil 1: 1985-12**
Konstruktionsmaßnahmen und Schutzeinrichtungen.
[N67] **VG 96 9.**
Schutz gegen Nuklear-Elektromagnetischen Impuls (NEMP) und Blitzschlag
[N68] **DVGW GW 309:**
Elektrische Überbrückung bei Rohrtrennungen.
[N69] Arbeitsgemeinschaft DVGWNDE für Korrosionsfragen (AfK):
AfK-Empfehlung Nr. 5/02.86, Kathodischer Korrosionsschutz in Verbindung mit explosionsgefährdeten Bereichen.
[N70] **KTA 2206/06.92:**
Auslegung von Kernkraftwerken gegen Blitzeinwirkung.

Notstromaggregat. Ist das Notstromaggregat gegen Überspannung zu schützen, so muss es in beiden Netzen mit → Überspannungsschutzgeräten (SPD) beschaltet werden. Das bedeutet, dass z.B. im → TN-S-System sowohl die Phasen vom allgemeinen Netz als auch die Phasen vom Notstromnetz eine SPD erhalten. Auch der → N-Leiter der beiden Netze ist mit einer SPD zu versehen. Damit sind 7 SPDs (wenn der N-Leiter nicht unterbrochen ist) bzw. 8 SPDs notwendig. Der Abluftkamin des Notstromaggregats auf dem Dach muss isoliert geschützt werden. Ist das nicht realisierbar, dann sind bei beiden Netzen SPDs der Kategorie „B" und „C" einzubauen.

N-PE-Ableiter sind Blitz- und Überspannungsschutzgeräte, die ausschließlich für die Installation zwischen dem → N- und dem → PE-Leiter im → TT- oder → TN-S-System verwendet werden.

Nullleiter → PEN-Leiter

Nullung ist ein älterer Begriff, → TN-C-S-System.

Nutzungsänderung. Bei einer Nutzungsänderung der baulichen Anlage muss vom Architekten, vom Elektro- oder Blitzschutzplaner die neue → Schutzklasse des → Blitzschutzsystems nach DIN V ENV 61024-1 (VDE V 0185 Teil 100): 1996-08 Anhang F [N30] berechnet werden.

O

Oberflächenerder ist ein → Erder, der in einer Tiefe von mindestens 0,5 m eingebracht ist. In Gebieten, wo die Erde in der Winterzeit gefroren ist, soll die Tiefe größer 0,5 m sein oder der Oberflächenerder ist mit dem → Tiefenerder zu kombinieren. Nach DIN 57185-1 (VDE 0185 Teil 1): 1982-11 [N27], Tabelle 2 sind als Materialien für → Oberflächenerder verzinkter Bandstahl bzw. Kupfer 30 x 3,5 mm, Kupferdraht Ø 8 mm, verzinkter Draht Ø 10 mm (außer Fernmeldeanlagen der Deutschen Post), Stahl mit Bleimantel (Ø 8 mm Stahl), Kupferseil bzw. Kupfer mit Bleimantel 19 x 1,8 mm und Kupfer mit Bleimantel (Ø 8 mm Kupfer) einsetzbar.

Die Oberflächenerder nach → RAL-GZ 642 [L14] dürfen nur aus Stahl NIRO V4A (Werkstoff-Nr. 1.4571) oder Kupfer bestehen.

Oberschwingungen sind sinusförmige Schwingungen, deren Frequenzen ein Vielfaches der Netzfrequenz betragen. Jeder Oberschwingung ist eine Ordnungszahl n (3., 5., 7., 9. usw.) zugeordnet. Sie gibt an, das Wievielfache der Netzfrequenz die Frequenz der jeweiligen Oberschwingung beträgt. Man nennt die Oberschwingungen auch Netzharmonische.

Die typischen Verursacher der Oberschwingungen sind moderne energiesparende Geräte, die in ihrer Stromversorgung keine linearen Komponenten enthalten. Das sind z. B.:

- Personalcomputer
- Bürogeräte
- Vorschaltgeräte von Leuchtstofflampen
- Gleichrichter
- Stromrichter
- Frequenzumrichter usw.

Mit den nicht sinusförmigen Strömen verursachen die Geräte an den Netzimpedanzen nicht sinusförmige Spannungsabfälle. Dort entstehen somit Oberwellenspannungen, die in der Computertechnik z. B. Abstürze verursachen können. Das Gleiche kann an CNC-gesteuerten Maschinen geschehen. Viele andere elektrische Einrichtungen können ebenfalls dadurch gestört oder zerstört werden. Durch die Resonanz der Stromoberwellen werden die Kondensatoren überlastet und möglicherweise zerstört.

Größere Probleme als die vorher genannten treten bei der Belastung der → N-Leiter (→ PEN-Leiter) mit nicht sinusförmigen Strömen auf, da in ihnen dann größere Ströme als in den einzelnen Phasen fließen. Die Ströme addieren sich nicht mehr zu Null, wie es bei idealen ohmschen, induktiven oder

Oberschwingungen

kapazitiven Lasten der Fall wäre. Die Belastung der N-Leiter (PEN-Leiter) ist damit max. dreimal so groß wie die der Phasenleiter. Für → Planer und auch für Errichter von Elektroinstallationen ist es sehr wichtig, nicht die so genannten → „Dreieinhalb-Leiter-Kabel" und Vierleiter-Kabel vorzusehen oder zu installieren. Werden sie verwendet, treten nicht nur Probleme mit dem → TN-C-System (siehe Stichwort → „TN-C-System") auf, sondern auch mit der thermischen Überlastung der Leiter. Der N-Leiter im Drei-Phasen-System ist mehr belastet als der Phasen-Leiter, wenn Verbraucher mit nicht linearen Lasten angeschlossen sind. Dadurch wird auch eine höhere Erwärmung verursacht und durch den Energieverlust können die N-Leiter-Klemmen, die für diese hohen Ströme nicht vorgesehen sind, verbrennen. In den USA werden bereits neue Netze von Drei-Phasen-Systemen mit einem N-Leiter doppelten Querschnitts verwendet.

Bild O1 zeigt Ströme von 15,7 A des PEN-Leiters, die mit dem Speicheroszilloskop registriert wurden. Diese Ströme verursachten Überspannungen auf dem PEN-Leiter in Höhe von 19 V. Die THD-Werte haben eine Höhe von 359 % erreicht.

Bild O2 zeigt die Verzerrung der Stromsinuskurve bei einem Phasenleiter mit 145 A Belastung.

Die Störungsart durch Oberschwingungen ist mit Schaltüberspannungen vergleichbar und muss ebenfalls kontrolliert werden.

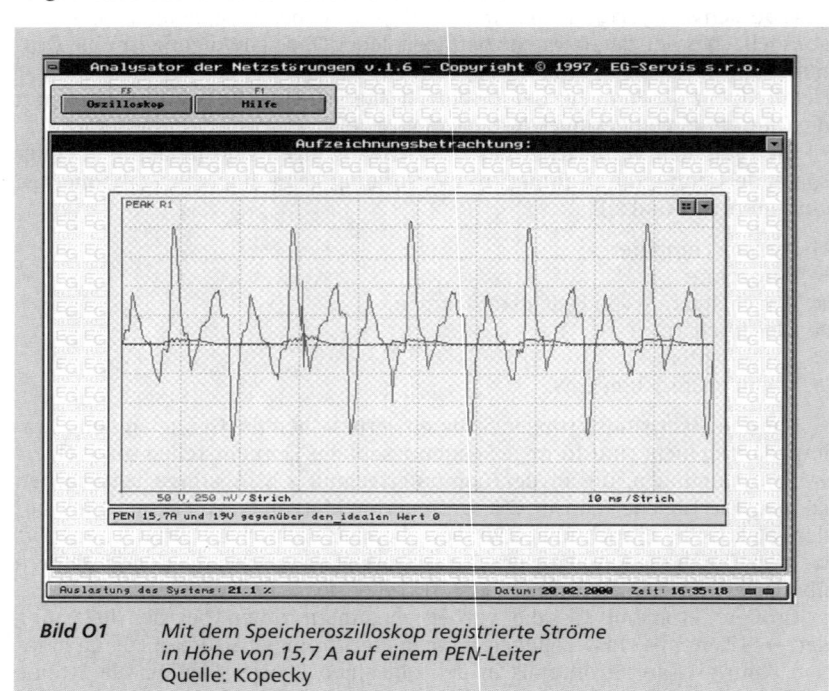

Bild O1   Mit dem Speicheroszilloskop registrierte Ströme in Höhe von 15,7 A auf einem PEN-Leiter
Quelle: Kopecky

Oberschwingungen und die zugehörigen Schutzmaßnahmen

Bild O2 Verzerrung der Stromsinuskurve eines Phasenleiters
mit 145 A Belastung
Quelle: Kopecky

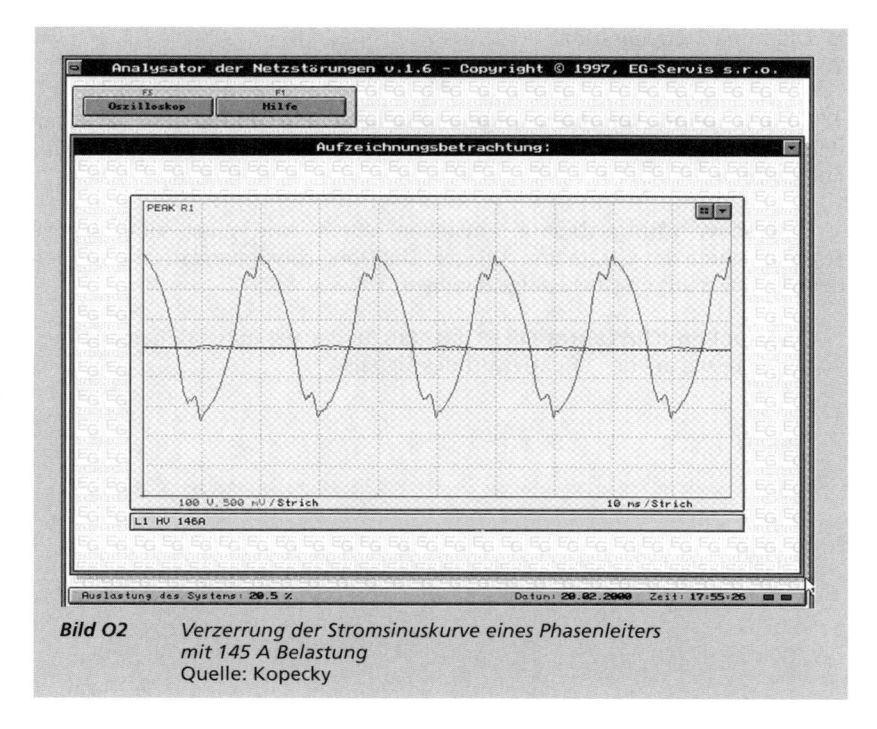

Oberschwingungen und die zugehörigen Schutzmaßnahmen. Wie schon unter dem Stichwort → „Oberschwingungen" beschrieben, können Oberschwingungen je nach Größe des Oberwellen-Klirrfaktors DF Störungen bis Zerstörungen verursachen. Je nach Höhe der Oberschwingungen kann die Netzversorgung so „verunreinigt" werden, dass die Störungen auch in Richtung der Energiequelle wirken (→ Netzrückwirkungen) und damit die benachbarten Stromabnehmer beeinflussen.

Wenn die „Verunreinigung" durch Oberwellen, also die Gesamtleistung der nichtlinearen elektrischen Verbraucher, 20 % (Watt-Angabe) oder 40 % (VA-Angabe) der Bemessungsleistung des Stromversorgungssystems erreicht, müssen Schutzmaßnahmen getroffen werden. → Verträglichkeitspegel für Oberschwingungen.

Alle Schutzmaßnahmen gegen Oberschwingungen sind teilweise unter den im Folgenden genannten Stichwörtern beschrieben. Hier die wichtigsten Schutzmaßnahmen:

- → TN-S-System
- niederohmiges → Potentialausgleichsnetzwerk
- keine reduzierten Querschnitte für → N- und PE-Leiter
- keine → PEN-Leiter in der baulichen Anlage
- → Differenzstrom-Überwachungsgeräte RCM

Oberschwingungsspannungen

- Filter und Kompensation
- verdrosselte Kompensation

Oberschwingungsspannungen entstehen durch den Spannungsabfall an den Netzimpedanzen, verursacht durch die im Netz fließenden Oberschwingungsströme.

Oberschwingungsströme entstehen durch eine nicht sinusförmige Stromabnahme der Geräte und Anlagen. Die Oberschwingungsströme werden dem Stromversorgungsnetz aufgezwungen.

Oberwellen-Klirrfaktor DF ist das Maß für den gesamten Gehalt an Oberwellen in Bezug auf den Effektivwert des Signals.

P

PA → Potentialausgleich

Parkhäuser sind überwiegend falsch geschützt, weil die Fangpilze auf dem obersten Deck keinen Schutz für Personen und Wagen oberhalb der Fangpilze bieten. Die beste Lösung für das oberste Parkdeck sind Fangmasten, z. B. Fahnenmasten auf dem höchsten Parkdeck. Die Fangmasten müssen nach dem → Blitzkugelverfahren verteilt und mit dem → Ringleiter (sehr oft ein Geländer) und den → Ableitungen verbunden sein. Die → Außenlampen und Überwachungskameras müssen immer im → Schutzbereich der Fangmasten sein. An den Zufahrten und Zugängen sollten auf dem obersten Parkdeck Hinweisschilder angebracht werden, die auf die Blitzgefahr bei Gewitter hinweisen.

PAS → Potentialausgleichsschiene

PE [„engl." protective (earthing) conductor] Schutzleiter → PE-Leiter

PE-Leiter ist ein Schutzleiter, der für Schutzmaßnahmen erforderlich ist. Ist der PE-Leiter isoliert, muss er durchgehend grün-gelb gekennzeichnet sein. Der PE-Leiter muss am Gebäudeeintritt (LPZ 0/1) einer baulichen Anlage und bei allen weiteren → Blitzschutzzonen (LPZ) geerdet und in den → Potentialausgleich einbezogen werden.

PELV ist die internationale Bezeichnung für Funktionskleinspannung mit sicherer Trennung. PELV-Stromkreise müssen eine sichere Trennung zu → SELV-Stromkreisen haben.

PEN-Leiter ist ein kombinierter Leiter mit der Funktion eines Schutzleiters (PE) und eines Neutralleiters (N).
Nach DIN VDE 0100-540 (VDE 0100 Teil 540): 1991-11 [N12], Abschnitt 8.2.3, dürfen nach der Aufteilung des PEN-Leiters in Neutral- und Schutzleiter beide nicht mehr miteinander verbunden werden.
Der → N-Leiter darf danach nicht mehr mit dem → Potentialausgleich oder der Erdungsanlage verbunden werden.
Nach DIN VDE 0100-510 (VDE 0100 Teil 510): 1997-1, Abschnitt 514.3.2, müssen die PEN-Leiter, wenn sie isoliert sind, durchgehend in ihrem ganzen Verlauf grün-gelb sein und zusätzlich an den Leiterenden eine hellblaue Markierung aufweisen. An der hellblauen Markierung sollte man auch erkennen, ob es sich um einen PEN- oder → PE-Leiter handelt. Die Praxis zeigt aber, dass man sich

Photovoltaikanlagen (PV)

durch Kontrolle überzeugen muss, um welches → TN-System es sich handelt, weil diese hellblaue Markierung sehr oft vergessen wird! Der PEN-Leiter muss am Gebäudeeintritt (→ LPZ 0/1) geerdet und in den → Blitzschutzpotentialausgleich einbezogen werden.

Für Anlagen wie z. B. → Krankenhäuser ist nach DIN VDE 0107 (VDE 0107) 1994-10 „Starkstromanlagen in Krankenhäusern und medizinisch genutzten Räumen außerhalb von Krankenhäusern", Abschnitt 3.3.1, die Verwendung des PEN-Leiters ab dem Hauptverteiler des Gebäudes verboten. Weiteres unter dem Stichwort → Netzsysteme.

Photovoltaikanlagen (PV) auf Gebäuden ohne → Blitzschutzanlage erhöhen nicht die → Blitzschutzbedürftigkeit der baulichen Anlage und es muss keine → Blitzschutzanlage gebaut werden.

An baulichen Anlagen mit Blitzschutzanlage müssen die PV-Module dort geschützt werden, wo sich die Blitzschutzanlage befindet. Die → Fangeinrichtung darf keinen Schatten auf die PV-Module werfen. Die PV-Module, aber auch die Unterkonstruktion und die Kabel sollten den → Sicherheitsabstand s von der Blitzschutzanlage haben. Wenn dies nicht realisierbar ist, müssen die PV-Modul-Konstruktionen direkt an der Näherungsstelle mit der Blitzschutzanlage verbunden werden.

Bei der Verkabelung zwischen der PV-Anlage und der inneren baulichen Anlage benutzt man zur Entlastung der Gleichstromleitungen und der Überspannungsschutzgeräte blitzstromtragfähige Schirme mit paralleler Verlegung einer zusätzlichen Potentialausgleichsleitung. Die Trasse der Verlegung muss so ausgewählt werden, dass keine gefährlichen Ein- → kopplungen in andere ungeschützte Einrichtungen verursacht werden können. Der Wechselrichter, die DC-Freischaltstelle und der Generatoranschlusskasten sind – unabhängig ob die bauliche Anlage Blitzschutz hat oder nicht – mit Überspannungsschutzgeräten der Kategorie C zu schützen.

Bei den neu entwickelten Photovoltaikanlagen, die direkt in die Dachbahnen eingeschweißt sind, muss die Fangeinrichtung einen ausreichenden Abstand haben, der größer als der Sicherheitsabstand s ist. Das kann man nur mit Fangeinrichtungen auf Isolierstützen realisieren. Der Schatten darf auch dort nicht auf die Photovoltaikanlage fallen. Das bedeutet, dass der Dachdecker, die Blitzschutzbaufirma und die Elektrofirma vorher genau die Verteilung der Photovoltaikbahnen planen müssen, damit das Maß der Fangmaschen nicht negativ beeinflusst wird.

Weitere Informationen sind der DIN IEC 64/1123/CD (VDE 0100 Teil 712): 2000-08 zu entnehmen.

Planer von Blitzschutzsystemen ist kompetent und erfahren im Entwurf des → Blitzschutzsystems (LPS). Planer und → Errichter eines Blitzschutzsystems kann ein- und dieselbe Person sein.

Planungsprüfung → Prüfung der Planung

Potentialausgleich. Nach der Norm wird zwischen → Blitzschutzpotentialausgleich, → Hauptpotentialausgleich (beide als eigenes Stichwort) und zusätzlichem Potentialausgleich unterschieden. Der Potentialausgleich für Badezimmer und ähnliche Räume ist in diesem Buch nicht behandelt.

Potentialausgleich; Prüfung. Nach DIN 57185-1 (VDE 0185 Teil 1): 1982-11 [N27]; DIN VDE 0100 Teil 610 (VDE 0100 Teil 610): 1994-04 [N13] und DIN V VDEV 0185-110 (VDE 0185 Teil 110): 1997-01 [N39] ist der Potentialausgleich durch Besichtigen, Erproben und → Messen zu überprüfen. Der Potentialausgleich muss zusätzlich in Gebäuden mit Fernmeldetechnik und → Datenverarbeitungsanlagen nach DIN VDE 0800-2 (VDE 0800 Teil 2):1985-07 [N52] überprüft werden.

Bei der Sichtprüfung erfolgt die Kontrolle der Ausführung des Potentialausgleichs. Dabei werden nicht nur die Anschlüsse kontrolliert, sondern es wird auch festgestellt, ob es sich um einen → maschenförmigen oder → sternförmigen Potentialausgleich handelt und ob Querschnitt und Installationsart richtig gewählt wurden. Potentialausgleichsleitungen dürfen beispielsweise nicht zu lang sein, denn Potentialausgleichsleiter mit „Reserven" sind ein Mangel. Sie verursachen bei Überspannungsschutzgeräten erhöhte Schutzpegel und vielfach eine Zerstörung der zu schützenden Einrichtung.

Mit der Prüfung des Potentialausgleichs durch Messung muss die Durchgängigkeit der Verbindungen des Hauptpotentialausgleichs bestätigt werden. In DIN VDE 0100 Teil 610 (VDE 0100 Teil 610): 1994-04 [N13] wird kein Richtwert für den maximalen Widerstand genannt. In DIN V VDEV 0185-110 (VDE 0185 Teil 110): 1997-01 [N39], Abschnitt 6.3.1, ist der Richtwert $< 1\,\Omega$ für den niederohmigen Durchgang festgelegt.

Bei der Messung der Durchgängigkeit der Verbindungen des zusätzlichen Potentialausgleichs als Ersatz für eine Schutzmaßnahme muss ein kleinerer als der maximal erlaubte Widerstand für die automatische Abschaltung der Schutzeinrichtung erreicht werden.

Der Ort des Potentialausgleichs und seine → Erdung sind ebenfalls wichtige Prüfaspekte. Wenn die Potentialausgleichsschiene sich beispielsweise nicht direkt an der → Blitzschutzzone (LPZ) befindet, so werden die zu ihr führenden Leitungen mit dem Stoßstrom belastet. Dies verursacht Einkopplungen in parallel installierte Leitungen.

Zwei Beispiele aus der Praxis:
Ein Betreiber eines Telekommunikationsgebäudes hatte über eine längere Zeit Überspannungsschäden zu verzeichnen. Eine der Ursachen war die falsche Installation der → Potentialausgleichsschienen im Gebäudeinneren ca. 10 m von der Außenwand entfernt. Alle eintretenden Rohrsysteme, Kabelschirme und anderen leitenden Einrichtungen waren am Gebäudeeintritt angeschlossen und 10 m weiter erst mit der Potentialausgleichsschiene verbunden. Das strombelastete Potentialausgleichskabel verursachte damit eine induktive Einkopplung in das parallel installierte, nicht mehr geschirmte Telekommunikationskabel. Erst nach einer veränderten Installation der Potentialausgleichsschienen in der Nähe der → Trennstellen an der Außenwand konnten die Überspannungsschäden reduziert werden.

Potentialausgleichsleiter-Querschnitte

Der gleiche Effekt tritt auf, wenn bei mehreren Gebäuden, die durch Rohrsysteme (Heizung oder andere) miteinander verbunden sind, nur in einem Gebäude der Potentialausgleich installiert ist, z. B. im Hauptanschlussraum, eventuell im Heizungsraum. In diesem Fall fließen die Ausgleichsströme aller Gebäude durch jedes einzelne Gebäude und beeinflussen im Fall eines Blitzschlags die parallel installierten Einrichtungen.

Potentialausgleichsleiter-Querschnitte sind von der Potentialausgleichsart abhängig. Man unterscheidet → Hauptpotentialausgleich, → Blitzschutzpotentialausgleich, Potentialausgleich an den Grenzen von → Blitzschutzzonen, → Potentialausgleich für die Fernmeldetechnik und → Datenverarbeitungsanlagen oder andere → Potentialausgleichsnetzwerke.

Nach DIN VDE 0100-540 (VDE 0100 Teil 540): 1991-11 [N12], Abschnitt 9, müssen die Querschnitte für Leiter des Hauptpotentialausgleichs mindestens die Hälfte des Querschnittes des größten → Schutzleiters der überprüften Anlage haben. Der Querschnitt darf nicht kleiner als 6 mm^2 und muss nicht größer als 25 mm^2 sein. Das gilt für Kupfer oder andere Materialien mit gleicher Strombelastbarkeit.

Der größte Schutzleiter einer Anlage ist in der Regel der von der Stromquelle oder der vom Hausanschlusskasten kommende oder der vom Hauptverteiler abgehende Schutzleiter. Der → Prüfer weiß oder er muss wissen, wenn sich im Elektrohauptverteiler eine Vorsicherung von z. B. 250 A befindet, dann muss der abgehende Schutzleiter mindestens 50 mm^2 Querschnitt haben und der Hauptpotentialausgleich muss 25 mm^2 Querschnitt aufweisen. Trotzdem findet man in solchen Anlagen den Hauptpotentialausgleich oft nur mit 16 mm^2 durchgeführt, was nicht richtig ist.

Nach dem gleichen Prinzip wird auch der Querschnitt des Blitzschutzpotentialausgleichs beurteilt. Entsprechend DIN 57185-1 (VDE 0185 Teil 1): 1982-11 [N27], Abschnitt 6.1.1.2, beträgt der Mindestquerschnitt für Kupfer 10 mm^3, für Aluminium 16 mm^3, oder für Stahl 50 mmmm^3.

Nach DIN V ENV 61024-1 (VDE V 0185 Teil 100): 1996-08 [N30], Tabelle NC.4 gilt schon ein anderes Maß. Hier werden die Mindestforderungen für die Blitzschutz-Potentialausgleichsleitungen mit 16 mm^2 Kupfer, 25 mm^2 Aluminium und 50 mm^2 Stahl festgelegt.

Viele Blitzschutzbaufirmen benutzen bei der Ausführung des Blitzschutzpotentialausgleichs bereits Aluminium als Draht. Die Verlegung erfolgt schneller als mit einem Elektrokabel und der Querschnitt ist immer richtig – 50 mm^2 Al (**Bild P1**). Zu beachten ist jedoch, dass die Schutzleiter-Anschlüsse (PE oder PEN) mit Elektrokabeln durchgeführt werden.

Die Potentialausgleichsmaßnahmen in den Anlagen der Fernmeldetechnik und → Datenverarbeitungsanlagen müssen nach DIN VDE 0800-2 (VDE 0800 Teil 2): 1985-07 [N52], Abschnitt 4.2.2, ausgeführt werden. Dieser Abschnitt behandelt jedoch nur den Potentialausgleich zwischen einzelnen Geräten. Der Erdungssammelleiter nach Abschnitt 6.2.2 ist eigentlich der Hauptpotentialausgleichsleiter, der nach Abschnitt 6.2.2.1.2 mindestens 50 mm^2 haben soll. Die internen Vorschriften der Netzbetreiber schreiben den Querschnitt jedoch oft mit 95 mm^2 vor.

Bild P1 Blitzschutzpotentialausgleich an der LPZ mit einem Aluminiumdraht d = 8 mm (Querschnitt 50 mm²)
Foto: Kopecky

Potentialausgleichsnetzwerk. Der Potentialausgleich ist eine der wichtigsten Maßnahmen bezüglich → EMV, Blitz- und Überspannungsschutz. In DIN VDE 0800-2 (VDE 0800 Teil 2):1985-07 [N52], von Abschnitt 15 aufwärts, wurden bereits 1985 die Unterschiede zwischen → sternförmigem (S) und → maschenförmigem (M) Potentialausgleich beschrieben. Diese Norm ist zwar für die Fernmeldetechnik gedacht, aber sie gilt eigentlich – wie schon unter dem Stichwort → „Datenverarbeitungsanlage" beschrieben – für alle elektrotechnischen Einrichtungen. Sie wurde hier im Buch absichtlich zitiert, weil schon damals ältere Einrichtungen, die durch → Überspannungen beschädigt wurden und deren Ursache eine falsche Potentialausgleichsausführung war, nach dieser Norm hätten richtig geschützt werden können. In der zwölf Jahre später erschienenen DIN VDE 0185-103 (VDE 0185 Teil 103): 1997-09 [N33], Abschnitt 3.4.2.2, werden die Vorteile und Nachteile der verschiedenen Potentialausgleichssysteme bestätigt.

Vorteile und Nachteile der Potentialausgleichssysteme:

Bei einem sternförmigen Potentialausgleich (**Bild P2**) mit einem gemeinsamen Erdungssystem müssen alle Einrichtungen, die an das Potentialausgleichssystem angeschlossen sind, gegenseitig isoliert werden (ausgenommen der Erdungspunkt). Ein sternförmiger Potentialausgleich hat nur einen zentralen Potentialausgleichspunkt und aus diesem Grund müssen alle in dem zu schützenden Raum (Anlage) installierten Kabel nur an diesem zentralen Punkt eintreten. Die Potentialausgleichsleitungen müssen die gleiche Verlegungstrasse wie die anderen Kabel haben und die Endeinrichtungen dürfen nicht mit anderen Endeinrichtungen dieses sternförmigen Systems über andere leitfähige Kabel verbunden werden.

Erklärung: Wenn an zwei oder mehreren Einrichtungen, die an einen sternförmigen Potentialausgleich (oder auch sternförmige → Erdungsanlage) angeschlossen sind, Datenverarbeitungskabel oder andere Signalaustauschkabel, wie in Bild P2 dargestellt, angebracht werden, entsteht zwischen den Einrichtungen eine Induktionsschleife oder es können durch das Kabel Ausgleichsströme fließen, die die angeschlossenen Einrichtungen beschädigen.

Potentialausgleichsnetzwerk

Bild P2 *Sternförmiger Potentialausgleich*
Quelle: Kopecky

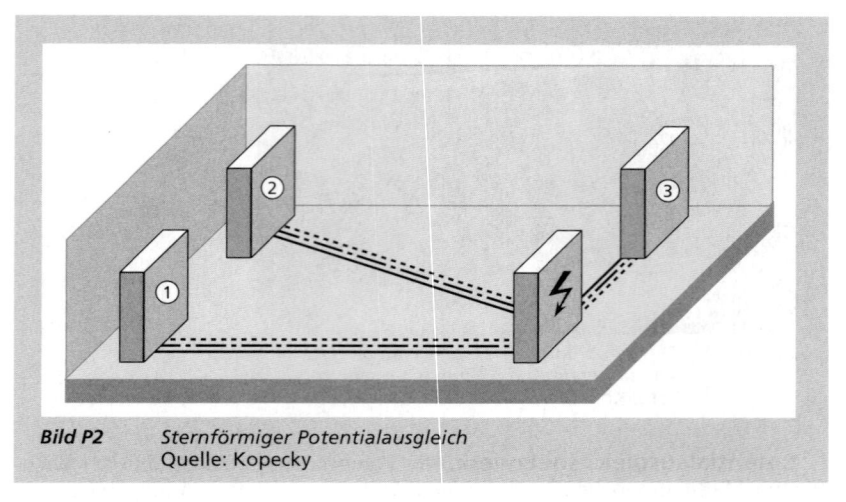

Um das zu verhindern, dürfen Datenverarbeitungskabel oder andere Signalaustauschkabel an eines dieser Geräte (Einrichtungen) nur über Optokoppler, Glasfaserkabel oder andere potentialtrennende Einrichtungen angeschlossen werden. Ist das nicht der Fall, ist eine Störung oder auch Zerstörung vorprogrammiert.

Der Grad der Vernetzung elektronischer Einrichtungen steigt nicht nur Jahr für Jahr, sondern man kann sagen, sogar Tag für Tag. Heute installiert z.B. ein Handwerker alles nach dem sternförmigen System, doch am nächsten Tag kommt eventuell schon ein anderer Handwerker ohne EMV-Kenntnis und „vernetzt" die zwei noch „gestern" voll isolierten Einrichtungen. Erst bei einer Störung im Gebäude, die z.B. durch einen Kurzschluss, eine → Sternpunktverschiebung, → Netzrückwirkungen oder → Überspannungen ausgelöst wird, werden die nicht mehr richtig installierten Einrichtungen zerstört.

Wenn zwischen den Einrichtungen 1, 2, und 3 jedoch, wie auf dem Bild P3 zu sehen, zusätzlich Potentialausgleichsverbindungen installiert werden, dann können keine oder nur minimale Ausgleichsströme über das Datenverarbeitungskabel oder andere Signalaustauschkabel fließen.

Durch die Verbindungen zwischen den Einrichtungen 1, 2 und 3 wird der maschenförmige Potentialausgleich hergestellt. Das bedeutet, ein ideales Potentialausgleichsnetzwerk ist nur gegeben, wenn alle Einrichtungen, die zusammen über unterschiedliche Kabel verbunden sind, auch durch Potentialausgleichsleitungen verbunden werden. Dies entspricht den → anerkannten Regeln der Technik.

Nach DIN VDE 0100-444 (VDE 0100 Teil 444): 1999-10 [N10], Abschnitt 444.3.10, ist die Potentialausgleichsverbindung zwischen zwei zusammen gehörenden Betriebsmitteln so kurz wie möglich auszuführen. Durch den parallelen Verlauf von Potentialausgleichsleiter und der geschirmten Informationsleitung zwischen zwei Betriebsmitteln wird der → Schirm der Informationsleitung von Ausgleichsströmen entlastet.

Potentialausgleichsnetzwerk

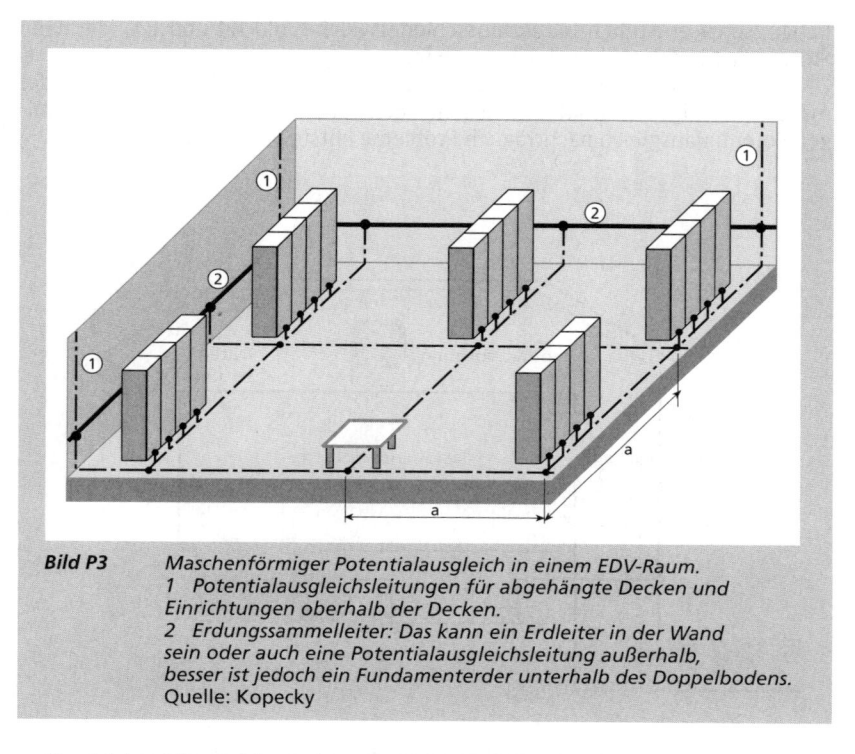

Bild P3   Maschenförmiger Potentialausgleich in einem EDV-Raum.
1 Potentialausgleichsleitungen für abgehängte Decken und Einrichtungen oberhalb der Decken.
2 Erdungssammelleiter: Das kann ein Erdleiter in der Wand sein oder auch eine Potentialausgleichsleitung außerhalb, besser ist jedoch ein Fundamenterder unterhalb des Doppelbodens.
Quelle: Kopecky

Nur kleine Räume bis ca. 5 m x 5 m oder Anlagen, bei denen nicht nachträglich eine Verbindung zwischen den Einrichtungen hergestellt werden kann, können einen sternförmigen Potentialausgleich haben. Räume, die größer als 25 m^2 sind und Einrichtungen, die mit anderen Einrichtungen und anderen Kabeln verbunden sind, sollten einen maschenförmigen Potentialausgleich haben (**Bild P3**).

Der maschenförmige Potentialausgleich ist impedanzärmer als der sternförmige. Durch die häufigeren Querverbindungen (Kurzschlussschleifen) der Potentialausgleichsleitungen, aber auch durch → Kabelschirme und örtliche Potentialausgleichsmaßnahmen mit allen stromleitfähigen Einrichtungen werden die ohmschen und induktiven Ausgleichsströme auf mehrere Pfade verteilt und die Querverbindungen wirken als magnetische Reduktionsschleifen. Damit werden nicht nur die → magnetischen Felder, sondern auch die Induktions- → kopplungen in allen anderen leitfähigen Kabeln deutlich reduziert.

Der sternförmige Potentialausgleich ist nur an einer Stelle geerdet, der maschenförmige Potentialausgleich muss jedoch an allen realisierbaren Stellen geerdet werden.

Die → Verkabelung und Leitungsführung in der zu schützenden Anlage sind auch sehr wichtig. Die energie- und nachrichtentechnischen Leitungen müssen die gleiche Verlegungstrasse wie die anderen Potentialausgleichsleitungen

Potentialausgleichsschiene

haben, sonst entstehen Induktionsschleifen (siehe Bild K4 und **P4**), die dann Störungen bis Zerstörungen verursachen.

Erfahrungsgemäß ist die richtige Variante für die Zukunft überwiegend der maschenförmige Potentialausgleich, da auch bei anfänglich gutem sternförmigen Potentialausgleich nachträglich Probleme entstehen können.

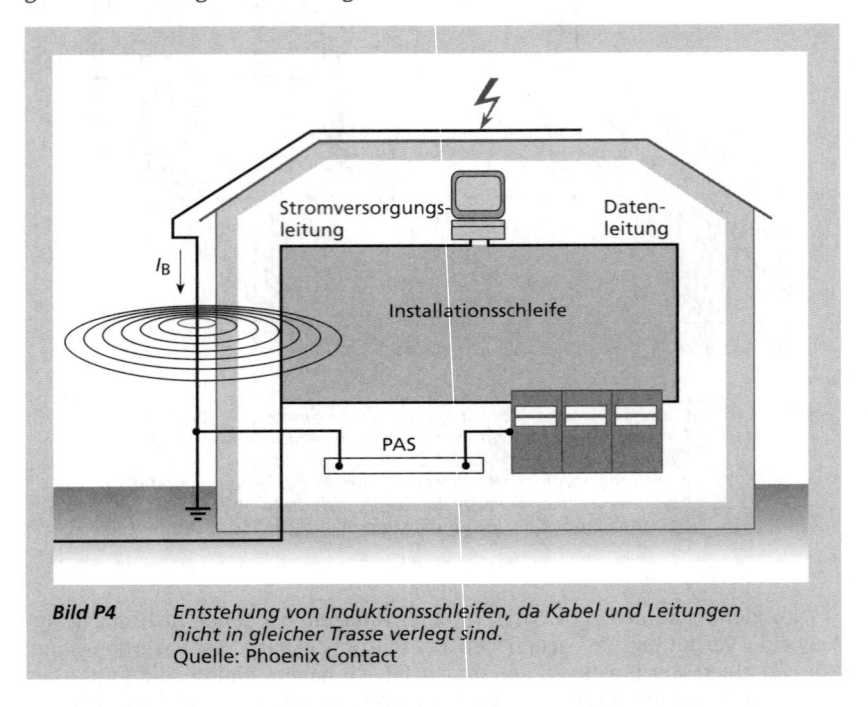

Bild P4   *Entstehung von Induktionsschleifen, da Kabel und Leitungen nicht in gleicher Trasse verlegt sind.*
Quelle: Phoenix Contact

Potentialausgleichsschiene (PAS) ist eine Schiene, an der die Potentialausgleichsleiter miteinander verbunden werden und auch metallene Installationen, äußere leitende Teile, sowie Leitungen der Energie- und Informationstechnik und andere Kabel und Leitungen mit dem → Blitzschutzsystem verbunden werden können [N30], Abschnitt 1.2.37.

Potentialsteuerung ist eine Maßnahme gegen die → Schrittspannung. Die Potentialsteuerung kann mit Erdungsbändern durchgeführt werden und darf zusätzlich mit Baustahlmatten verbessert werden, vorausgesetzt, dass diese untereinander verschweißt oder verklemmt sind.

Bei der Potentialsteuerung der Bereiche, die mit Schrittspannung bei einem Blitzschlag gefährdet sind, installiert man zum → Erdungsband der → Erdungsanlage des → Blitzschutzsystems zusätzlich parallele → Erder, Steuererder genannt. Die parallel installierten Steuererder haben mit steigendem Abstand von der zu schützenden Anlage zunehmende Tiefe und sind über Querverbindungen mit dem ersten Erder verbunden.

Potentialsteuerung

In dem Blitzplaner [L20] ist eine Alternative der Potentialsteuerung für → Tiefenerder mit isoliertem Anschluss beschrieben. Die Steilheit des → Spannungstrichters in Erdnähe kann wesentlich verringert werden, wenn das obere Erderende nicht nur bis zur Erdoberfläche, sondern ein Stück tiefer eingetrieben wird. Die Anschlussleitung dieses Erders an die zu erdende Anlage wird dann mit einem isolierten Kabel ausgeführt. Mit zunehmender Tiefe des oberen Erderendes wird der Spannungstrichter flacher und somit die Schrittspannung kleiner (**Bild P5**).

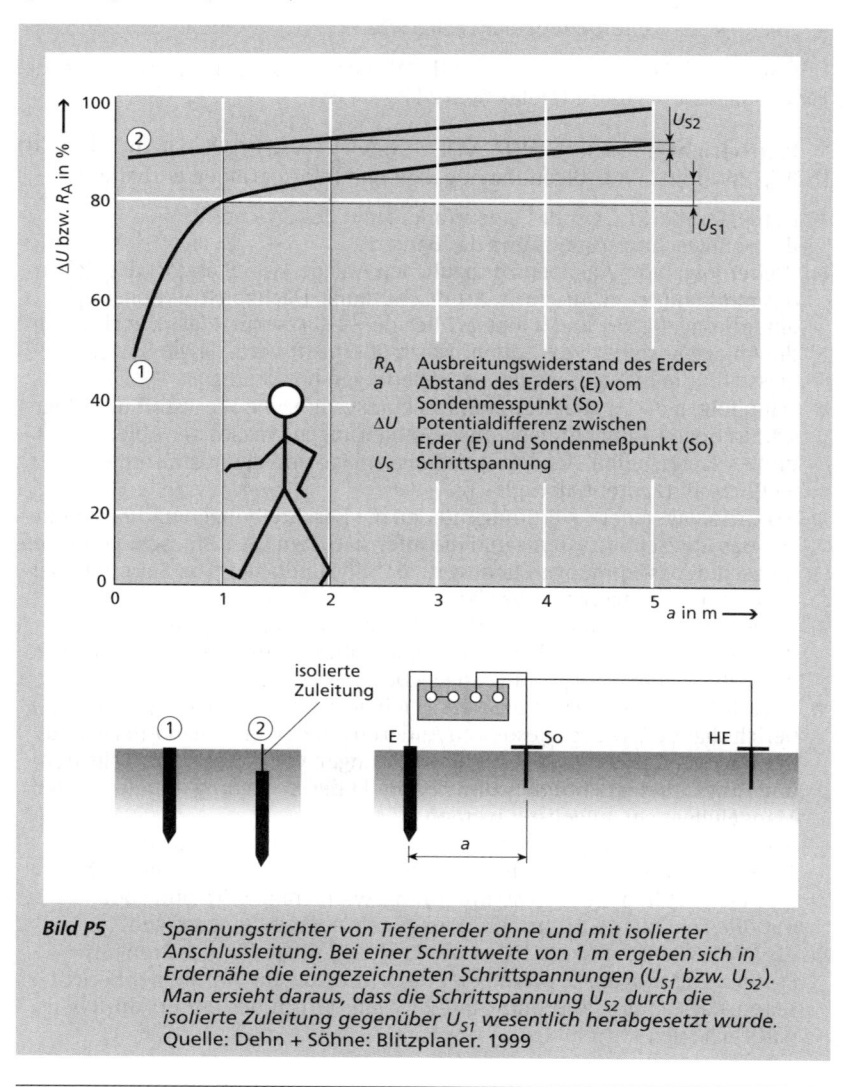

R_A Ausbreitungswiderstand des Erders
a Abstand des Erders (E) vom Sondenmesspunkt (So)
ΔU Potentialdifferenz zwischen Erder (E) und Sondenmeßpunkt (So)
U_S Schrittspannung

Bild P5   *Spannungstrichter von Tiefenerder ohne und mit isolierter Anschlussleitung. Bei einer Schrittweite von 1 m ergeben sich in Erdernähe die eingezeichneten Schrittspannungen (U_{S1} bzw. U_{S2}). Man ersieht daraus, dass die Schrittspannung U_{S2} durch die isolierte Zuleitung gegenüber U_{S1} wesentlich herabgesetzt wurde.*
Quelle: Dehn + Söhne: Blitzplaner. 1999

Projektgruppe Überspannungsschutz PGÜ. ZVEH, VEG und die drei namhaften Hersteller DEHN + SÖHNE, OBO Bettermann und Phoenix Contact haben sich zum Ziel gesetzt, den Elektrohandwerker bei der Vermarktung des Überspannungsschutzes zu unterstützen.
Die Unterstützung konzentriert sich auf:

- Marktunterstützung durch
  - verkaufsfördernde Endverbraucher-Prospekte
  - Marketingschulungen
- Technische Weiterbildung der Fachkräfte

Quelle und Anschrift: Agentur WfE, Wirtschaftsförderungsgesellschaft der Elektrohandwerke mbH, Telefax 069/24 77 47-19

Prüfbericht muss nach DIN V VDEV 0185-110 (VDE 0185 Teil 110): 1997-01 [N39], Abschnitt 7, die folgenden Angaben und Informationen enthalten:

- Name, Straße, PLZ, Ort des Eigentümers und des Errichters des →Blitzschutzsystems und das Baujahr.
- Weiter folgen die Angaben zur baulichen Anlage, wie: Standort des Gebäudes mit kompletter Anschrift, Art der Nutzung, Dachkonstruktion, Dacheindeckung, Bauart und hauptsächlich die →Blitzschutzklasse, auch wenn die Anlage noch nach der „alten" Norm überprüft wird, da die Blitzschutzklasse für die Berechnung der → Näherungen notwendig ist.
- Dann folgen die Angaben zum Blitzschutzsystem, wie Werkstoff und Querschnitt der → Fangleitungen und → Ableitungen, Anzahl der Ableitungen und → Trennstellen, Art der → Erdungsanlage und die Ausführung des → Blitzschutzpotentialausgleichs.
- Als Grundlagen der → Prüfung müssen die Beschreibungen und Zeichnungen des Blitzschutzsystems und die Informationen über Blitzschutznormen, Blitzschutzbestimmungen und weitere Prüfgrundlagen zum Zeitpunkt der Errichtung herangezogen werden.
- In dem Prüfbericht muss die Art der Prüfung, z. B. Prüfung der Planung, Wiederholungsprüfung, baubegleitende Prüfung, Zusatzprüfung, Abnahmeprüfung oder Sichtprüfung angegeben werden.
- Natürlich darf nicht das Prüfergebnis fehlen, wenn es sich um einen Prüfbericht handelt. Die festgestellten Änderungen der baulichen Anlage und des Blitzschutzsystems, z. B. die Abweichungen von Normen, Vorschriften und Anwendungsrichtlinien zum Zeitpunkt der Errichtung, müssen in der Mängelübersicht aufgelistet werden.
  In dem Prüfbericht werden außerdem die Messwerte an den einzelnen Trennstellen inklusive Angabe des Messverfahrens und des Messgerätetyps festgehalten. Der → Gesamterdungswiderstand wird ohne oder mit Blitzschutzpotentialausgleich in den Prüfbericht eingetragen.
- Als letzter Punkt sind der Name des Prüfers und die Organisation des Prüfers einzutragen. Der Name der Begleitperson, die Anzahl der Berichtseiten, das Datum der Prüfung und die Unterschrift des Prüfers dürfen natürlich auch nicht fehlen.

Eine Empfehlung ist, den Auftraggeber darüber zu informieren, wann der Zeitpunkt der nächsten Sichtprüfung und vollständigen Prüfung nach [N39] ist, auch wenn die [N39], Abschnitt 7, dies nicht aussagt.
Die Prüfberichte sollen von der Verwaltungsstelle für den Eigentümer aufbewahrt werden.

Prüfer → Blitzschutzfachkraft

Prüffristen → Zeitabstände zwischen den Wiederholungsprüfungen

Prüfklasse der SPD siehe Tabelle Ü1 unter dem Stichwort → „Überspannungsschutz-Schutzeinrichtungen".

Prüfturnus für Wiederholungsprüfungen → Zeitabstände zwischen den Wiederholungsprüfungen

Prüfung der Planung. Nach DIN V VDEV 0185-110 (VDE 0185 Teil 110): 1997-01 [N39], Abschnitt 3.1, muss die Planung des gesamten Blitzschutzsystems inklusive der vorgesehenen Materialien und Produkte nach den geltenden Normen und Vorschriften überprüft werden. Diese Prüfung ist noch vor Baubeginn der Blitzschutzmaßnahmen durchzuführen.

Prüfung der technischen Unterlagen. Der → Prüfer muss die technischen Unterlagen nach DIN V VDEV 0185-110 (VDE 0185 Teil 110): 1997-01 [N39], Abschnitt 6.1, auf Vollständigkeit und Übereinstimmung mit den Normen überprüfen. Nach DIN 57185-1 (VDE 0185 Teil 1): 1982-11 [N27], Abschnitt 3.3, muss auch die → Blitzschutzanlage eigene Planungsunterlagen mit Zeichnung und Beschreibung aufweisen. Bei einfachen Anlagen, wie beim Einfamilienhaus, genügt eine Zeichnung mit Erläuterungen.

Prüfungsleitfaden. Erfahrungen auf dem Gebiet des Blitzschutzes zeigen, dass trotz gleicher Vorschriften die → Prüfungen von → Blitzschutzsystemen je nach → Prüfer unterschiedlich gehandhabt werden und etliche wichtige Kriterien häufig nicht Gegenstand der Prüfung sind. Prüfungsberichte zu ein- und derselben Anlage schwanken im Umfang von einer bis zu mehreren Seiten, wobei auch oft unterschiedliche Prüfergebnisse erzielt werden.
Erfahrene Prüfer benötigen keinen Prüfbogen, aber für diejenigen, die Blitz- und Überspannungsschutzsysteme selten überprüfen, ist ein Prüfbogen eine gute Hilfe.
Im Anhang dieses Buches und auf der beiliegenden CD-ROM befindet sich ein Prüfbogen, der dem Prüfer Anhaltspunkte bieten soll. Mit Hilfe gezielter Fragen wird die gesamte Anlage überprüft. Am Ende jeder Fragezeile ist von ihm zu beantworten, ob die befragte Position entsprechend der VDE-Norm ausgeführt ist. Nur wenn bei allen Fragepositionen „ja", VDE-gerecht, angekreuzt werden konnte, ist das Blitzschutzsystem in Ordnung und nach den anerkannten Regeln der Technik errichtet. Ob derselbe Prüfbogen als Prüfbericht benutzt werden kann, hängt von der Geschicklichkeit des Prüfers ab, die

Prüfungsmaßnahmen

optische Gestaltung etwa zu verändern. In dem Prüfbogen sind alle nur möglichen Fragen enthalten, die bei einer Kontrolle der Blitzschutzanlage und der EMV-Bestimmungen beachtet werden müssen. Wenn nur eine einfache Blitzschutzanlage zu überprüfen ist, dann ist der Leitfaden allerdings zu umfangreich.

Bei etlichen Fragen zur inneren Blitzschutzanlage muss der Prüfer auch angeben, ob ihm die gerade abgefragte Einrichtung bekannt ist und ob sie sich im Haus befindet oder nicht. Kreuzt er in der ersten Spalte „unbekannt" an, so ist er abgesichert, wenn er die kompletten technischen Unterlagen nicht erhalten bzw. keinen Zugang zu allen Räumen bekommen hat. Er ist dann einzig und allein auf Informationen der Begleitpersonen angewiesen.

Prüfungsmaßnahmen nach DIN V VDEV 0185-110 (VDE 0185 Teil 110): 1997-01 [N39], Abschnitt 6, umfassen die Prüfung der technischen Unterlagen, das Besichtigen und das Messen der Blitzschutzanlage.

Prüfungsmaßnahmen – Besichtigen

- Bei den Prüfungsmaßnahmen durch Besichtigen nach DIN V VDEV 0185-110 (VDE 0185 Teil 110): 1997-01 [N39], Abschnitt 6.2, muss das Gesamtsystem mit den technischen Unterlagen verglichen werden. Die Unterschiede und Abweichungen müssen in dem Prüfprotokoll markiert werden.
- Der Schwerpunkt der Besichtigung ist die Kontrolle, ob alle Teile des äußeren und inneren Blitzschutzes in einem ordnungsgemäßen Zustand, z.B. ohne lose Klemmen oder Unterbrechungen, sind und ob alle Teile dauerhaft installiert und funktionstüchtig sind.
- Des Weiteren werden die Elemente kontrolliert, die korrodieren können, besonders in Höhe der Erdoberfläche. Bei den sichtbaren Erdungsanschlüssen wird ebenfalls festgestellt, ob diese in Ordnung sind. Das Ausmaß der → Korrosionswirkungen der Erdungsanlagen und die Beschaffenheit der Erdleitungen, die älter als 10 Jahre sind, können nur durch punktuelle Freilegungen beurteilt werden.
- Eine zusätzliche Kontrolle geschieht bei baulichen Änderungen der Anlage. Es muss festgestellt werden, ob die Änderungen geschützt sind bzw. geschützt werden müssen.
- Innerhalb der Gebäude muss bei der → inneren Blitzschutzanlage festgestellt werden, ob die in energie- und informationstechnische Netze eingebauten Blitzstrom- und Überspannungsschutzgeräte nicht beschädigt sind oder ausgelöst haben, aber auch, ob sie richtig eingebaut wurden. Der richtige Einbau ist unter den Stichworten → „Überspannungsschutz und Praxis" beschrieben. Man muss bei dieser Kontrolle auch daran denken zu prüfen, ob die vorgeschalteten Vorsicherungen nicht unterbrochen sind.
- Wurden zwischen den Prüfterminen neue Versorgungsanschlüsse installiert, ist zu kontrollieren, ob diese auch in den Potentialausgleich einbezogen wurden, oder ob sie mit Blitz- und Überspannungsschutzgeräten geschützt sind. Ist das Ergebnis negativ, muss dies in den Prüfbericht eintragen werden.

- Potentialausgleichsmaßnahmen müssen nicht nur im Keller kontrolliert werden, sondern auch in höheren Ebenen, wenn diese dort vorhanden sind oder dort Installationen vorgenommen werden sollen.
- Bei der Kontrolle der → Näherungen muss man prüfen, ob die Abstände größer als die ausgerechneten → Sicherheitsabstände sind oder ob die erforderlichen Maßnahmen zur Beseitigung der Näherungen richtig durchgeführt wurden.

Pylon. Pylone von Tankstellen, „Fast-Food-Ketten" oder anderen Organisationen, für die die Pylone „Werbung" machen, gefährden diese Einrichtungen bei nicht durchgeführten Blitz- und Überspannungsschutzmaßnahmen. In einem solchen Fall muss beachtet werden, dass die Blitzenergie in die gefährdeten Einrichtungen nicht nur von der Energieversorgungsrichtung kommen kann, sondern auch über das Pylon-Anschlusskabel. Die Schutzmaßnahmen sind unter den Stichwörtern → „Außenbeleuchtung" und → „Überspannungsschutz und die Praxis" beschrieben.

Q

Querspannung ist die bei einem Störungsfall entstehende Spannung zwischen aktiven Leitern eines Stromkreises.

R

RAL-GZ 642 ist eine Abkürzung für das RAL-Gütezeichen Blitzschutz. Das RAL-Gütezeichen Blitzschutz hat ein eigenes „RAL-Pflichtenheft Äußerer Blitzschutz" für Mitglieder herausgegeben. In dem Pflichtenheft wurde besonderer Wert auf die Qualität der Blitzschutzanlagen und auf den Korrosionsschutz gelegt. Die Mitgliedsfirmen haben ein Eigen- und Fremdprüfungs-Kontrollsystem festgelegt, um damit die eigene Qualität zu sichern.

Anschrift: RAL-Gütegemeinschaft für Blitzschutzanlagen, Brückstraße 1b, 52080 Aachen, Telefon: 00-49-241/ 95 59 97 30, Fax: 00-49-241/95 59 97 31

Raumschirm-Maßnahmen sind hier als zusätzliche Schirmungsmaßnahmen aufgeführt. Andere Schirmungsmaßnahmen → Schirmung und → Schirmungsmaßnahmen.

Raumschirm-Maßnahmen sind zusätzlich bzw. nachträglich installierte (auch bereits vorhandene) Gitterschirme zur Dämpfung des elektromagnetischen Blitzfeldes innerhalb oder außerhalb eines Raumes. Diese Gitterschirme müssen mit dem → Potentialausgleichsnetzwerk an allen Stellen verbunden werden, d. h. an allen Eintrittsstellen der Installationen in den geschützten Raum. Außerdem müssen sie mit dem Potentialausgleichsringleiter um den geschützten Raum verbunden sein. Gitterschirme, z.B. verzinkte Baumatten, müssen sich gegenseitig überlappen und geklemmt oder verschweißt werden. Die Dämpfung des Magnetfeldes ist von der Größe der Maschen in den Schirmen und auch von der Entfernung vom Schirm abhängig (Bilder S3 und S4). Als weitere Informationsquellen für den Planer sind zu empfehlen: [L4], [L5], [L28]. In allen drei Quellen gibt es Beispiele zur Dämpfungsberechnung, die in diesem Buch wegen der Komplexität dieses Themas nicht umfassend beschrieben werden konnte.

In Räumen, in denen eine Schirmdämpfung von 100 dB bis in den Gigahertzbereich erreicht werden muss, müssen die Wände mit Stahlblechen oder Stahl- und Kupferfolien bedeckt werden. Türen, Tore und Schleusen müssen HF-mäßig abgedichtet werden. Das Gleiche gilt für Fenster, sie müssen ebenfalls HF-Dämpfungseigenschaften aufweisen.

Die in den Raum eingeführten Installationen müssen durch Überspannungsschutzgeräte und/oder Filter geschützt werden. Die Installation dieser Geräte muss so ausgeführt werden, wie in diesem Buch unter den Stichwörtern → „Überspannungsschutz und die Praxis", → „Kabelschirm" und → „Kabelschirmbehandlung" beschrieben ist. Bei Lüftungs- und Klimaanlagenkanälen reicht es nicht aus, sie nur in den Potentialausgleich einzubeziehen, sie müssen an Zonen-Schnittstellen Wabenkamineinsätze haben.

RCD (FI Schalter) → Überspannungsschutz nach dem RCD-Schalter (FI-Schalter)

Rechtliche Bedeutung der DIN-VDE-Normen. Sehr oft wird bei der Planung, Ausführung, Prüfung und Abnahme die Frage gestellt: „Muss das nach DIN-VDE-Normen ausgeführt werden?"

Die Antwort muss nicht immer ja sein, weil die → anerkannten Regeln der Technik keine Rechtsvorschriften, sondern schriftliche Erfahrungssätze für fachgerechte und daher mangelfreie Bauausführung sind.

Da jedoch die Planungs- und Durchführungsarbeiten, die in diesem Buch beschrieben werden, überwiegend Elektroinstallationen oder Hilfsarbeiten für Elektroinstallationen sind, so lautet die Antwort immer: „Ja, die Arbeiten müssen mindestens nach den DIN-VDE-Normen ausgeführt werden".

Als Grundlage für diese Antwort gelten das → (AVBEltV), das → EMV-Gesetz, das Gerätesicherheitsgesetz, die → Unfallverhütungsvorschriften der Berufsgenossenschaften, → BGB § 633 Absatz 1, → BGB § 641 (Gesetz zur Beschleunigung fälliger Zahlungen) und VOB/B § 13 Nr. 1.

Regeln der Technik → Anerkannte Regeln der Technik

Regenfallrohre (metallene) dürfen nach DIN 57185-1 (VDE 0185 Teil 1): 1982-11 [N27], Absatz 5.2.11, als → Ableitungen verwendet werden, wenn die Stoßstellen gelötet oder mit genieteten Laschen verbunden sind. Oben und unten müssen die Regenfallrohre ordnungsgemäß, wie unten beschrieben, angeschlossen werden. Nach den Erfahrungen der Dachdecker sind die Verbindungsstellen mit Nieten als Dauerverbindungen jedoch ungeeignet, weil es an der Nietung auf der inneren Seite der Regenfallrohre zu stärkeren Korrosionen kommen kann.

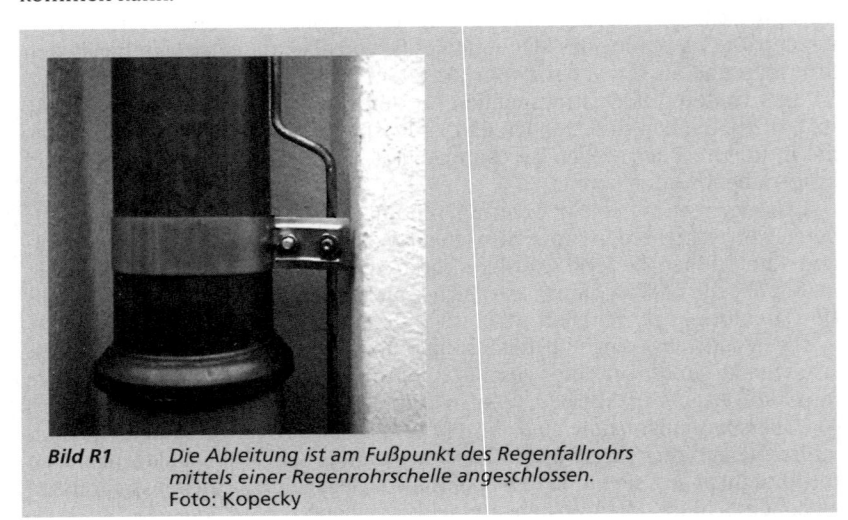

Bild R1   Die Ableitung ist am Fußpunkt des Regenfallrohrs mittels einer Regenrohrschelle angeschlossen.
Foto: Kopecky

Die metallenen Regenfallrohre sollen zum → Potentialausgleich unten mit der → Blitzschutzanlage verbunden werden, auch wenn sie nicht als Ableitungen dienen. Bei neuen Blitzschutzanlagen werden die sog. Hilfserder der → Erdungsanlage für den Anschluss der Regenfallrohre benutzt. Der Anschluss der Regenfallrohre wird mittels Regenfallrohrschellen durchgeführt (**Bild R1**). Ableitungen, die an Regenfallrohren befestigt sind und durch gute Blitzschutzbaufirmen sowie nach dem Pflichtenheft → RAL-GZ 642 ausgeführt wurden, sind an der untersten Stelle mit Regenfallrohrschellen entsprechend Bild R1 oder mit baugleichen Regenfallrohrschellen angeschlossen. Die Ableitungen dürfen nicht im Regenfallrohr verlegt werden!

Reusenschirme → Gebäudeschirmung

Ringerder ist ein ringförmig angeordneter Oberflächenerder, der eine Tiefe von mindestens 0,5 m und einen Abstand zur baulichen Anlage von 1 m hat. Der Ringerder kann mit allen anderen Erdern kombiniert werden. Weiteres unter den Stichwörtern „Erder" bis „Erdungsanlage".

Ringleiter sind ringförmige Leiter um die bauliche Anlage, die die → Ableitungen miteinander verbinden. Sie sorgen für eine gleichmäßige Verteilung des → Blitzstromes. Die Höhe, in der die Ringleiter zu installieren sind, ist von der → Blitzschutzklasse abhängig.

Rinnendehnungsausgleicher. Wenn leitfähige Rinnen ein Teil der → Fangeinrichtung sind, müssen bei längeren Ausführungen eventuell notwendige Rinnendehnungsausgleicher blitzstromtragfähig überbrückt werden.

Risikoabschätzung einer baulichen Anlage hängt von der Wahrscheinlichkeit eines Blitzschlages und den daraus zu erwartenden Schäden ab. Dies ist eine von mehreren Ausgangsgrößen für die → Schutzklassen-Ermittlung unter eigenem Stichwort.

Rückkühlgeräte auf dem Dach oder außerhalb der baulichen Anlage gefährden mit Anschlusskabeln und auch mit Anschlussrohren Personen und Installationen im Gebäudeinneren. Die Rückkühlgeräte müssen wie die anderen Einrichtungen geschützt werden, wie z. B. unter dem Stichwort → „Leuchtreklamen" beschrieben ist.

Rückwirkungen → Oberschwingungen

Rufanlagen → Datenverarbeitungsanlagen

Rundfunkanlagen → Datenverarbeitungsanlagen

S

Sachverständiger ist ein Begriff, der nicht gesetzlich geschützt ist. Jeder kann sich Sachverständiger nennen, aber nicht öffentlicher und vereidigter Sachverständiger. Dies ist gesetzlich geschützt.

Öffentlich bestellte und vereidigte Sachverständige können nur durch Bestellungsorgane vereidigt werden. Das sind Handwerkskammern, Industrie- und Handelskammern, Architektenkammern, Landwirtschaftskammern und Bezirksregierungen.

Nach der Bestellungsvoraussetzung der einzelnen Kammern, z.B. Handwerkskammern, muss der Sachverständige nach der Sachverständigenordnung § 2 Absatz (4) 2. in den letzten 10 Jahren vor Antragstellung mindestens 6 Jahre in einem Handwerksbetrieb des Gewerkes, für das er öffentlich bestellt werden will, praktisch tätig gewesen sein, davon mindestens 3 Jahre als Handwerksunternehmer oder in betriebsleitender Funktion. Er muss noch weitere Voraussetzungen erfüllen, aber – mit anderen Worten –, wenn er persönlich keine Erfahrungen in der handwerklichen Arbeit hat, kann er auch die handwerklichen Arbeiten nicht beurteilen. Weiteres → Gesetz zur Beschleunigung fälliger Zahlungen

Schadenshäufigkeit F_p ist die durchschnittliche Anzahl der zu erwartenden Schäden in einer geschützten Anlage als Folge direkter → Blitzeinschläge.

Schadensrisiko R_d ist die Abschätzung des Schadensrisikos durch einen Blitzschlag in eine bauliche Anlage, die nach DIN V ENV 61024-1 (VDE V 0185 Teil 100): 1996-08 [30], Anhang F, ermittelt werden kann.

Auf der Grundlage des Schadensrisikos wird die Blitz-Schutzklasse oder auch keine Blitzschutzklasse (0 bis IV) ermittelt. Sie bietet → Planern, → Architekten oder den Blitzschutzsystemherstellern beste Voraussetzungen, ein an die Anlage angepasstes→ Blitzschutzsystem zu empfehlen. Weiteres → Blitzschutzklasse

Die neue Norm IEC 61662 „Management of risk due to lightning" ist eine Überarbeitung der oben genannten Norm und wird diese in naher Zukunft ersetzen. Sie ermöglicht dann nicht nur eine Abschätzung des Schadensrisikos, sondern mit ihrer Hilfe lassen sich auch die notwendigen Blitzschutzmaßnahmen für die Senkung des Schadenrisikos ermitteln.

Schadenwahrscheinlichkeit p ist die Wahrscheinlichkeit, dass ein direkter oder näherer Blitzeinschlag einen Schaden am oder im Gebäude verursacht. Weiter → Blitzschutzklassen

Schirmanschlussklemmen

Schaltüberspannungen sind Ursache von Überspannungsschäden. Durch Abschalten von Hochspannungsanlagen, durch leer laufende Transformatoren, durch Erdschlüsse in ungeerdeten Netzen, durch Abschalten von Induktivitäten unterschiedlicher Arten und Anschlussausführungen entstehen Überspannungsspitzen. Alle Schaltüberspannungsquellen kann man in einem Buch wie diesem nicht beschreiben, die wichtigsten sind jedoch Haushaltsgeräte, die auch im Büro benutzt werden. Dazu gehören z. B. Kaffeemaschinen, Staubsauger, Vorschaltgeräte für Leuchtstofflampen und andere. In Büroräumen sollten diese Geräte an gesonderte Steckdosenstromkreise angeschlossen werden, so dass auf Überspannung empfindlich reagierende elektrotechnische Geräte nicht beeinflusst werden.

Scheitelfaktor (crest factor) *CF*. Er wird mit Hilfe von Oberwellenmessgeräten ermittelt. Messungen des *CF* werden dabei innerhalb von Niederspannungsnetzen, aber auch am Potentialausgleich durchgeführt! Der Scheitelfaktor *CF* berechnet sich:

$$CF = \frac{\text{PEAK-Wert}}{\text{RMS-Wert}}$$

PEAK Spitzenwert (negativ oder positiv)
RMS   Messung in Echt-Effektivwert
Bei einem reinen Sinussignal beträgt der Scheitelfaktor 1,414 $(=\sqrt{2})$.

Die Größe des *CF*-Wertes verrät dem → Prüfer, ob die Elektroinstallation ordnungsgemäß ausgeführt wurde und auch, ob die Installation mit Oberwellen belastet ist.
Auf **Bild S1** ist der gemessene *CF*-Wert 81,31 und der PEAK-Wert –1548 A!

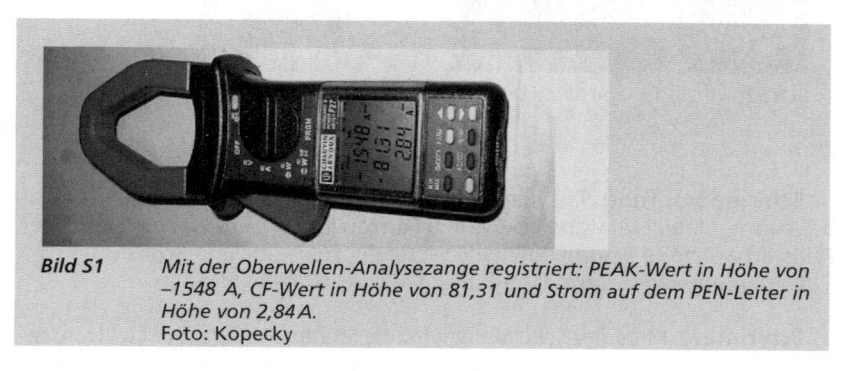

Bild S1   *Mit der Oberwellen-Analysezange registriert: PEAK-Wert in Höhe von –1548 A, CF-Wert in Höhe von 81,31 und Strom auf dem PEN-Leiter in Höhe von 2,84 A.*
Foto: Kopecky

Scheitelwert (*I*) ist der höchste Wert des Blitzstromes.

Schirmanschlussklemmen sind wichtige Bauteile zur → Erdung geschirmter Kabel. Noch bis 1995 suchte man sie vergeblich auf dem europäischen Markt und so mussten sich die Monteure z. B. bei einer durchgehenden

Schirmdämpfung S

Kabeltrasse mit Rohrschellen, Schirmschellen oder Kabelbindern (!) behelfen, was nicht die richtige Lösung war und auch heute nicht ist. Bei Enderdung waren die Schirme an Erdungsklemmen oder PA-, PE-, alternativ PEN-Schienen mit einem Schirmzopf angeschlossen. Die Schirmzöpfe verursachten oft durch Überlängen und falsche Verlegung neue Kopplungen. Wie schon unter anderen Stichworten (→ Schirmung, → Kabelschirm, → Kabelschirmbehandlung und → Kabelverschraubungen) beschrieben, sind diese Anschlüsse aus → EMV-Sicht nicht sachgerecht. Auf dem Markt gibt es jetzt von mehreren Herstellern → Schirm-Anschlussklemmen mit Kompensation des Fließverhaltens der eingesetzten Leiterwerkstoffe durch ein nachsetzendes Federelement.

Die Befestigung der Schirme informationstechnischer Kabel auf der → Potentialausgleichsschiene nur mit Hilfe eines Kabelbinders darf nicht als Anschluss anerkannt werden.

Bei geschlossenem Stahlverteiler sollte der Schirmanschluss mittels einer EMV-Kabelverschraubung erfolgen (→ Kabelverschraubungen).

Bild S2   *Schirmanschlussklemme mit Kompensation des Fließverhaltens am „Verteiler-Eintritt" (Zone 2/3)*
Foto: Kopecky

Schirmdämpfung S ist die Wirksamkeit des Schirmungsmaterials (→ Kabelschirm, Stahlbetonwand usw.). Man dividiert die gemessenen Werte der Feldstärke ohne → Schirm durch die Werte der Feldstärke mit Schirm.

Logarithmisches Schirmdämpfungsmaß a_s = 20 log S (dB).

Schirmung. Mit einer Schirmung wird die Störabstrahlung des elektromagnetischen Feldes nach außen reduziert. Eine Schirmung verhindert aber auch die Ein- → kopplung elektromagnetischer Felder von außen auf die Einrichtungen oder Leitungen innerhalb des Schirmes. Das gilt sowohl für Gehäuseschirme als auch für Leitungsschirme. → „Kabelschirme" sind unter einem eigenen Stichwort in diesem Buch beschrieben. Gehäuseschirme, die auch magnetisch entkoppeln sollen, müssen aus gut leitendem Material bestehen.

Schirmungsmaßnahmen

Zu beachten ist, dass Schirme nur gegenüber solchen Frequenzen wirken, deren Wellenlängen groß gegenüber den Schirmabmessungen (Kabellänge, Kantenlänge) sind [L17].

Schirmungsmaßnahmen sind alle Maßnahmen, die zur Reduzierung der Feldstärke dienen. Das sind in erster Linie Baumaßnahmen, z. B. Zusammenschluss von Armierungen in Fußböden, Wänden und Decken. Durchverbundene → Metallfassaden können auch noch nachträglich als sehr gute → Schirmungsmaßnahmen ausgeführt werden. Auch auf den Dachflächen können nachträglich Baustahlmatten verlegt werden. Die hier beschriebenen überwiegend baulichen Maßnahmen müssen in das → Blitzschutzsystem einbezogen werden, das bedeutet, alle Einzelteile müssen mit den anderen Teilen verbunden werden, im Prinzip muss man einen Faradaykäfig herstellen. Die Schirmdämpfung ist von dem benutzten Material und der Maschengröße abhängig. Dem **Bild S3** ist die Abschirmwirksamkeit zu entnehmen.

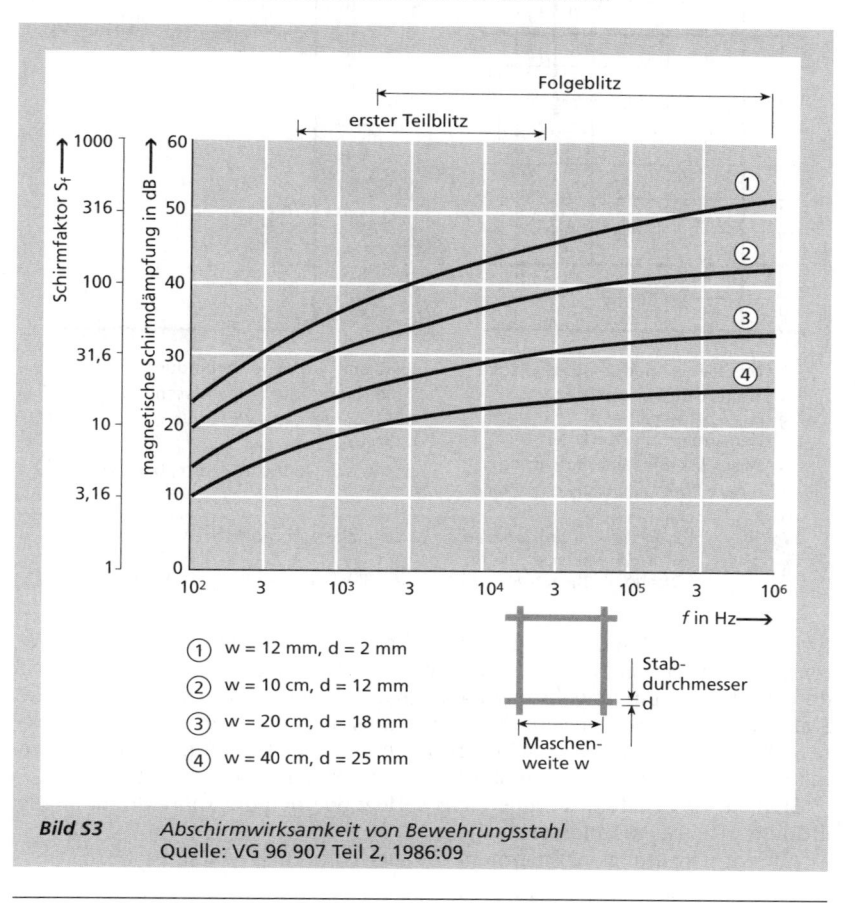

① w = 12 mm, d = 2 mm
② w = 10 cm, d = 12 mm
③ w = 20 cm, d = 18 mm
④ w = 40 cm, d = 25 mm

Bild S3 Abschirmwirksamkeit von Bewehrungsstahl
Quelle: VG 96 907 Teil 2, 1986:09

Schirmungsmaßnahmen

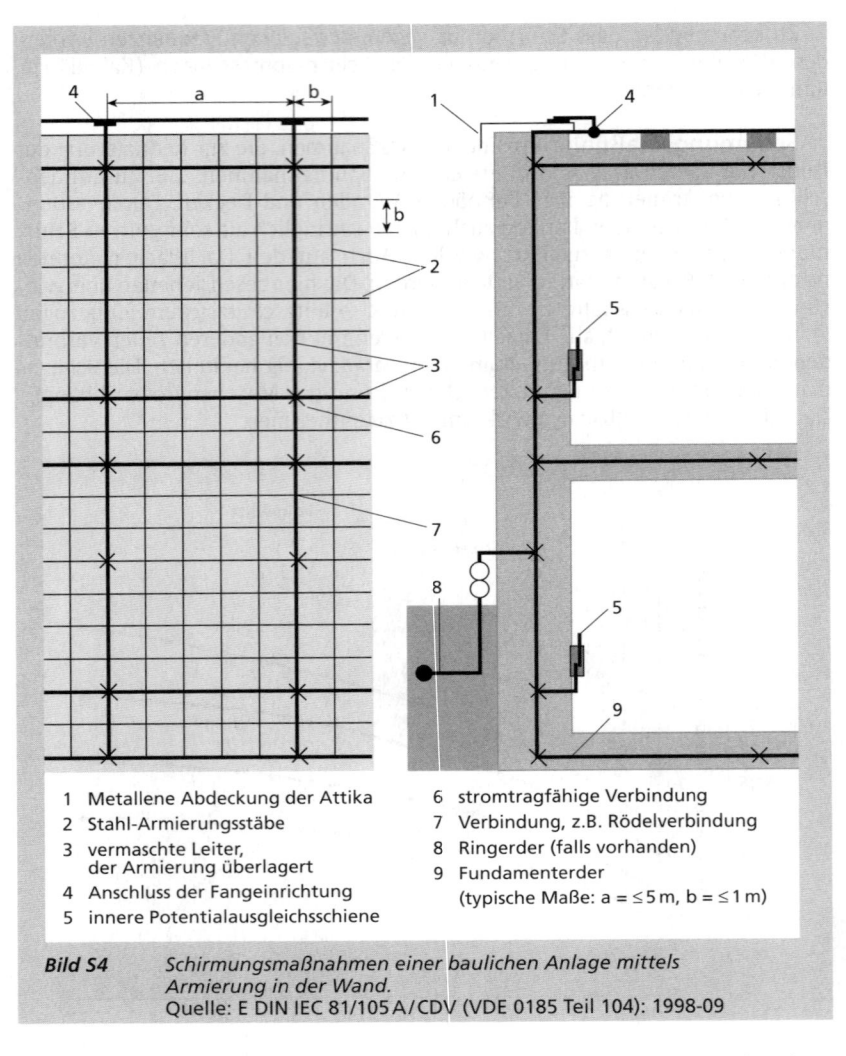

1. Metallene Abdeckung der Attika
2. Stahl-Armierungsstäbe
3. vermaschte Leiter, der Armierung überlagert
4. Anschluss der Fangeinrichtung
5. innere Potentialausgleichsschiene
6. stromtragfähige Verbindung
7. Verbindung, z.B. Rödelverbindung
8. Ringerder (falls vorhanden)
9. Fundamenterder
(typische Maße: a = ≤ 5 m, b = ≤ 1 m)

Bild S4   Schirmungsmaßnahmen einer baulichen Anlage mittels Armierung in der Wand.
Quelle: E DIN IEC 81/105 A/CDV (VDE 0185 Teil 104): 1998-09

Ebenso wie Gebäude können auch Kabelkanäle zwischen zwei und mehreren Gebäuden geschirmt werden. Zu diesem Zweck werden die Kabelkanäle mit durchverbundenem Bewehrungsstahl gebaut. Wenn für Abschirmungszwecke Stahlrohre im Erdbereich genutzt werden, muss beachtet werden, dass verzinkte Stahlrohre aus Korrosionsschutzgründen nur über Trennfunkenendstrecken mit der Erdungsanlage des Fundamenterders verbunden werden dürfen.

Sind sie außerhalb des Erdbereichs verlegt, werden die Rohre direkt an die Erdungsanlage angeschlossen.

Andere Schirmungsmaßnahmen → Kabelschirm und → Raumschirm.

Schleifenbildung bei Installationen (nicht nur Elektroinstallationen) muss vermieden werden. Bei Schleifenbildung (Bild P4) entstehen durch induktive → Kopplungen Potentialunterschiede zwischen den Enden einer Leitung, die sehr oft direkt auf überspannungsempfindliche Teilen wirken und diese dann zerstören.

Schnelle Nullung ist ein älterer Begriff, → TN-System.

Schornstein auf einem Dach mit → Blitzschutzanlage ist durch den → Schutzbereich der → Fangstangen, durch den an die → Blitzschutzanlage angeschlossenen Schornsteinrahmen oder durch die angeschlossene Schornsteinhaube geschützt. In letzter Zeit installierte Edelstahlrohre in Schornsteinen verfügen über eine leitfähige Verbindung von der Schornsteinkrone bis zum Heizungsraum. In einem solchen Fall muss der Schornstein mit der isolierten → Fangeinrichtung geschützt werden und natürlich muss in dem Heizungsraum der Potentialausgleich durchgeführt werden, wie auch teilweise unter dem Stichwort → „Heizungsanlagen" beschrieben ist.

Schrankenanlagen werden gegen Blitz und → Überspannung nach DIN VDE Reihe 0800, Teil 1, 2 und 10 geschützt. Die notwendigen Maßnahmen entsprechen denen, die unter → „Datenverarbeitungsanlagen" beschrieben sind.

Schraubverbindung muss der DIN 48 801 entsprechen. Nach DIN 57185-1 (VDE 0185 Teil 1): 1982-11 [N27], Abschnitt 4.1.2.1, müssen die Verbindungen von Leichtmetallbauteilen mittels Schrauben mit Hilfe von Federringen aus nicht rostendem Werkstoff gesichert werden. Zu den im Abschnitt 4.1.2.1 gemeinten Verbindungen gehören jedoch nicht die Klemmen des Blitzschutzmaterialherstellers. Sie müssen der Norm DIN EN 50164-1 (VDE 0185 Teil 201): 2000-04 [N40] ab 1.8.2002 entsprechen.

Für Verbindungen von zwei oder mehreren Flachleitern oder für Anschlüsse von Flachleitern an Stahlkonstruktionen mittels Schrauben müssen mindestens zwei Schrauben M8 oder eine Schraube M10 nach [N40], Abschnitt 4.2.2, benutzt werden.

Schritt- und Berührungsspannung. Im Nahbereich der → Erdungsanlage entsteht beim Stromfluss durch die Erdungsanlage zwischen zwei Punkten der Erdoberfläche immer eine Potentialdifferenz. Als Schrittspannung wurde die Spannung festgelegt, die zwischen zwei Punkten entsteht, die jeweils einen Meter voneinander entfernt sind. Diese Entfernung kann der Mensch mit einem Schritt überbrücken. Pferde oder Kühe überbrücken mehr als einen Meter und haben damit bei einem Schritt größeren Potentialdifferenzen als der Mensch zu widerstehen.

Man darf aber nicht vergessen, dass in bestimmten Einrichtungen, beispielsweise bei Veranstaltungen, mehrere Menschen mit ihren aneinander gedrängten Körpern auch größere Abstände als die eines Meters überbrücken und damit noch größere Spannungen als die Schrittspannungen über den eigenen Körper erreichen.

Schritt-, Berührungsspannung und die Schutzmaßnahmen

Bild S5 *Entstehung von Schrittspannung*
Quelle: Phoenix

Als Beispiele kann man nennen:
Besucheransammlungen in Stadien und Schlössern, an Haltestellen oder auch bei Festen wie dem Oktoberfest in München, Warteschlangen an Veranstaltungskassen usw. Die verantwortlichen Personen für solche Gegebenheiten, ob → Architekten oder Elektroplaner, müssen sämtliche kritische Situationen berücksichtigen und die richtigen Maßnahmen zur Verhinderung zu großer Potentialdifferenzen planen und realisieren lassen.

In der Praxis lassen sich immer wieder völlig falsche Maßnahmen finden, z. B. Kreuzerder (Tiefenerder ist auch nicht richtig) bei den Ableitungen im Kassenbereich der Museen oder in Stadien sogenannte „Wellenbrecher" in der Nähe von Flutlichtmasten mit anderen Potentialen als die der Flutlichtmastenerdung. Diese falschen Ausführungen gefährden die Besucher im Falle eines Blitzschlags.

Schritt-, Berührungsspannung und die Schutzmaßnahmen. Nach DIN 57185-1 (VDE 0185 Teil 1): 1982-11 [N27], Abschnitt 5.3.9, müssen bei blitzgefährdeten baulichen Anlagen, die der Öffentlichkeit zugänglich sind, Maßnahmen gegen Schrittspannungen durchgeführt werden. Als gefährdet gelten z. B. Aussichtstürme, Schutzhütten, Kirchtürme, Kapellen, Flutlichtmasten, Brücken und dergleichen vor allem im Bereich der Eingänge, Aufgänge und am Fußpunkt von Masten.

Aber nicht nur die oben beschriebenen baulichen Anlagen müssen gegen Schritt- und Berührungsspannung geschützt werden, sondern auch die baulichen Anlagen mit leitenden Fassaden ohne Erdung. Nach E DIN IEC 61024-1-2 (VDE 0185 Teil 102 Entwurf):1999-02 [N32], nationales Vorwort zu den Abschnitten 8.1 und 8.2, sollten leitende Fassaden an baulichen Anlagen im Verkehrsbereich grundsätzlich in Abständen von maximal 10 m mit einem Erder verbunden werden.

Schutzbereich oder auch Schutzraum

Maßnahmen gegen Schritt- und Berührungsspannung sind die Durchführung von Potentialsteuerung in den gefährdeten Bereichen, gefährdete Bereiche nicht mit Ableitungen und Erdern versehen sowie Isolierung der Standorte von möglichen Menschenansammlungen. Alle diese Maßnahmen können einzeln oder kombiniert durchgeführt werden; sie sind unter eigenen Stichwörtern beschrieben.

Schutzbedürftige bauliche Anlagen nach Bauordnungen der Länder sind zwar von Land zu Land sehr unterschiedlich, aber nach Bay Bo Art. 15 (7) sind bauliche Anlagen dann mit dauernd wirksamen Blitzschutzanlagen zu versehen, wenn nach Lage, Bauart oder Nutzung ein Blitzschlag leicht eintreten oder zu schweren Folgen führen kann.
Zur den o.g. baulichen Anlagen gehören z.B.:

- Autobahntankanlagen
- Bahnhöfe, Banken, Betriebsgebäude der Deutschen Bahn, der Deutschen Post, der Flughäfen
- explosionsgefährdete und explosivstoffgefährdete Bereiche
- Fernmeldeämter, Fernmeldetürme, Feuerhäuser
- Gemeindeverwaltung
- Justizvollzugsanstalten
- Kindergärten, Kirchen, Kläranlagen, Krankenhäuser
- Museen
- Polizeistationen
- Sanitätshäuser, Schulen, Sparkassen, Sportstätten, Stadtverwaltung
- wasserwirtschaftliche Anlagen und Wohnheime

Unabhängig von den Bauordnungen ist die Blitzschutzbedürftigkeit nach DIN V ENV 61024-1 (VDE V 0185 Teil 100):1996-08 [N30] zu ermitteln. Sie ist hier im Buch unter dem Stichwort → „Schutzklassen-Ermittlung" beschrieben und kann mit dem Programm für → „Blitz-Schutzklassenberechnung" auf der beiliegenden CD-ROM auch direkt ausgewertet werden.

Schutzbereich oder auch Schutzraum entsteht durch eine oder mehrere → Fangstangen oder durch eine → Fangeinrichtung.
In DIN 57185-1 (VDE 0185 Teil 1): 1982-11 [N27], ab Abschnitt 5, und in DIN 57185-2 (VDE 0185 Teil 2): 1982-11[N28] ist für einzelne Anlagen der Schutzbereich angegeben.
In der neuen DIN V ENV 61024-1 (VDE V 0185 Teil 100):1996-08 [N30], Tabelle 3, ist die Zuordnung von Schutzwinkel und Blitzkugelradius in Abhängigkeit von der → Schutzklasse beschrieben (**Tabelle S1**).
Welcher Schutzraum durch den Schutzwinkel α in Abhängigkeit von der Schutzklasse in unterschiedlichen Höhen aber wirklich entsteht, kann man der **Tabelle S3** entnehmen.
Handelt es sich um einen Schutzraum bei waagerechten Flächen zwischen zwei Fangstangen oder anderen Objekten, ist der Durchgang der Blitzkugel der **Tabelle S2** zu entnehmen.

Schutzbereich oder auch Schutzraum

Blitz-schutz-klasse	Blitz-kugel r in m	Schutzwinkel	Maschen-weite in m	Effek-tivität in %
I	20		5 x 5	98
II	30		10 x 10	95
III	45		15 x 15	90
IV	60		20 x 20	80

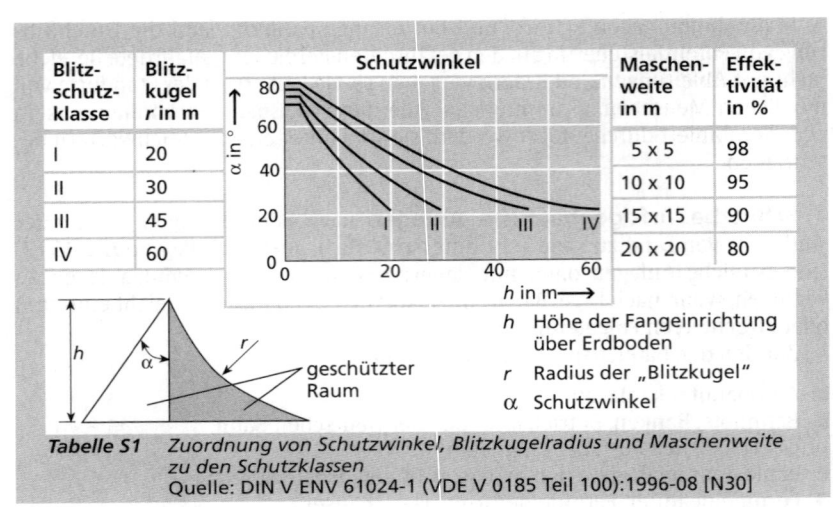

h Höhe der Fangeinrichtung über Erdboden
r Radius der „Blitzkugel"
α Schutzwinkel

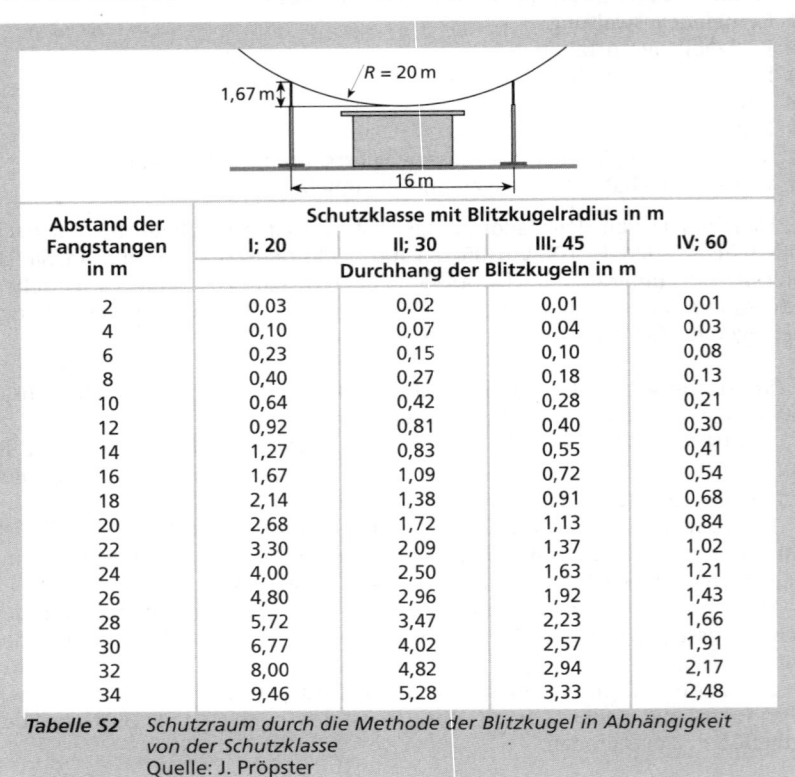

Tabelle S1 Zuordnung von Schutzwinkel, Blitzkugelradius und Maschenweite zu den Schutzklassen
Quelle: DIN V ENV 61024-1 (VDE V 0185 Teil 100):1996-08 [N30]

Abstand der Fangstangen in m	Schutzklasse mit Blitzkugelradius in m			
	I; 20	II; 30	III; 45	IV; 60
	Durchhang der Blitzkugeln in m			
2	0,03	0,02	0,01	0,01
4	0,10	0,07	0,04	0,03
6	0,23	0,15	0,10	0,08
8	0,40	0,27	0,18	0,13
10	0,64	0,42	0,28	0,21
12	0,92	0,81	0,40	0,30
14	1,27	0,83	0,55	0,41
16	1,67	1,09	0,72	0,54
18	2,14	1,38	0,91	0,68
20	2,68	1,72	1,13	0,84
22	3,30	2,09	1,37	1,02
24	4,00	2,50	1,63	1,21
26	4,80	2,96	1,92	1,43
28	5,72	3,47	2,23	1,66
30	6,77	4,02	2,57	1,91
32	8,00	4,82	2,94	2,17
34	9,46	5,28	3,33	2,48

Tabelle S2 Schutzraum durch die Methode der Blitzkugel in Abhängigkeit von der Schutzklasse
Quelle: J. Pröpster

Schutzbereich oder auch Schutzraum

Höhe h in m	Schutzwinkel α in Abhängigkeit von der Schutzklasse			
	I	II	III	IV
1	67	71	74	78
2	67	71	74	78
3	67	71	74	78
4	65	69	72	76
5	59	65	70	73
6	57	62	68	71
7	54	60	66	69
8	52	58	64	68
9	49	56	62	66
10	47	54	61	65
11	45	52	59	64
12	42	50	58	62
13	40	49	57	61
14	37	47	55	60
15	35	45	54	59
16	33	44	53	58
17	30	42	52	57
18	28	40	50	56
19	25	39	49	55
20	23	37	48	54
21		36	47	53
22		35	46	52
23		33	45	51
24		32	44	50
25		30	43	49
26		29	42	49
27		27	40	48
28		26	39	47
29		25	38	46
30		23	37	45
31			36	44
32			35	44
33			35	43
34			34	42
35			33	41
36			32	40
37			31	40
38			30	39
39			29	38
40			28	37
41			27	37
42			26	36
43			25	35
44			24	35
45			23	34
46				33
47				32
48				32
49				31
50				30
51				30
52				29
53				28
54				27
55				27
56				26
57				25
58				25
59				24
60				23

Tabelle S3 Schutzwinkel α in Abhängigkeit von der Schutzklasse. Die Höhe h ist die Höhe der Fangeinrichtung über dem zu schützenden Bereich. Quelle: J. Pröpster

Schutzerdung

Schutzerdung ist ein älterer Begriff, → TT-System.

Schutzfunkenstrecke ist kein Blitzschutzbauteil, weil sie nicht wie die → Funkenstrecke für die Blitzstrombelastung ausgelegt ist und bei einem Blitzschlag explodieren oder beschädigt werden kann. Die Schutzfunkenstrecke wurde „früher" bei Dachständern als Schutz gegen gefährliche Spannungsverschleppung auf die → äußere Blitzschutzanlage montiert.

Schutzklasse oder auch Blitzschutzklasse klassifiziert ein → Blitzschutzsystem entsprechend seinem Wirkungsgrad. Nach DIN V ENV 61024-1 (VDE V 0185 Teil 100):1996-08 [N30], Abschnitt 1.4, gibt es vier verschiedene Schutzklassen. Der Wirkungsgrad eines → Blitzschutzsystems (Blitzschutzanlage) nimmt von Schutzklasse I zu Schutzklasse IV hin ab. Die notwendige Blitzschutzklasse muss mit Hilfe der Risikoabschätzung – siehe → „Schutzklassen-Ermittlung – ermittelt werden.

Schutzklassen-Ermittlung

Auszug aus DIN V ENV 61024-1 (VDE V 0185 Teil 100):1996-08 [N30], Anhang F (normativ):

„*Die Abschätzung des Schadensrisikos durch Blitzschlag in eine bauliche Anlage soll dem Blitzplaner bei der Entscheidung helfen, ob ein Blitzschutzsystem zu empfehlen ist oder nicht, und wenn es empfehlenswert ist, die geeigneten Schutzmaßnahmen auszuwählen*".

Die Ermittlung (Berechnung) der Schutzklasse erfolgt über den Wirkungsgrad E:

$$E \geq 1 - \frac{N_c}{N_d}$$

N_c → akzeptierte Anzahl der kritischen Einschläge
N_d → Einschlaghäufigkeit in die bauliche Anlage

N_d berechnet sich wie folgt:

$N_d = N_g \cdot A_e \cdot C_e \cdot 10^{-6}$ je Jahr

N_g → Blitzdichte
A_e → äquivalente Fangfläche der freistehenden baulichen Anlage in m^2
C_e → Umgebungskoeffizient

Der Wert der akzeptierten Einschlaghäufigkeit N_c muss mit der tatsächlichen jährlichen Anzahl der Einschläge N_d verglichen werden.

Wenn $N_d < N_c$ ist, dann ist kein Blitzschutzsystem notwendig. Falls aber die Behörde ein Blitzschutzsystem vorschreibt, so muss dieses trotzdem installiert werden. Unabhängig vom Blitzschutzsystem sollten Überspannungsschutzgeräte immer angebracht werden.

Wenn $N_d > N_c$ ist, dann sollte ein Blitzschutzsystem mit der Wirksamkeit E und der dazugehörigen Schutzklasse P aus der **Tabelle S4** (→ Schutzklasse und die Wirksamkeit) installiert werden.

Schutzklasse und die Wirksamkeit

Wenn $E > 0{,}98$ ist, sind folgende zusätzliche Schutzmaßnahmen vorzunehmen [N30], Anhang F.3:

- Maßnahmen zur Verringerung der Berührungs- und Schrittspannung,
- Maßnahmen zur Begrenzung der Ausbreitung eines Feuers,
- Maßnahmen zur Verringerung der durch Blitz induzierten Spannungen in empfindlichen Einrichtungen.

Da die Berechnung der Schutzklasse durch die Notwendigkeit der Berücksichtigung vieler einzelner Koeffizienten sehr aufwendig ist, enthält die dem Buch beiliegende CD-ROM eine Software für die Berechnung der Schutzklasse. Beim Öffnen und Arbeiten mit der Software findet der Benutzer eine Vielzahl von Koeffizienten, die abhängen von Gebäudekonstruktion:

A_1 Bauart der Wände,
A_2 Dachkonstruktion,
A_3 Dachdeckungen,
A_4 Dachaufbauten,

von Gebäudenutzung und Gebäudeinhalt:

B_1 Nutzung durch Personen,
B_2 Art des Gebäudeinhaltes,
B_3 Wert des Gebäudeinhaltes,
B_4 Maßnahmen und Einrichtungen zur Schadensverringerung,

von Folgeschäden:

C_1 Gefährdung der Umwelt durch den Gebäudeinhalt,
C_2 Ausfall wichtiger Versorgungsleistungen,
C_3 sonstige Folgeschäden.

Weitere Koeffizienten wurden hier nicht beschrieben, sie befinden sich in [N30], Nationaler Anhang NB.1, 2 und 3, und in der Software → „Blitzschutzklassenberechnung" auf der beiliegenden CD-ROM.

Die Ermittlung der Schutzklasse sollte mit dem Bauherrn, dem Architekten oder dem Betreiber oder mit allen gemeinsam durchgeführt werden, da der Planer z. B. die Risiken der Panikgefahr oder der Folgeschäden nicht allein beurteilen kann. Die Verfahrensweise bei der Ermittlung der Schutzklasse ist dem Flussdiagramm für die Auswahl von Blitzschutzsystemen zu entnehmen.

Schutzklasse und die Wirksamkeit

Schutzklasse P	Wirksamkeit E
I	0,98
II	0,95
II	0,90
IV	0,80

Tabelle S4   Beziehung zwischen Blitzschutzklasse und Wirksamkeit
Quelle: DIN V ENV 61024-1 (VDE V 0185 Teil 100):1996-08, Tabelle 1

Schutzleiter

Schutzleiter → PE-Leiter

Schutzleitungssystem ist ein älterer Begriff, → IT-System (Isolationsüberwachungseinrichtung im IT-System).

Schutz-Management → LEMP-Schutz-Management

Schutzpegel U_p eines Überspannungs-Schutzgerätes ist der höchste Momentanwert der Spannung an den Klemmen eines Überspannungs-Schutzgerätes, bestimmt aus den standardisierten Einzelprüfungen:

- Ansprechstoßspannung 1,2/50 µs (100%)
- Ansprechspannung bei einer Steilheit 1 kV/µs
- Restspannung bei Nennableitstoßstrom.

Der Schutzpegel charakterisiert die Fähigkeit eines Überspannungs-Schutzgerätes, Überspannungen auf einen Restpegel zu begrenzen. Der Schutzpegel bestimmt beim Einsatz in energetischen Netzen den Einsatzort hinsichtlich der Überspannungsschutzkategorie nach DIN VDE 0110-1 (VDE 0110 Teil 1): 1997-04 [N16]. Bei Überspannungs-Schutzgeräten zum Einsatz in informationstechnischen Netzen ist der Schutzpegel an die Störfestigkeit der zu schützenden Betriebsmittel anzupassen (DIN EN 61000-4-5) [L25].

Schutzraum → Schutzbereich

Schutzwinkel und Schutzwinkelverfahren. Die Bereiche unterhalb der Schutzwinkel sind die Schutzbereiche. Die Bereiche oberhalb der Schutzwinkel sind nicht im Schutzbereich. Nach DIN 57185-1 (VDE 0185 Teil 1): 1982-11 [N27], Abschnitt 5.1.1.2.2, wird durch eine → Fangeinrichtung bei baulichen Anlagen bis 20 m Gesamthöhe ein Schutzbereich von 45° nach allen Seiten gebildet.

Bei → isolierten Fangeinrichtungen nach DIN 57185-2 (VDE 0185 Teil 2): 1982-11[N28], Abschnitt 6.2.2.2.2, hat der Schutzbereich teilweise schon eine Kegelform und nur bis zu einer Höhe von 10 m beträgt der Schutzraum 45°, darüber beträgt er 30°.

Nach DIN V ENV 61024-1 (VDE V 0185 Teil 100):1996-08 [N30], Abschnitt 2.1.2 und Tabelle 3, sind die Schutzwinkel von der → Blitzschutzklasse abhängig (→ Schutzbereich).

Schweißverbindungen sollen nach DIN 57185-1 (VDE 0185 Teil 1): 1982-11 [N27], Abschnitt 4.2.5, mindestens 100 mm lang und etwa 3 mm dick sein. Nach DIN IEC 61024-1-2 (VDE 0185 Teil 102 Entwurf):1999-02 [N32], Anhang A (normativ) Abschnitt A.3 und Bild A.4, sollten die Bewehrungsstäbe mit einer Schweißnahtlänge von mindestens 50 mm verschweißt werden. Nach DIN V ENV 61024-1 (VDE V 0185 Teil 100):1996-08 [N30], Nationaler Anhang NC (informativ) Abschnitt zu 2.5, sollen die Schweißverbindungen wenigstens 30 mm lang und etwa 3 mm dick sein.

Die Schweißverbindungen müssen nach der Norm, nach der auch die

→ Blitzschutzanlage hergestellt wird, durchgeführt werden. Unabhängig von der Blitzschutznorm dürfen die Schweißarbeiten außerdem nur von geprüften Schweißern ausgeführt werden, die einen Eignungsnachweis nach DIN 4099, Abschnitt 6, und DIN 18800 Teil 7, Abschnitt 6.3, besitzen. Verfügt ein Betrieb nicht über den Eignungsnachweis für das Schweißen von Betonstahl nach DIN 4099, so kann die zuständige Bauaufsichtsbehörde das Schweißen an Betonstählen genehmigen, wenn die Schweißarbeiten durch eine anerkannte Prüfstelle überwacht werden.

Schweißverbindungen an Betonstahl sind nur an Bauwerken mit „ruhenden" Lasten zulässig. Bei Bauwerken mit nicht vorwiegend „ruhenden" Lasten sind die Schweißverbindungen verboten!

Als nicht vorwiegend ruhende Lasten gelten stoßende und sich häufig wiederholende Lasten, z. b. die Massenkräfte nicht ausgewuchteter Maschinen, die Verkehrslasten auf Kranbahnen, auf Hofkellerdecken und auf von Gabelstaplern befahrenen Decken (Quelle: DIN 1055 Blatt 3).

SELV [„engl." safety extra low voltage] ist eine Bezeichnung für Schutzkleinspannung. Eine sichere Trennung zu → PELV-Stromkreisen ist gefordert.

SEMP [„engl." switching electromagnetic puls] ist eine Störungsursache für energiereiche Überspannungen, die durch Schalthandlungen verursacht wird.

SEP-Prinzip [„engl." single entry point] ist nichts anderes als das unter dem Stichwort → Potentialausgleichsnetzwerk beschriebene → sternförmige Potentialausgleichssystem mit einer Eintrittsstelle in das geschützte System. An der Eintrittsstelle sind die Blitz- und Überspannungsschutzgeräte installiert. Alle Installationen innerhalb des geschützten Volumens dürfen nur stern-, baum- und kammartig ausgeführt und nicht mit anderen Räumen verbunden werden.

Sicherheitsabstand s ist der Mindestabstand zwischen zwei leitenden Teilen innerhalb und außerhalb der zu schützenden baulichen Anlage, über den keine gefährliche Funkenbildung stattfindet. Der Text aus der Norm ist hier um den Zusatz „und außerhalb" der schützenden baulichen Anlage ergänzt worden. Mit den leitenden Teilen „außerhalb der Anlage" sind → Außenlampen an der Wand, Thermostate und ähnliches gemeint, wie unter dem Stichwort → „Näherungen" beschrieben.

Sicherungen → Vorsicherung

Sicherungsanlagen → Datenverarbeitungsanlagen

Sichtprüfung muss nach DIN V VDEV 0185-110 (VDE 0185 Teil 110): 1997-01 [N39], Abschnitt 3.6, zwischen den Wiederholungsprüfungen durchgeführt werden. Die Sichtprüfung geschieht durch eine Besichtigung, die unter dem Stichwort → „Prüfungsmaßnahmen – Besichtigen" beschrieben ist.

Signalanlagen → Datenverarbeitungsanlagen

Sinnbilder für Blitzschutzbauteile → Grafische Symbole für Zeichnungen

Sondenmessung → Messungen – Erdungsanlage

Sonnenblenden → Balkongeländer

Spannungsfall $\dot{U}_E$ entsteht am Stoßerdungswiderstand R_{st} einer durch einen Blitzstrom $\hat{\imath}$ getroffenen Anlage

$$\dot{U}_E = \hat{\imath} \cdot R_{st}$$

Wenn in der baulichen Anlage der Blitzschutzpotentialausgleich für alle in die Anlage eintretenden Einrichtungen so ausgeführt wird, wie in diesem Buch beschrieben, entstehen keine gefährlichen Potentialunterschiede.

Spannungstrichter entstehen bei einer Erdungsanlage und bei dem Hilfserder während einer Erdungsmessung, → Messungen – Erdungsanlage, Teil Messungsart – Widerstandsmessung mit Erdspießen.

Spannungswaage → Sternpunkt

SPD [„engl." surge protective device] Überspannungsschutz-Schutzeinrichtung, siehe Stichworte mit → „Überspannungsschutz".

Spezifischer Erdwiderstand P_E ist der spezifische elektrische Widerstand der Erde, der als Widerstand zwischen zwei gegenüber liegenden Würfelflächen eines Erdwürfels mit einer Kantenlänge von 1 m definiert wird.

Spezifischer Erdwiderstand P_E hat die Einheit Ωm ($\frac{\Omega m^2}{m}$)

Der **Tabelle S5** sind die typischen spezifischen Erdwiderstände unterschiedlicher Bodenarten zu entnehmen.

Spezifischer Oberflächenwiderstand ist der mittlere spezifische Widerstand der Erdschichten an der Oberfläche der Erde.

Staberder → Tiefenerder

Stahlbewehrung in Beton gilt als elektrisch leitend, wenn etwa 50 % der Verbindungen von senkrechten und waagerechten Stäben verschweißt oder sicher verbunden sind. Sind die senkrechten Stäbe nicht verschweißt, müssen sie auf einer Länge von mindestens dem Zwanzigfachen ihres Durchmessers überlappt und sicher verbunden werden.

Fertigbetonteile müssen vom Hersteller eine Bescheinigung besitzen, dass sie elektrisch leitend sind.

Stand der Normung

Bodenart	Spezif. Erdwider-stand R in Ωm	Erdungswiderstand in Ω					
		Tiefenerder in m			Banderder in m		
		3	6	10	5	10	20
Feuchter Humus Moor, Sumpf	30	10	5	3	12	6	3
Ackerboden Lehm, Ton	100	33	17	10	40	20	10
Sandiger Lehm	150	50	25	15	60	30	15
Feuchter Sandboden	300	66	33	20	80	40	20
Trockener Sandboden	1000	330	165	100	400	200	100
Beton 1 : 5	400	–	–	–	160	80	40
Feuchter Kies	500	160	80	48	200	100	50
Trockener Kies	1000	330	165	100	40	200	100
Steinige Erde	30.000	1000	500	300	1200	600	300
Fels	10^7	–	–	–	–	–	–

Tabelle S5 *Typische spezifische Erdwiderstände und Erdungswiderstände der Tiefen- und Banderder*
Quelle: LEM Instruments

Stand der Normung

Als Basisnormen für Blitzschutzanlagen gelten:
DIN VDE 0185:1982-11 Blitzschutzanlage Teil 1: Allgemeines für das Errichten [N27] und Teil 2: Errichten besonderer Anlagen [N28].

→ Blitzschutzanlagen, die nach diesen Normen errichtet sind, schützen Personen innerhalb dieser geschützten Anlage vor einem Blitzschlag sowie die bauliche Anlage gegen Auswirkungen eines Blitzschlages, z. B. Brand oder mechanische Zerstörung. Die elektrischen und elektronischen Einrichtungen sind jedoch allein durch eine derartige Blitzschutzanlage noch nicht wirksam geschützt.

Im August 1996 erschien die Vornorm DIN V VDE V 0185 Teil 100: 1996-08 Blitzschutz baulicher Anlagen Teil 1: Allgemeine Grundsätze [N30].

Diese Vornorm wird, sobald sie zur gültigen Norm geworden ist (voraussichtlich Ende 2001), die bestehende Norm DIN VDE 0185-1(VDE 0185 Teil 1): 1982-11 für den Schutz allgemeiner baulicher Anlagen ersetzen. In dieser Übergangszeit können entweder diese Vornorm oder die Norm DIN VDE 0185-1 (VDE 0185 Teil 1): 1982-11 „Blitzschutzanlage; Allgemeines für das Errichten" angewendet werden. Der Kunde entscheidet, welche Sicherheitsqualität er fordert.

Die weiteren in diesem Buch beschriebenen Vornormen und teilweise auch Entwürfe neuer Normen können in kurzer Zeit, vielleicht schon bei Herausgabe des Buches, zu gültigen Normen geworden sein, denn aus dem → Stand der Technik entstehen automatisch die → anerkannten Regeln der Technik.

Stand der Technik

Entwicklung	Begriff	Wissenschaftliche Erkenntnis/ Bestätigung	praktische Erfahrung vorhanden	in Fachkreisen allgemein bekannt	in der Praxis langzeitig bewährt
↑	Allgemein anerkannte Regeln der Technik	ja	ja	ja	ja
	Stand der Technik	ja	teilweise/ bedingt	teilweise	nein
	Stand der Wissenschaft (und Technik)	ja	nein	nein	nein

Tabelle S6 Begriffstruktur (nach Rybicki)
Quelle: Umbruch im Sachverständigenwesen von Prof. Dr.-Ing. habil. Ulrich Nagel

Stand der Technik ist der letzte Stand der neusten wissenschaftlichen Ergebnisse, die schon teilweise praktisch erprobt und in Fachkreisen teilweise bekannt sind (**Tabelle S6**).

Stand von Wissenschaft und Technik ist der letzte Stand der neusten wissenschaftlichen Ergebnisse noch ohne praktische Erfahrungen und die Bekanntmachung in Fachkreisen (Tabelle S6).

Standortisolierung ist eine Erhöhung des Widerstandes in dem Bereich, in dem im ungünstigsten Fall → Schrittspannung oder Berührungsspannung entstehen kann. Im Innenbereich der baulichen Anlagen stehen mehrere Alternativen für zusätzliche Isolierung sowie unterschiedliche Isoliermaterialien zur Verfügung. Außerhalb baulicher Anlagen sollte eine mindestens 150 mm, besser jedoch eine 200 mm dicke Asphaltschicht verwendet werden.

Sternpunkt eines Transformators muss bei → TN- und bei → TT-Systemen unmittelbar in der Nähe des Transformators niederohmig geerdet werden. Das wird in erster Linie für Schutzmaßnahmen gegen elektrischen Schlag vorgeschrieben. Im Zusammenhang mit der Thematik → EMV ist es für die Reduzierung transienter → Überspannungen und für die Verkleinerung so genannter Sternpunktverschiebungen ebenfalls wichtig. Ein nicht ausreichend oder gar nicht geerdeter Sternpunkt eines Transformators verursacht eine so starke Sternpunktverschiebung bei nicht gleichmäßig belasteten Phasen, dass auch dauernde Überspannungen entstehen können.

Aus der Praxis sind mehrere Fälle bekannt, wo bei einem Kurzschluss an einer Phase und nicht geerdetem Sternpunkt des Transformators so große Überspannungen an den nicht kurzgeschlossenen Phasen entstanden sind, dass auch weniger empfindliche Geräte durch Überspannung, die mehrere Sekunden dauerten, zerstört wurden.

Störphänomene

In erster Linie ist der Sternpunkt also für den Personenschutz wichtig, er ist aber auch für den „Überspannungsschutz" von Bedeutung. Des Weiteren ist darauf zu achten, dass der PE-Leiter (Schutzleiter) an allen vorgeschriebenen Stellen geerdet wird.

Störgrößen, siehe Bild S6

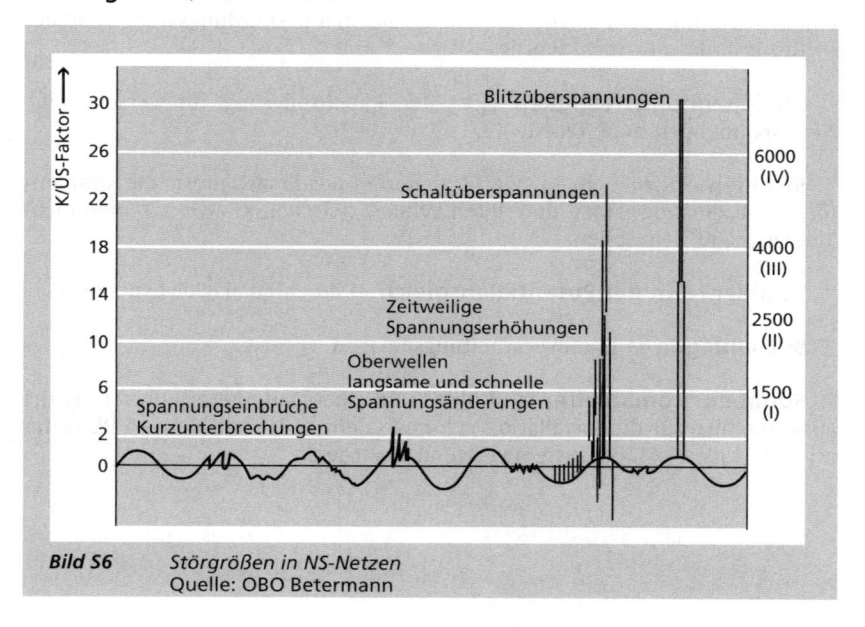

Bild S6   *Störgrößen in NS-Netzen*
Quelle: OBO Betermann

Störphänomene aller Produkte und Anlagen sind dem **Bild S9** zu entnehmen.

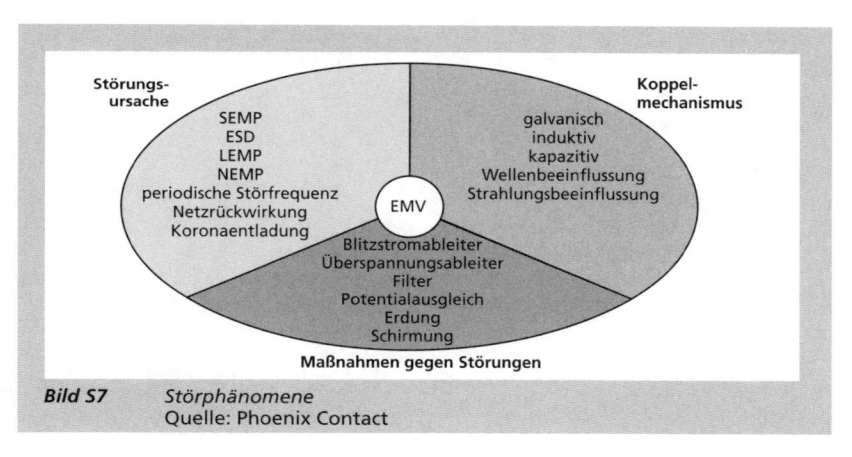

Bild S7   *Störphänomene*
Quelle: Phoenix Contact

205

Störsenke

Störsenke ist eine elektrische Anlage oder ein Gerät, dessen Funktion durch Störungen beeinflusst werden kann. Die Beeinflussung der Funktion führt zum Funktionsausfall oder zu anderen Störungen und damit zur qualitativen Minderung.

Stoßerdungswiderstand R_{ST} ist ein wirksamer Widerstand, der durch einen Blitzstrom zwischen der Einschlagstelle in die → Erdungsanlage und der → Bezugserde verursacht wurde.

Stoßspannungsfestigkeit (kV) der Kabelisolierung für verschiedene Nennspannungen siehe Tabelle K3.

Strahlenerder ist ein → Oberflächenerder aus Einzelleitern, die strahlenförmig auseinanderlaufen und deren Winkel zwischen je zwei Strahlen nicht kleiner als 60° sein sollen.

Strahlenförmiger Potentialausgleich → Potentialausgleichsnetzwerk

Suchanlagen → Datenverarbeitungsanlagen

Summenstromableiter sind Blitz- und Überspannungsschutzgeräte, die ausschließlich für die Installation zwischen dem → N- und dem → PE-Leiter im → TT- oder → TN-S-System verwendet werden.

T

TAB → Technische Anschlussbedingungen

Tankstellen gehören zu räumlich ausgedehnten Anlagen und sind in Bezug auf → Überspannung besonders gefährdet. Das gilt insbesondere für die → Gefahrenmeldeanlagen und für die Kasseneinrichtungen, die mit den Zapfsäulen verbunden sind.

Die Hauptursache für Schäden an Tankstellen ist der nicht richtig ausgeführte vorgeschriebene → Potentialausgleich und die → Erdungsanlage. Der Potentialausgleich ist insbesondere deshalb wichtig, weil die einzelnen Gebäude der Tankstellenanlage unterschiedliche Potentiale haben, wenn sie nicht an einem Erdungssystem angeschlossen sind!

Die Blitz- und Überspannungsschutzgeräte (SPD) müssen nach dem → Blitzschutzzonenkonzept installiert werden und man sollte beachten, dass der Blitzschlag auch aus der umgekehrten Stromflussrichtung kommen kann. Das bedeutet, SPDs der Kategorie B müssen nicht nur beim Gebäudeeintritt, sondern auch beim Gebäudeaustritt, zum Beispiel für den → Pylon oder die Benzinpreisanzeige, installiert werden. Überspannungsschutz für Ex-Anlagen ist unter dem Stichwort → „Eigensichere Stromkreise in Ex-Anlagen" beschrieben.

Technische Anschlussbedingungen (TAB) [L18]. In den technischen Anschlussbedingungen gibt es mehrere Abschnitte, die für die → EMV, den Blitz- und Überspannungsschutz wichtig sind.

Dabei handelt es sich in Überschrift 10 „Elektrische Verbrauchsgeräte" um Informationen zu → Netzrückwirkungen.

Abschnitt 12 „Schutzmaßnahmen", Absatz (1), legt fest, dass für die Schutzart bei indirektem Berühren nach DIN VDE 0100-410 (VDE 0100 Teil 410): 1997-01 [N2] das Schutz-System beim EVU zu erfragen ist. Dies ist nicht nur für den Schutz bei indirektem Berühren wichtig, sondern auch für die richtige Installation der Blitz- und Überspannungsschutzgeräte (SPDs).

Absatz (2) schreibt den → Fundamenterder vor, mit dem Hinweis, dass ein Fundamenterder nach DIN 18014:
- dem → Blitzschutz,
- der Schutzerdung von → Antennenanlagen,
- dem → Überspannungsschutz,
- der → elektromagnetischen Verträglichkeit (EMV),
- der Funktionserdung informationstechnischer Einrichtungen und
- der Erhöhung der Wirksamkeit des → Hauptpotentialausgleichs nach DIN VDE 0100-410 [N2] dient.

Teilblitz

Im Vergleich zu früheren TABs ist eine deutliche Ergänzung von Absatz (2) in Richtung EMV zu erkennen, und zwar dadurch, dass gefordert wird, den Fundamenterder für alle Einrichtungen in der baulichen Anlage zu planen, auszuführen und auch zu benutzen.

Absatz (3) verbietet die Benutzung der → PEN- bzw. → Neutralleiter (N) des EVU als Erder für Schutz- und Funktionszwecke von Antennen-, Blitzschutz-, Fernmelde-, Breitbandkommunikationsanlagen und ähnlichen Anlagen des Kunden.

Absatz (4) erlaubt einen → Überspannungsschutz der Kategorie C und D nur im nicht plombierten Teil der Kundenanlage.

In TAB 2000 ist unter der Überschrift 12 ein neuer Absatz 5 über die Installation von → Überspannungs-Schutzeinrichtungen der Anforderungsklasse B in Hauptstromversorgungssysteme aufgenommen worden. Es wird darin hingewiesen auf die „Richtlinie für den Einsatz von Überspannungs-Schutzeinrichtungen der Anforderungsklasse B in Hauptstromversorgungssystemen", herausgegeben im Jahr 1998 von der Vereinigung Deutscher Elektrizitätswerke – VDEW – e.V.

Die Voraussetzungen für die Installation von Überspannungs-Schutzeinrichtungen sind hier im Buch unter dem Stichwort → „Überspannungsschutz vor dem Zähler" beschrieben.

Teilblitz ist eine einzelne elektrische Entladung in einem Erdblitz oder auch die Blitzenergie nach der Energieverteilung in einem Einschlagpunkt in einem von mehreren Pfaden.

Teilblitzstrom kann z.B. in einem Erdkabel einer baulichen Anlage bei einem entfernten Blitzschlag Überspannungen und Zerstörung von Geräten verursachen. Das Gleiche kann auch bei nicht isolierten Fangeinrichtungen der → Dachaufbauten oder bei Näherungen geschehen. In solchen Fällen wird der Blitz über die → Fang- und → Ableitungseinrichtung nur teilweise abgeleitet und ein Teilblitzstrom dringt in die geschützte bauliche Anlage ein. Dies muss verhindert werden. Teilblitzströme werden auch durch innere Ableitungen verursacht. In allen Fällen, wo es nicht zum Überschlag kommt, werden große Ein-→ kopplungen in die inneren Installationen verursacht, die ebenfalls Schäden verursachen können.

Telekommunikationsendeinrichtung, z.B. Fax, Modem, ISDN-Karten im PC, schützt man auch mit Überspannungsschutzgeräten (SPD), die in die Steckdose gesteckt werden. Damit sind sowohl die Energieversorgung 230 V als auch die Elektronik vor Überspannungen, aber nicht vor Blitzschlag geschützt. Die steckbaren SPD-Adapter entsprechen der Kategorie D und müssen über vorgeschaltete SPDs der Kategorie B und C verfügen, wie unter dem Stichwort → „Überspannungsschutz" beschrieben ist.

THD → Grundwellen-Klirrfaktor und → Verträglichkeitspegel für Oberschwingungen

Tiefenerder

Tiefenerder ist ein → Erder, der hauptsächlich senkrecht (oder auch schräg) in größere Tiefen eingebracht wird. Er kann aus Rohr-, Rund- oder anderem Profilmaterial bestehen und zusammensetzbar sein.
Der Tiefenerder als Einzelerder muss nach DIN 57185-1 (VDE 0185 Teil 1): 1982-11 [N27], Abschnitt 5.3.6, 9 m Länge haben und 1 m von baulichen Anlagen entfernt sein. Nach DIN V ENV 61024-1 (VDE V 0185 Teil 100):1996-08 [N30], Nationaler Anhang NC, Abschnitt zu 2.3.2.1: „*(Erder) Anordnung Typ A hat sich auch die Länge von 9 m als vorteilhaft erwiesen*". Tiefenerder dürfen nach [N27], Tabelle 2, aus verzinktem Stahl oder Stahl mit Kupfermantel installiert werden. Bei nachträglicher Installation bei baulichen Anlagen mit Fundamenterder oder – wie weiter unten beschrieben – bei der Erweiterung nicht ausreichender → Fundamenterder dürfen aus Korrosionsgründen keine stahlverzinkten Tiefenerder benutzt werden. Nach [N30], Tabelle NC.3 (Tabelle W2 in diesem Buch) und RAL-GZ 642 dürfen nur Tiefenerder aus NIRO V4A, Werkstoffnr. 1.4571, eingebaut werden.

Tiefenerder können dort eingesetzt werden, wo aus Geländegründen (befestigte Verkehrsflächen) keine Oberflächenerder installiert werden dürfen. Ein weiterer Vorteil des Tiefenerders ist der über das ganze Jahr gleich bleibende Widerstand mit nur minimalen Schwankungen. Der Erdungswiderstand eines Tiefenerders mit 9 m Länge im Erdbereich und einem spezifischen Erdwiderstand von 100 Ωm beträgt ca. 12 Ω.

Ist es nicht möglich, einen Tiefenerder 9 m in das Erdreich zu treiben, so muss die erforderliche Länge in Teillängen aufgeteilt oder mit einem Oberflächenerder kombiniert werden. Die Abstände zwischen Teillängen des Tiefenerders müssen mindestens eine Teiltiefenerderlänge haben. Beispiel: Die erste Teillänge beträgt 6 m, somit muss die nächste Teillänge einen Abstand von mindestens 6 m haben.

Mit dem Tiefenerder oder auch nur mit Teillängen vom Tiefenerder wird die → Erdungsanlage in dem Fall erweitert, wenn nach DIN V ENV 61024-1 (VDE V 0185 Teil 100): 1996-08 [N30] bei der Überprüfung der äquivalenten Kreisfläche der Erdungsanlage sich diese als nicht ausreichend groß erweist.

Tiefenerder als Einzelerder ohne Verbindung zu anderen Erdern haben auch Nachteile. Beispielsweise müssen die Sicherheitsabstände zu Ableitungen und Fangvorrichtungen, die nur mit Tiefenerdern als Einzelerder verbunden sind ($k_c = 1$), sehr groß sein. Falls ein großer → Sicherheitsabstand nicht möglich ist, muss jeder Einzelerder mit der Blitzschutz-Erdungsanlage verbunden werden. Dies kann auch mit einem inneren Potentialausgleichsring innerhalb der Gebäude erfolgen.

Tiefenerder haben auch Nachteile bezüglich einer Schrittspannung in der eigenen Umgebung. Die erforderlichen Schutzmaßnahmen sind unter dem Stichwort → „Schrittspannung" beschrieben.

Bevor ein Tiefenerder in den Erdbereich geschlagen wird, muss alles über die unterirdischen Einrichtungen in Erfahrung gebracht werden, d. h., es muss geprüft werden, ob nicht Kabel, Gasleitungen und Ähnliches im Erdbereich verlegt sind.

TN-C-S-System

Die Schachtgrube sollte besser tiefer als 50 cm sein. So kann man herausfinden, ob sich nicht andere Einrichtungen im Erdbereich befinden, die nicht in Plänen enthalten oder die falsch registriert worden sind. Durch die tiefere Schachtgrube kann der Monteur den Vibrationshammer auch einfacher auf die Tiefenerderstangen (1,5 m) aufsetzen.

TN-C-S-System ist ein System (Netz) in der Energieversorgung mit einem „kombinierten" → PEN-Leiter, der die Funktion des Schutzleiters und des Neutralleiters in sich vereint. Im zweiten Teil des Systems wird der PEN-Leiter auf den PE- und N-Leiter aufgeteilt. Erst nach dieser Trennung entsteht ein EMV-freundliches Energieversorgungssystem. Weiteres → Netzsysteme.

TN-C-System ist ein nicht EMV-freundliches Energieversorgungssystem, da die Ausgleichsströme über den → PEN-Leiter fließen, was durch eine unsymmetrische Belastung der Netze, → Netzrückwirkungen oder andere Störungen verursacht wird. Von den Ausgleichsströmen ist nicht nur der PEN-Leiter betroffen, sondern auch der Potentialausgleichsleiter und alle anderen in den → Potentialausgleich einbezogenen Einrichtungen wie → Kabelschirme, Heizungsrohre usw. (**Bild T1**). Die über die Kabelschirme fließenden Ströme verursachen Störungen bei auf Überspannung empfindlich reagierenden Baugruppen, mitunter auch Zerstörungen. Fließen die Ströme über umfassende Systeme, z. B. Rohrsysteme, entstehen zusätzliche magnetische Felder, die weitere Störungen verursachen und auch die → Korrosion der Rohre beschleunigen. Weiteres → Netzsysteme.

TN-S-System ist ein EMV-freundliches System mit getrenntem → PE- und → N-Leiter. Damit können keine oder nur minimale Ausgleichsströme (Leckströme) über den PE-Leiter und andere in den → Potentialausgleich einbezogene Einrichtungen fließen (**Bild T1**). Das TN-S-System (5adrig) ist aus EMV-Sicht das beste System. Weiteres → Netzsysteme.

Tonanlagen → Datenverarbeitungsanlagen

Traufenblech muss mit der → Fangeinrichtung oder → Ableitung verbunden werden, wenn es länger als 2 Meter ist oder sich näher als 0,5 m von der Fangeinrichtung oder Ableitung befindet.

Trennfunkenstrecken dürfen nicht mit → Schutzfunkenstrecken verwechselt werden. Die Trennfunkenstrecken müssen die Prüfströme 10/350 µs zerstörungsfrei führen können. Ihre Aufgaben sind die Trennung zweier Installationen, z. B. unterschiedliche → Erdungsanlagen, Näherungsstellen usw., und die kontrollierte Durchzündung bei einem Blitzschlag. Die Trennfunkenstrecke muss nach dem Blitzschlag wieder einwandfrei die Trennung der beiden Installationen herstellen.

Trennstelle → Messstelle

Trennungsabstand *d*

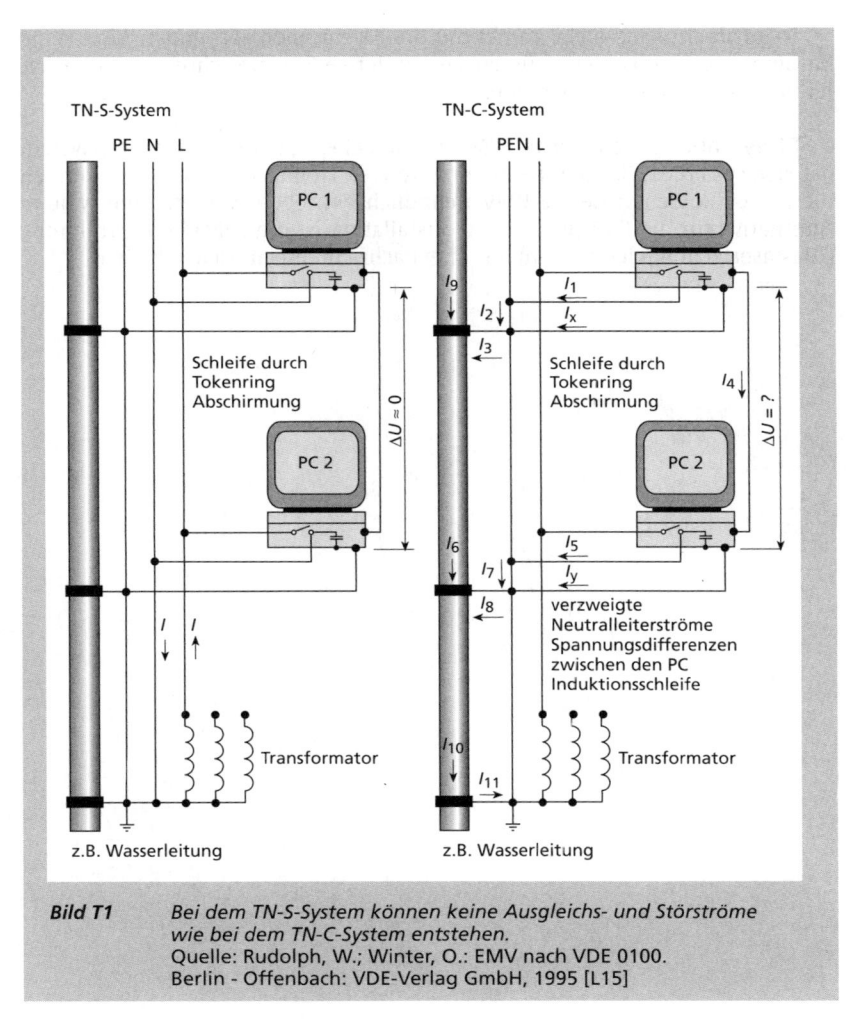

Bild T1 Bei dem TN-S-System können keine Ausgleichs- und Störströme wie bei dem TN-C-System entstehen.
Quelle: Rudolph, W.; Winter, O.: EMV nach VDE 0100.
Berlin - Offenbach: VDE-Verlag GmbH, 1995 [L15]

Trenntransformatoren benutzt man als Schutzmaßnahme nach DIN VDE 0800 Teil 2 [N52], Abschnitt 15.2 und weiteren Abschnitten, und für die Unterbrechung der Ausgleichsströme zwischen einzelnen Anlagen nach DIN VDE 0100-444 (VDE 0100 Teil 444): 1999-10 [N10]; Abschnitt 444.3.15, wie unter dem Stichwort → „Netzsysteme" beschrieben ist.

Trennungsabstand *d* zwischen der äußeren → Blitzschutzanlage und metallenen, elektrischen bzw. informationstechnischen Installationen und Einrichtungen muss größer sein als der Sicherheitsabstand *s*. Näheres → Näherungen und → Näherungsformel.

Tropfbleche

Tropfbleche sind nicht immer mit den Dachrinnen verbunden. Sind keine Verbindungen vorhanden, müssen sie mit der → Fangeinrichtung oder → Ableitung zusammengefügt werden.

TT-System ist ein nicht EMV-freundliches Energieversorgungssystem (→ Netzsysteme). Bei der Benutzung von → Trenntransformatoren können die angeschlossenen Geräte EMV-freundlich betrieben werden. Eine weitere Alternative für die EMV-freundliche Installation ist die galvanische Trennung (Glasfasertechnik/Lichtwellenleiter) bei nachrichtentechnischen Kabeln.

U

Umgebungskoeffizient C_e dient gemeinsam mit anderen Koeffizienten zur Berechnung der Einschlaghäufigkeit in eine bauliche Anlage (siehe auch → Schutzklasse-Ermittlung). Je kleiner er ist, desto kleiner ist auch die zu erwartende Einschlaghäufigkeit. Seine Abhängigkeit von der Umgebung ist aus **Tabelle U1** zu ersehen.

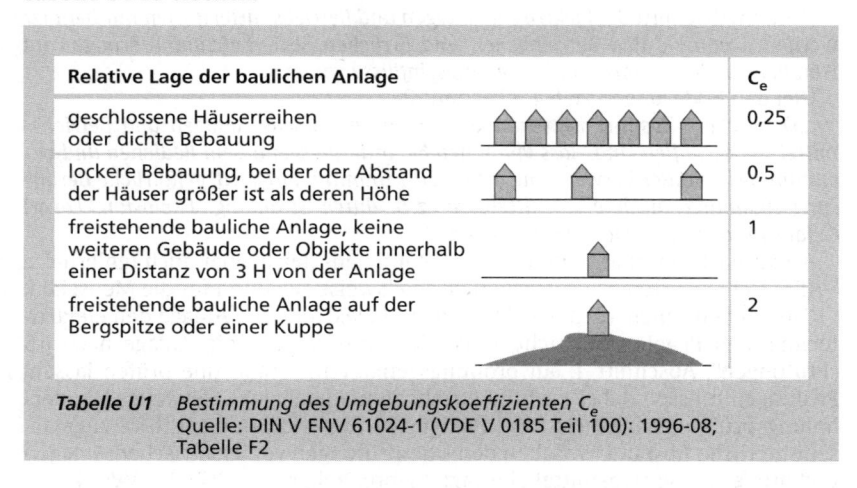

Relative Lage der baulichen Anlage		C_e
geschlossene Häuserreihen oder dichte Bebauung		0,25
lockere Bebauung, bei der der Abstand der Häuser größer ist als deren Höhe		0,5
freistehende bauliche Anlage, keine weiteren Gebäude oder Objekte innerhalb einer Distanz von 3 H von der Anlage		1
freistehende bauliche Anlage auf der Bergspitze oder einer Kuppe		2

Tabelle U1   Bestimmung des Umgebungskoeffizienten C_e
Quelle: DIN V ENV 61024-1 (VDE V 0185 Teil 100): 1996-08; Tabelle F2

Unfallverhütungsvorschriften [L2]. Die „Unfallverhütungsvorschriften für Elektrische Anlagen und Betriebsmittel" BGV A2 (bisher VBG 4) enthalten für Planer, Installationsfirmen und Betreiber mehrere wichtige Paragraphen.
In §2 „Begriffe", Abschnitt 2, steht für die Elektrotechnik folgendes beschrieben:
„*Elektrotechnische Regeln im Sinne dieser Unfallverhütungsvorschrift sind die allgemein anerkannten Regeln der Elektrotechnik, die in den VDE-Bestimmungen enthalten sind, auf die die Berufsgenossenschaft in ihrem Mitteilungsblatt verwiesen hat. Eine elektrotechnische Regel gilt als eingehalten, wenn eine ebenso wirksame andere Maßnahme getroffen wird; der Berufsgenossenschaft ist auf Verlangen nachzuweisen, dass die Maßnahme ebenso wirksam ist.*"
Die Maßnahmen aus den VDE-Bestimmungen sind also einzuhalten!
In §3 „Grundsätze", Abschnitt 1, ist festgelegt:
„*Der Unternehmer hat dafür zu sorgen, dass elektrische Anlagen und Betriebsmittel nur von einer Elektrofachkraft oder unter Leitung und Aufsicht einer*

Unterdachanlagen

Elektrofachkraft den elektrotechnischen Regeln entsprechend errichtet, geändert und instandgehalten werden. Der Unternehmer hat ferner dafür zu sorgen, dass die elektrischen Anlagen und Betriebsmittel den elektrotechnischen Regeln entsprechend betrieben werden."

Nicht immer werden aber in der Praxis alle Arbeiten an elektrischen Anlagen und ihren Bestandteilen von einer Elektrofachkraft ausgeführt!

In den Grundsätzen beim Fehlen elektrotechnischer Regeln §4, Abschnitt 1, ist geschrieben: *„Soweit hinsichtlich bestimmter elektrischer Anlagen und Betriebsmittel keine oder zur Abwendung neuer oder bislang nicht festgestellter Gefahren nur unzureichende elektrotechnische Regeln bestehen, hat der Unternehmer dafür zu sorgen, daß die Bestimmungen der nachstehenden Absätze eingehalten werden".*

In Abschnitt 2: *„Elektrische Anlagen und Betriebsmittel müssen sich in sicherem Zustand befinden und sind in diesem Zustand zu erhalten".*

Und in Abschnitt 3: *„Elektrische Anlagen und Betriebsmittel dürfen nur benutzt werden, wenn sie den betrieblichen und örtlichen Sicherheitsanforderungen im Hinblick auf Betriebsart und Umgebungseinflüsse genügen".*

Bei den Erklärungen zu § 4, Abschnitt 2:

„Der sichere Zustand ist vorhanden, wenn elektrische Anlagen und Betriebsmittel so beschaffen sind, dass von ihnen bei ordnungsgemäßem Bedienen und bestimmungsgemäßer Verwendung weder eine unmittelbare (z.B. gefährliche Berührungsspannung) noch eine mittelbare (z.B. durch Strahlung, Explosion, Lärm) Gefahr für den Menschen ausgehen kann".

Nicht nach Norm ausgeführter → Potentialausgleich, aber auch fehlerhafte → Blitzschutzsysteme verursachen beispielsweise Gefahren für die Menschen.

Um zu beurteilen, ob die elektrische und elektronische Anlage den elektrotechnischen Regeln entspricht, muss der Unternehmer die Anlage nach §5 „Prüfungen", Abschnitt 1, auf ordnungsgemäßen Zustand überprüfen lassen. Prüfungen müssen dabei nach Inbetriebnahme der Anlage, sowie als Wiederholungsprüfungen in einem regelmäßigen Turnus erfolgen. Der größte zugelassene zeitliche Abstand zwischen den Überprüfungen von elektrischen Anlagen und ortsfesten Betriebsmitteln beträgt 4 Jahre. Näheres → BGV A2 (VBG 4).

Wenn bei der Überprüfung Mängel entdeckt werden, muss der Unternehmer nach §3, Abschnitt 2, dafür sorgen, dass die Mängel unverzüglich behoben werden. Besteht Gefahr, so darf die elektrische Anlage oder das elektrische Betriebsmittel in mangelhaftem Zustand nicht in Betrieb genommen werden.

Unterdachanlagen gibt es häufig bei Gebäuden, die unter Denkmalschutz stehen oder bei denen ein sichtbares Blitzschutzsystem nicht erwünscht ist. Sie sind zwar erlaubt, es entstehen aber oft Probleme durch → Näherungen mit anderen Einrichtungen unter dem Dach, z.B. Brandmeldeanlagen, Alarmanlagen und mit der allgemeinen Elektroinstallation (**Bild N2**). Um diese Probleme zu beseitigen, sind zumeist zusätzliche Maßnahmen notwendig, z.B. → Trennungsabstände vergrößern, Abschirmungen einsetzen und zusätzlichen → Überspannungsschutz durchführen. Das ist aber so aufwendig, dass die Unterdachanlagen selten zu empfehlen sind.

USV-Anlagen

Unterdachanlagen sind nach DIN 57185-1 (VDE 0185 Teil 1): 1982-11 [N27], Abschnitte 5.1.1.2 und 5.1.1.7, nur bei baulichen Anlagen bis 20 m Gesamthöhe, gemessen am höchsten Punkt der → Fangeinrichtung (**Bild U1**), erlaubt. Bei Unterdachanlagen wird der → Schutzbereich durch den → Schutzwinkel der herausragenden → Fangspitzen oder Fangstangen mit 45° nach allen Seiten gebildet. Die Fangspitzen oder Fangstangen müssen Abstände von höchstens 5 m und mindestens 0,3 m Höhe über der Dachhaut haben. Die Verbindungsleitung unter dem Dach soll für Kontrollen zugänglich sein. → Metalldachstühle und auch andere Stahlkonstruktionen, aber auch Bewehrungen im Stahlbeton gelten als Verbindungen zu den Fangspitzen und Fangstangen.

Die Praxis: Bei Überprüfungen von Unterdachanlagen wird sehr oft festgestellt, dass die Fangspitzen zu kurz sind. Auch sind sie oft zu weit auf dem First von der Giebelkante entfernt. Gerade Giebelkanten müssen aber hauptsächlich geschützt werden. Bei Unterdachanlagen müssen die Fangspitzen oder Fangstangen an den Stellen angebracht werden, wo normalerweise Fangleitungen auf dem Dach sind. Das bedeutet, dass Giebelkanten und Traufen ebenfalls Fangspitzen oder Fangstangen haben müssen, was oft nicht der Fall ist.

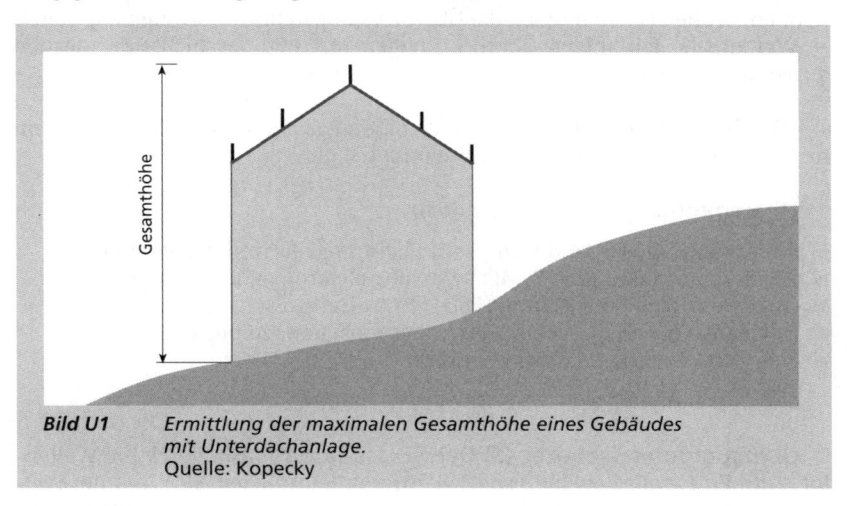

Bild U1 *Ermittlung der maximalen Gesamthöhe eines Gebäudes mit Unterdachanlage.*
Quelle: Kopecky

USV-Anlagen-Hersteller werben für ihre Produkte oft damit, dass die USV-Anlagen auch bei Gewitter schützen. Damit ist im Allgemeinen aber nur der Schutz vor Spannungsunterbrechung gemeint und nicht der Schutz vor Überspannung. Nicht alle USV-Anlagen haben einen installierten → Überspannungsschutz (SPD) auf der „Eingangsseite", sehr selten ist eine installierte SPD auf der Ausgangsseite. Die Ausgangsleitungen werden jedoch durch unterschiedliche Ein-→ kopplungen beeinflusst und müssen auch geschützt werden. Der durch-gehende → PE-Leiter in der USV erhöht sonst bei einer Störung die → Längsspannung gegenüber allen anderen Leitern der USV-Anlage. Die Ausgangsleitungen der USV-Anlagen sollten auch mit SPDs geschützt werden, wenn die Leitungen nicht anders geschützt sind.

Ü

Überbrückung. Die Überbrückung der Wasserzähler wurde früher zum Zweck der Erdung vorgeschrieben. Seit der Installation nicht leitfähiger (PVC-) Wasserrohre und Einsatz von → Fundamenterdern hat die Überbrückung der Wasserzähler nur noch eingeschränkte Bedeutung. In den Fällen, wo die eintretende Wasserleitung weiterhin aus leitfähigem Material ist, muss der Wasserzähler jedoch auch weiterhin überbrückt werden.

Als weitere wichtige Überbrückungen sind die Überbrückungen von Blechkanten, Metallfassaden und Stoßstellen bei Klima- und Lüftungsanlagen zu nennen. In allen Fällen müssen die Überbrückungen blitzstromtragfähig sein.

Werden die leitfähigen Überbrückungen mit PVC-beschichteten Blechen ausgeführt, so sind die Anschlüsse durch Nieten herzustellen.

Überbrückungsbauteil ist ein Verbindungsbauteil zum Verbinden von metallenen Installationen [N40], Abschnitt 3.3.

Überspannungen entstehen durch:

- atmosphärische Entladungen (LEMP: lightning electromagnetic impulse)
- Schaltüberspannungen (SEMP: switching electromagnetic impulse)
- elektrostatische Entladungen (ESD: electrostatic discharge)
- Nuklearexplosion (NEMP: nuclear electromagnetic impulse)
- energietechnische Netzrückwirkungen

Siehe auch **Bild S7** bei dem Stichwort → „Störphänomene".

Überspannungsableiter (SPDs) werden in der Praxis durch die Wellenform des Prüfstroms, 10/350 µs oder 8/20 µs, unterschieden. SPDs mit der Wellenform der Stoßströme 10/350 µs sind unter dem Stichwort → „Blitzstromableiter" beschrieben, SPDs mit der Wellenform der Stoßströme 8/20 µs unter dem Stichwort → „Überspannungsschutz Kategorie C".

Weiterhin wird unterschieden in SPDs für Energietechnik und SPDs für Informationstechnik.

Überspannungsableiter (SPD) Kategorie C ist ein Ableiter zum Einbau am Blitzschutzzonenübergang $0_B/1$ bzw. an nachfolgenden Blitzschutzzonenübergängen. Bei nicht ausgeführtem → Blitzschutzzonenkonzept ist er im Elektroverteiler zu installieren oder auch in separat zu schützenden Einrichtungen. Siehe auch Stichworte in Zusammenhang mit Überspannungsschutz.

Die diesem Buch beigelegte CD-ROM bietet u.a. eine große Auswahl von

Überspannungsschutz an Blitzschutzzonen (LPZ)

Blitzstromableitern verschiedener Hersteller inklusive technischer Daten und Einbauhinweise.

Überspannungskategorien sind in DIN VDE 0110-1 (VDE 0110 Teil 1): 1997-04 [N16] und DIN V VDEV 0100-534 (VDE V 0100 Teil 534): 1999-4 [N11] festgelegt. **Bild Ü1** zeigt den Schutzpegel von → Blitzstromableitern B am → Blitzschutzpotentialausgleich mit < 4 kV (Überspannungsschutzkategorie IV), von Überspannungsschutz C in der Überspannungsschutzkategorie III bei der festen Installationen < 1,5 kV und von Überspannungsschutz D in der Überspannungsschutzkategorie II für ortsveränderliche und fest angeordnete Betriebsmittel im Vergleich zur vorgeschriebenen Bemessungsstoßspannung. Die Überspannungskategorie ist unabhängig von der → Blitzschutzanlage. Das bedeutet, die Überspannungsschutz-Installation sollte auch realisiert werden in Anlagen ohne Blitzschutzanlage.

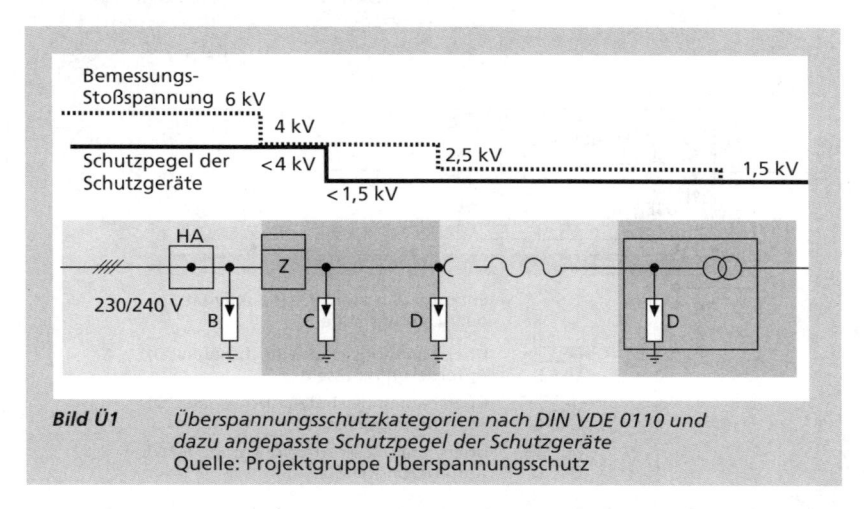

Bild Ü1 Überspannungsschutzkategorien nach DIN VDE 0110 und dazu angepasste Schutzpegel der Schutzgeräte
Quelle: Projektgruppe Überspannungsschutz

Überspannungsschutz an Blitzschutzzonen (LPZ). Nach DIN V VDE V 0100-534 (VDE V 0100 Teil 534): 1999-4 [N11], Abschnitt 534.2, müssen die Leistungsparameter der SPDs der Bedrohungsgröße am Einbauort der LPZ angepasst werden. Ob alle LPZ realisiert werden müssen, ist vom Planungskonzept abhängig. Die Planung der Überspannungsschutzmaßnahmen an der LPZ muss sorgfältig geschehen. Bei der Prüfung der Planung und auch der Ausführung von Überspannungsschutzmaßnahmen in der Praxis wurde häufig festgestellt, dass Blitz- und Überspannungsschutzgeräte erst im Hauptverteiler oder im Unterverteiler installiert wurden, obwohl diese sich bereits weit innerhalb der LPZ befanden. Die SPDs der entsprechenden Kategorien müssen sich an den Eintrittstellen der Kabel in die nächste LPZ befinden und nicht mehrere Meter davon entfernt. Die Alternative, SPDs „weiter" entfernt zu installieren, ist nur dann realisierbar, wenn das noch nicht geschützte Kabel von der LPZ räumlich getrennt und/oder abgeschirmt wird.

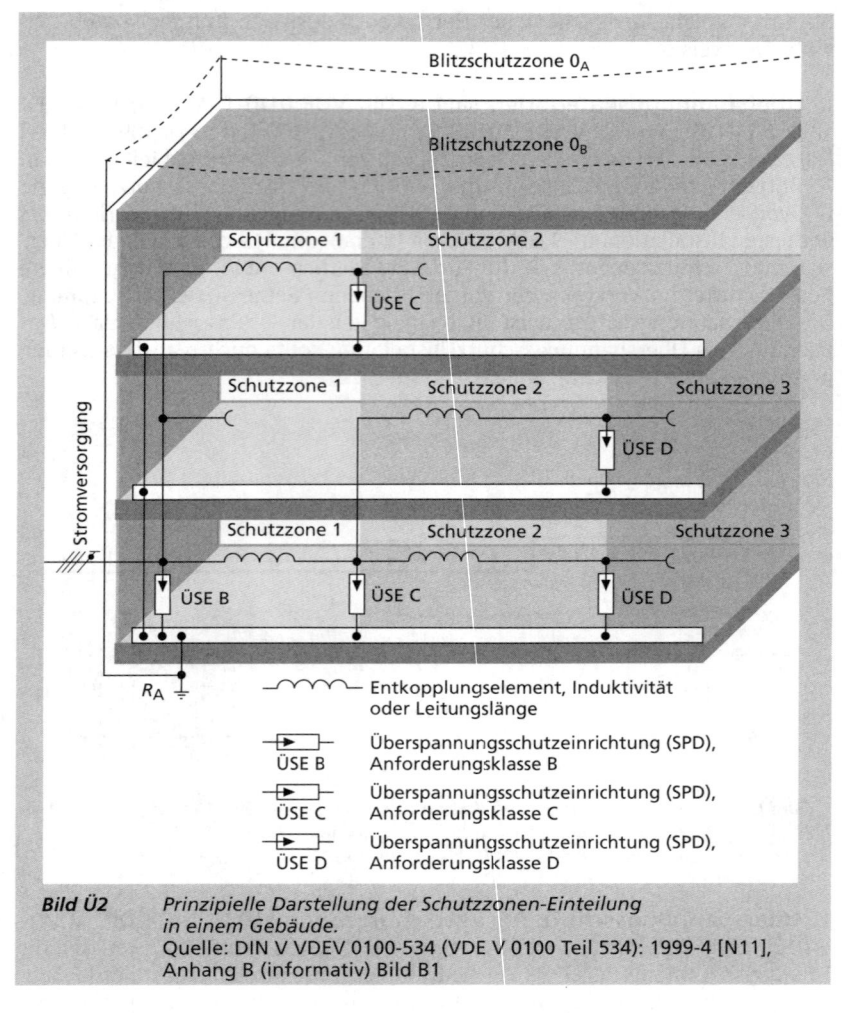

Überspannungsschutz für die Informationstechnik

Bild Ü2 Prinzipielle Darstellung der Schutzzonen-Einteilung in einem Gebäude.
Quelle: DIN V VDEV 0100-534 (VDE V 0100 Teil 534): 1999-4 [N11], Anhang B (informativ) Bild B1

Überspannungsschutz für die Informationstechnik. Die Überspannungsschutzgeräte-Hersteller haben für die meisten Anwendungen genau abgestimmte Überspannungsschutzgeräte (SPDs). SPDs gibt es für alle Spannungspegel, AC/DC-Spannung, als → Blitzstromableiter und → Überspannungsableiter, mit eingebauter Entkopplung, mit Querschutz und/oder Längsschutz, mit HF-Filter und mit weiteren Spezifikationen. Bei der Computertechnik muss man allerdings immer die maximale Datengeschwindigkeit beachten. Die so genannte Verträglichkeit der SPDs mit den zu schützenden Einrichtungen darf nicht vergessen werden. In einem Buch dieses Formats kann leider aus Platzgründen nicht auf alle Anwendungen von Überspannungsschutzgeräten

Überspannungsschutz für die Telekommunikationstechnik

in der Informationstechnik eingegangen werden. Die diesem Buch beigelegte CD-ROM bietet eine ausreichnde Anzahl von Einbauhinweisen. Da → Telekommunikationsanlagen besonders häufig auftreten, wird ihr Überspannungsschutz separat unter dem folgenden Stichwort behandelt.

Überspannungsschutz für die Telekommunikationstechnik. Bei der Kontrolle und Schadensbewertung von Anlagen der Telekommunikationstechnik zeigt es sich immer wieder, dass es hier noch viel zu tun gibt in punkto Schutzmaßnahmen. Die Telekommunikationskabel sind sehr selten in den → Blitzschutzpotentialausgleich einbezogen, selbst dann nicht, wenn das vorgeschrieben ist. Überspannungsschutzgeräte sind, wenn überhaupt, vor allem nur an der Energieversorgung zu finden. Gerade Endgeräte, die an zwei oder mehreren unterschiedlichen Netzen angeschlossen sind, sind jedoch hauptsächlich durch → Überspannung gefährdet.

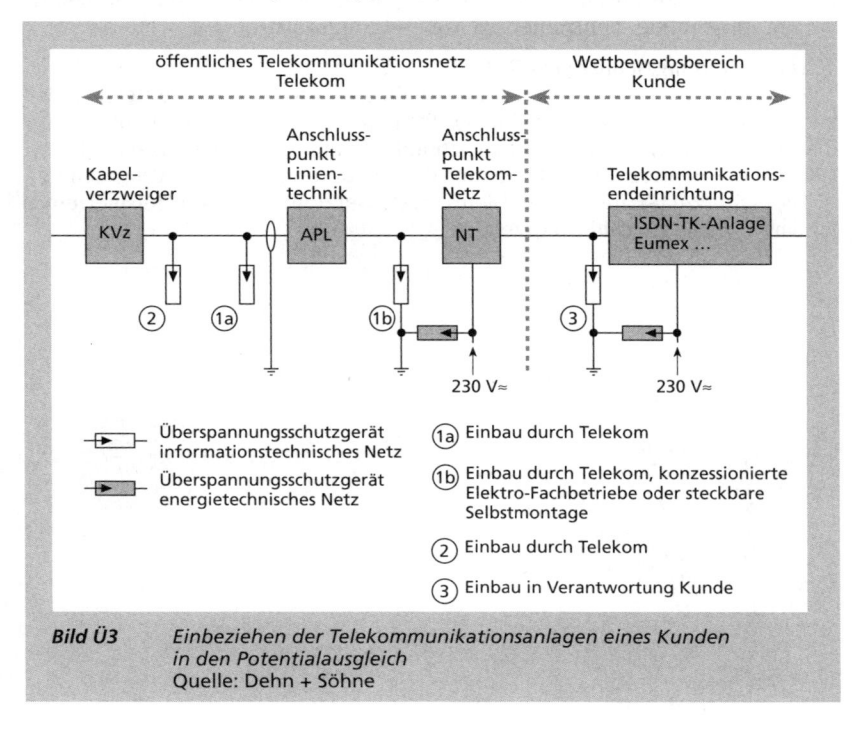

Bild Ü3   Einbeziehen der Telekommunikationsanlagen eines Kunden in den Potentialausgleich
Quelle: Dehn + Söhne

Entsprechend dem Bericht [L13] der Herren *Trommer* und *K.-P. Müller* ist es Tatsache, dass Telekommunikationsleitungen als Leitungsnetz vielfach eine Fläche von einigen Quadratkilometern überdecken und damit bei einer Blitzschlaghäufigkeit von ca. 1 bis 5 Blitzschlägen pro Jahr und Quadratkilometer vor allem die Telekommunikationsleitungen selbst und damit auch die Endeinrichtungen gefährdet sind.

Überspannungsschutz für die Telekommunikationstechnik

Die Spannungsfestigkeiten der Endgeräte können bei einem direkten oder nahen Blitzeinschlag überschritten werden, so dass es zu Zerstörungen kommt.
Bild Ü3 zeigt die Zuständigkeit des Netzbetreibers (hier z. B. Telekom).

Bei neuen und bestehenden Installationen ist es günstig, die Überspannungsschutzmaßnahmen sowohl am APL als auch am NT auszuführen. Bei nachträglich installierten Überspannungsschutzmaßnahmen kann man diese Maßnahmen nur am NT durchführen, wenn der APL nicht im Nutzungsbereich des Anwenders ist.

Überspannungsschutz am APL [L13]

Die Überspannungsschutzmaßnahme am APL ist der → Blitzschutzpotentialausgleich einer baulichen Anlage. Für diesen → Überspannungsschutz bieten sich aufsteckbare LSA-Plus-Schutzgeräte als Einzelgeräte oder als Zehnerblock für die LSA-Plus-Leisten der Baugruppe II an. In den meisten Fällen ist diese Einbeziehung in den Blitzschutzpotentialausgleich ausreichend, aber die Belastbarkeit muss immer kontrolliert werden, → Blitzprüfstrom.

Überspannungsschutz am NT [L 13]

Bei den Überspannungsschutzmaßnahmen am NT wird unterschieden zwischen Schutzmaßnahmen für die Einzelplatzanwendung und solchen für die Mehrplatzanwendung. Bei den Schutzmaßnahmen für den Einzelplatz mit Hilfe eines Adapters (**Bild Ü4**) ist auch die Versorgungsleitung 230 V geschützt.

Die Schutzmaßnahmen für Mehrplatzanwendung sind am Beispiel eines Einbaurahmens auf **Bild Ü5** gezeigt.

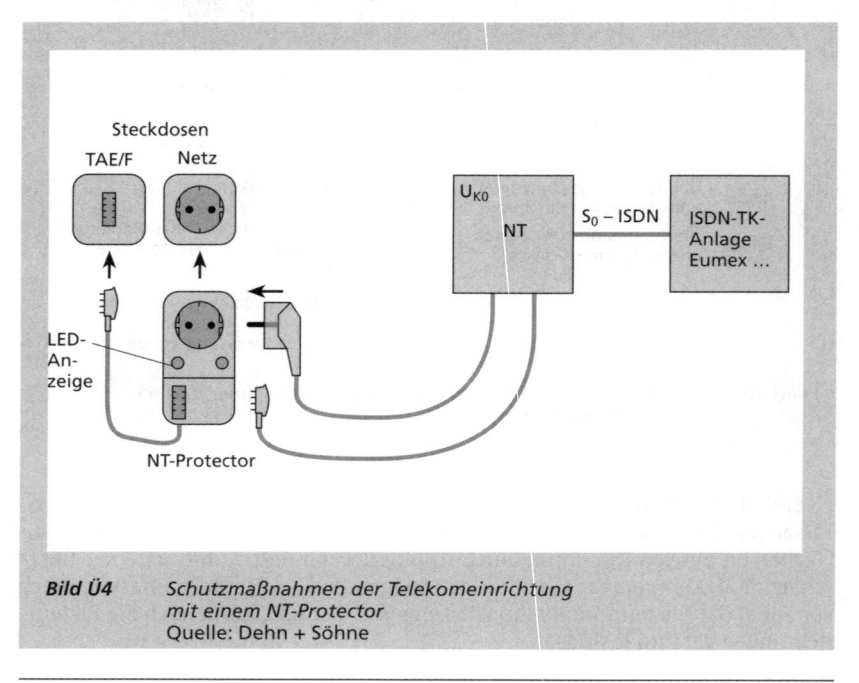

Bild Ü4 Schutzmaßnahmen der Telekomeinrichtung mit einem NT-Protector
Quelle: Dehn + Söhne

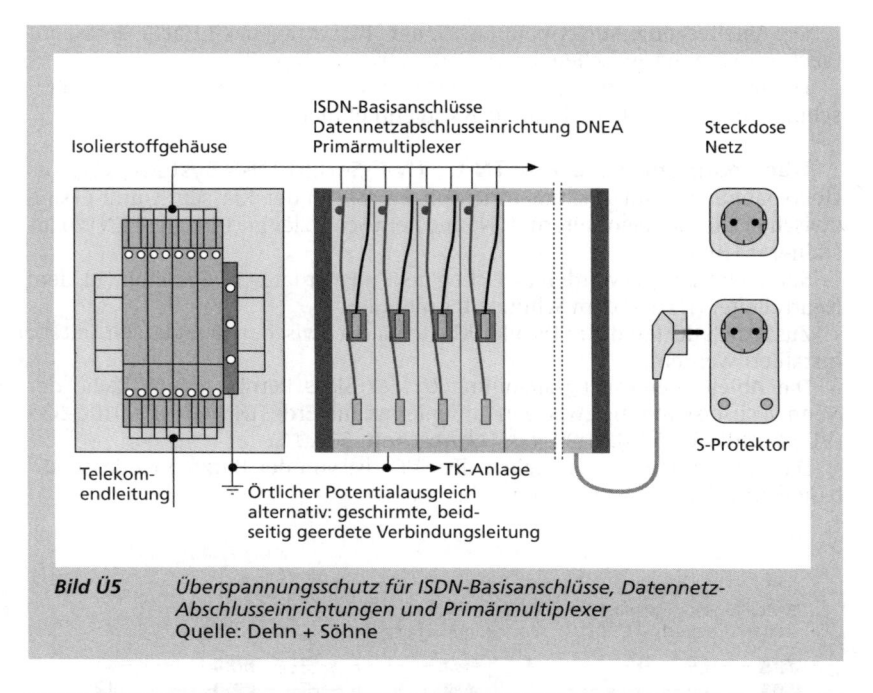

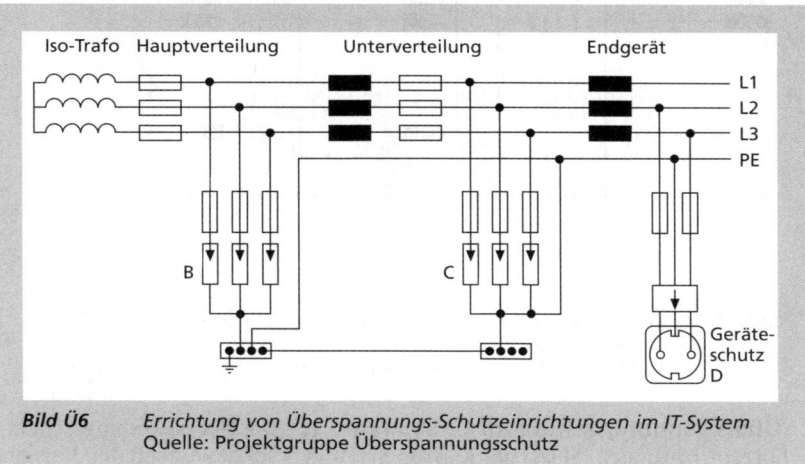

Überspannungsschutz im IT-System

Bild Ü5 Überspannungsschutz für ISDN-Basisanschlüsse, Datennetz-Abschlusseinrichtungen und Primärmultiplexer
Quelle: Dehn + Söhne

Bild Ü6 Errichtung von Überspannungs-Schutzeinrichtungen im IT-System
Quelle: Projektgruppe Überspannungsschutz

Überspannungsschutz im IT-System [N11].

Die Überspannungs-Schutzeinrichtungen (SPDs) der Klassen B, C und D sind zwischen allen aktiven Leitern und dem Schutzleiter PE zu installieren (**Bild Ü6**).

Die Ableiterbemessungsspannung U_c der SPD beträgt das 1,1fache der Nennwechselspannung zwischen den Außenleitern ($U = U_o \cdot \sqrt{3}$).

Die Blitzstoßstromtragfähigkeit der SPDs der Kategorie B ist von der Blitzschutzklasse abhängig und Tabelle B3 zu entnehmen.

Überspannungsschutz im TN-C-, TN-C-S- und TN-S-System [N11]. Die Überspannungsschutz-Schutzeinrichtungen (SPDs) der Klassen B und C sind zwischen allen aktiven Leitern (L, N) und dem Schutzleiter (PE- oder PEN) zu installieren (**Bild Ü7**).

SPDs der Klasse D werden zwischen dem ungeerdeten Außenleiter (L), dem Neutralleiter (N) und dem Schutzleiter montiert.

Zusätzlich dürfen die SPDs aller Klassen auch zwischen den aktiven Leitern installiert werden.

Die Ableiterbemessungsspannung U_c der SPDs beträgt das 1,1fache der Nennwechselspannung zwischen Außenleiter und Erde (DIN V VDEV 0100-534 (VDE V 0100 Teil 534): 1999-4 [N11], Abschnitt 534.3.1).

Die Blitzstoßstromtragfähigkeit der SPDs ist von der Blitzschutzklasse abhängig und der Tabelle B3 zu entnehmen.

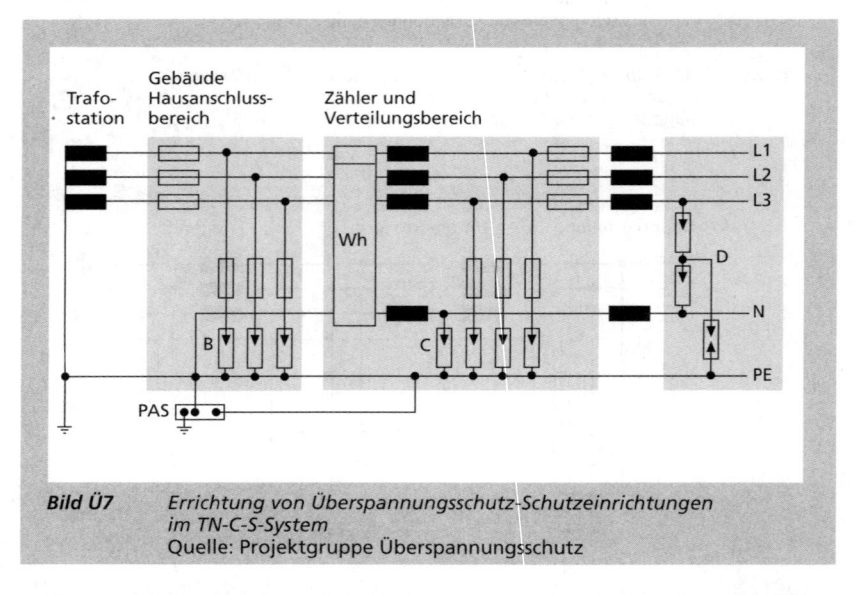

Bild Ü7   *Errichtung von Überspannungsschutz-Schutzeinrichtungen im TN-C-S-System*
Quelle: Projektgruppe Überspannungsschutz

Überspannungsschutz im TT-System [N11]. Die Überspannungsschutz-Schutzeinrichtungen (SPDs) der Klassen B, C und D sind zwischen den ungeerdeten Außenleitern (L) und dem Neutralleiter (N) und zwischen dem Neutralleiter (N) und dem Schutzleiter (PE) zu installieren. Diese Anschlussart ist auch als 3 + 1-Schaltung bekannt (**Bild Ü8**).

Zusätzlich dürfen die SPDs aller Klassen auch zwischen den aktiven Leitern installiert werden.

Überspannungsschutz nach RCDs (FI-Schalter)

In [N11], Abschnitt 534.2.2 und Bild A.4, heißt es zwar, dass in dem Fall, wenn ein Ableitertrennschalter montiert wurde, die SPD auch wie im TN-System installiert werden darf, aber diese Alternative ist nur für Österreich gültig, da auf dem deutschen Markt die Ableitertrennschalter nicht zu erhalten sind.

Die Ableitungsbemessungsspannung U_c der SPDs beträgt das 1,1fache der Nennwechselspannung (DIN V VDEV 0100-534 (VDE V 0100 Teil 534): 1999-4 [N11], Abschnitt 534.3.1).

Die → Blitzstoßstromtragfähigkeit der SPDs, Kategorie B ist von der → Blitzschutzklasse abhängig und Tabelle B4 zu entnehmen.

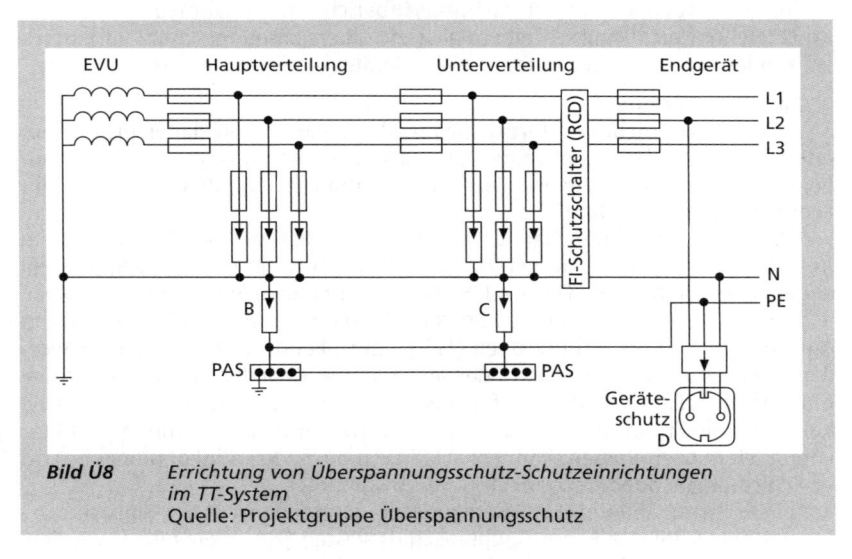

Bild Ü8 Errichtung von Überspannungsschutz-Schutzeinrichtungen im TT-System
Quelle: Projektgruppe Überspannungsschutz

Überspannungsschutz nach RCDs (FI-Schalter). RCDs (residual current protective device – FI-Schalter, Fehlerstrom-Schutzschalter) nach VDE 664 Teil 1 sollen stoßstromfest sein. Auf dem Markt werden RCDs aber nur bis zu einer Stoßstromfestigkeit von 250 A (8/20 μs) und selektive RCDs (s) oder RCD-UT („unwanted tripping" – unerwünschtes Ausschalten) nur mit einer Stoßstromfestigkeit von 3 kA (8/20 μs) angeboten. Bei Installation der Blitz- oder Überspannungsschutzgeräte (SPD) Kategorie B oder C hinter RCDs können durch das Auftreten höherer Stoßströme die RCDs beschädigt werden. Das kann bis zum Verschmelzen der Kontakte führen, so dass die RCDs dann nicht mehr abschalten können. Ein weiteres Problem ist, dass durch die abgeleiteten Ströme der SPDs Fehlauslösungen der RCDs verursacht werden können, die dann zur Unterbrechung der Energieversorgung führen. Um das alles zu vermeiden, sollten hinter den RCDs nur SPDs der Kategorie D installiert werden, die innerhalb der SPD keine direkte Verbindung zum PE haben, sondern nur über eine Funkenstrecke (siehe **Bilder Ü6, Ü7** und **Ü8**). Die indirekte Verbindung ermöglicht auch Isolationswiderstandsmessungen, ohne die SPDs abklemmen zu müssen.

Überspannungsschutz und die Praxis

Überspannungsschutz und die Praxis. Wie schon im Vorwort beschrieben, zeigt die Praxis, dass bei den Prüfungen oft Fehler entdeckt werden. Vorbeugend sind die meisten der entdeckten Fehler daher hier beschrieben. Der Leser bekommt so eine Übersicht, wie er den Überspannungsschutz nicht installieren darf, aber welche Installationsart richtig ist.

Überspannungsschutz bedeutet nicht, dass die Überspannungsschutzgeräte (SPD) ohne Überlegung installiert werden dürfen. SPDs müssen nämlich an der richtigen Stelle installiert und geerdet werden. Im Bedarfsfall müssen sowohl sie als auch die geschützten Adern geschirmt und die Schirme beidseitig angeschlossen werden. Der Prüfer darf im Prüfbericht, im Abnahmeprotokoll oder im Gutachten nicht nur schreiben, dass ein Überspannungsschutz vorhanden ist, sondern er muss überprüfen, welche Gerätetypen wie eingebaut wurden.

Energieversorgung.

Als eine erste wichtige Information für alle Fachleute – ob Planer, Installateur oder Prüfer – ist festzustellen, welches Stromversorgungs-System in der baulichen Anlage vorhanden ist. Diese Information ist für den Anschluss der Schutzgeräte sehr wichtig.

Wenn das System unbekannt ist, müssen die SPDs wie bei dem TT-System mit der 3 + 1-Schaltung ausgeführt werden, auch wenn es sich dabei um ein anderes System handelt. Die 3 + 1-Schaltung ist in allen Systemen anwendbar.

Die → Blitzstromableiter der Kategorie B müssen immer, auch bei baulichen Anlagen ohne → Blitzschutzzonen (LPZ), am Gebäudeeintritt eingebaut werden. Wenn dies aus baulichen oder aus anderen Gründen nicht möglich ist, muss die Installation so durchgeführt werden, dass die noch nicht geschützten Kabel und die Erdungskabel keine anderen installierten Einrichtungen mit Einkopplungen beeinflussen können. Maßnahmen gegen Einkopplungen sind → Schirmungen oder die Wahl größerer Abstände.

Die Blitzstromableiter (SPD) Kategorie „B" auf der Funkenstreckenbasis dürfen vor dem Zähler, z. B. am Hauptanschlusskasten (HAK), eingebaut werden. Die Arbeiten sind oft problematisch, weil es sich hier um Arbeiten in Spannungsnähe handelt. Bei alten HAKs muss eine zusätzliche Öffnung für die neue Verschraubung angefertigt werden. Wenn die Vorsicherung im HAK größer als die erlaubte maximale → Vorsicherung für die Blitzstromableiter ist, muss in dem neuen Gehäuse für den Blitzstromableiter auch eine Vorsicherung für den Blitzstromableiter eingebaut werden. Das Thema Vorsicherungen ist unter eigenem Stichwort nachzulesen.

Bei den HAKs, aber auch an anderen Stellen, wo SPDs installiert wurden, findet man sehr oft nicht angeschlossene PEN-Leiter oder PE-Leiter. **Bild Ü9** zeigt solch ein Beispiel, wo der → PE-Leiter an der Erdungsseite der SPD angeschlossen sein muß. Ansonsten entsteht durch die lange Zuleitung zur → Potentialausgleichsschiene ein hoher induktiver Spannungsfall (ca. 1 kV/m bei I_s = 10 kA). Bei nicht vorhandenen Verbindungen mit dem PE-Leiter an der Schutzstelle (alternativ gilt dies auch beim → TN-C-System mit → PEN-Leiter) liegt so die Längsspannung über dem erlaubten Spannungspegel!

In der Einbauanweisung der SPD-Hersteller ist die richtige Anschlussart angegeben. Sie zeigt, wo bei der Erdungsklemme der Erdungsleiter, aber auch

Überspannungsschutz und die Praxis

der PEN- oder PE-Leiter angeschlossen werden muss.

Planer und Monteure müssen beim → Blitzschutzzonenkonzept bei SPDs Kategorie „B" aber auch bei SPDs aller anderen Kategorien die Potentialausgleichsschienen in einem Abstand von maximal 0,5 m von den SPDs einplanen und installieren. Nach DIN V VDEV 0100-534 (VDE V 0100 Teil 534): 1999-4 [N11], Anhang C, beträgt die empfohlene Leitungslänge ≤0,5 m für Elektro- und auch Erdungsleitungen (**Bild Ü10**). Wenn die empfohlene Leitungslänge nicht eingehalten werden kann, dann soll der Anschluss nicht mit einer Stichleitung, sondern V-förmig (siehe auch → „V-Ausführung") erfolgen (Bild Ü10).

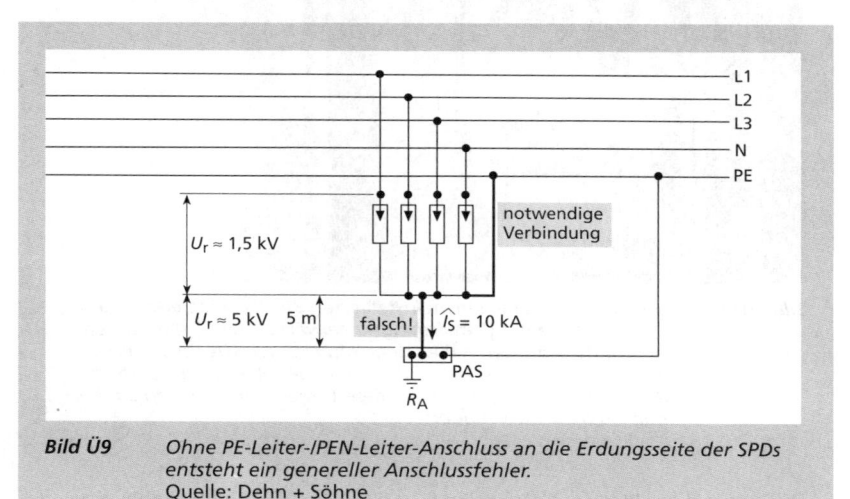

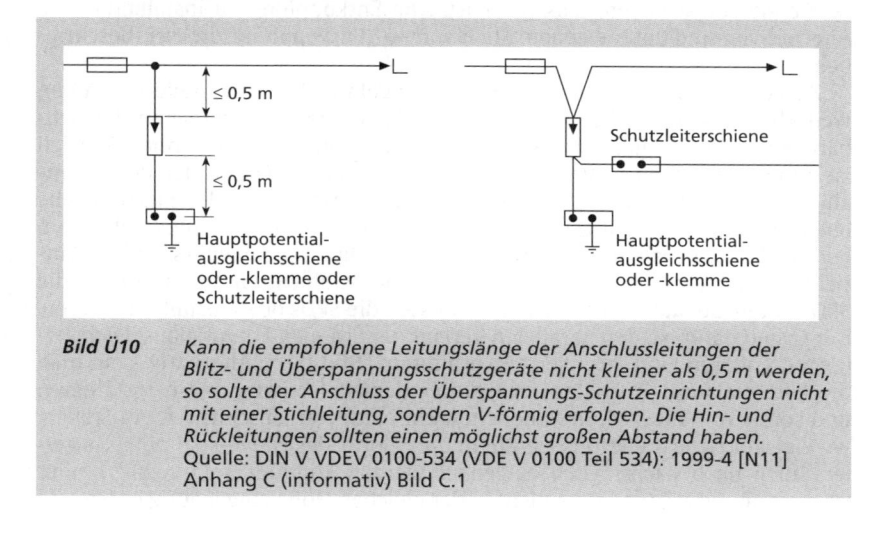

Bild Ü9   *Ohne PE-Leiter-/PEN-Leiter-Anschluss an die Erdungsseite der SPDs entsteht ein genereller Anschlussfehler.*
         Quelle: Dehn + Söhne

Bild Ü10   *Kann die empfohlene Leitungslänge der Anschlussleitungen der Blitz- und Überspannungsschutzgeräte nicht kleiner als 0,5 m werden, so sollte der Anschluss der Überspannungs-Schutzeinrichtungen nicht mit einer Stichleitung, sondern V-förmig erfolgen. Die Hin- und Rückleitungen sollten einen möglichst großen Abstand haben.*
         Quelle: DIN V VDEV 0100-534 (VDE V 0100 Teil 534): 1999-4 [N11] Anhang C (informativ) Bild C.1

Überspannungsschutz und die Praxis

Die PAS müssen geerdet oder in das Potentialausgleichssystem einbezogen werden. Die Potentialausgleichsschienen müssen nicht, aber es wird empfohlen, diese auch bei SPDs Kategorie „C" im Elektroverteiler ohne Blitzschutzzonenkonzept zu installieren. Bei der Installationsart der SPD Kategorie „C" wird die „Erdung" über den vorhandenen PE-Leiter ausgeführt.

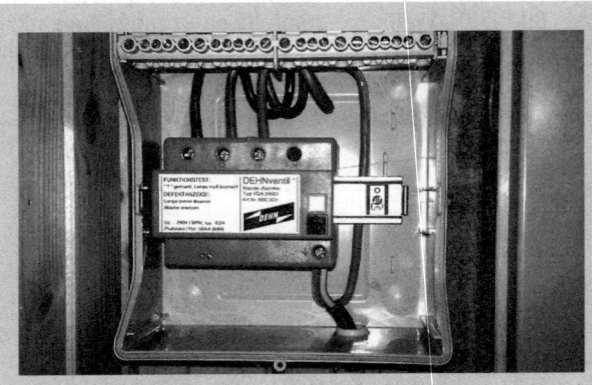

Bild Ü11 Der PEN-Leiter ist bei einem installierten Blitzstromableiter in der Erdungsklemme mit dem Erdungskabel verbunden. Bei größeren Querschnitten müssen neben dem Blitzstromableiter zusätzliche Klemmen eingebaut werden. Bei den neuen Blitzstromableitern auf Funkenstreckenbasis stehen bereits mehrere Klemmen auf der Erdungsseite zur Verfügung.
Foto: Kopecky

Zwischen den SPDs der Kategorien B und C muss das Elektrokabel eine ausreichende Länge haben, falls nicht ist eine Entkopplung zu installieren. Die Alternativen sind unter eigenem Stichwort → „Entkopplungsdrossel" beschrieben.

Zu den vorwiegend vorgefundenen Mängeln in Elektroverteilern gehören weiterhin an falscher Stelle installierte SPDs, die beim „Ansprechen" benachbarte elektronische Einrichtungen beeinflussen oder zerstören können. Speziell ist dabei der Einbau in Verteilerschränken gemeint. Werden der Blitzstromableiter oder der Überspannungsschutz weit entfernt von der Eintrittsstelle eingebaut, können nicht geschützte und nicht geschirmte Anschlusskabel vom Potentialausgleichsleiter (Erdungskabel) des Blitzstromableiters andere Einrichtungen beeinflussen. Bei Verteilern mit Kabeleintritten unten müssen die SPDs unten, bei Kabeleintritten oben müssen die SPDs oben installiert werden. Der Grund dafür ist, den parallelen Verlauf der Erdungs-Potentialausgleichsleiter mit anderen Einrichtungen zu verhindern (**Bild Ü12**). Alternativ kann man die Potentialausgleichsleiter auch hinter dem Befestigungsblech installieren und somit von anderen empfindlichen Einrichtungen abschirmen. An Stellen, wo elektronische Steuerungsgeräte in die Feldtür des Niederspannungsverteilers auch noch nachträglich eingebaut werden könnten, sollten Blitz- oder Überspannungsschutzgeräte nicht in der gleichen Höhe eingebaut werden.

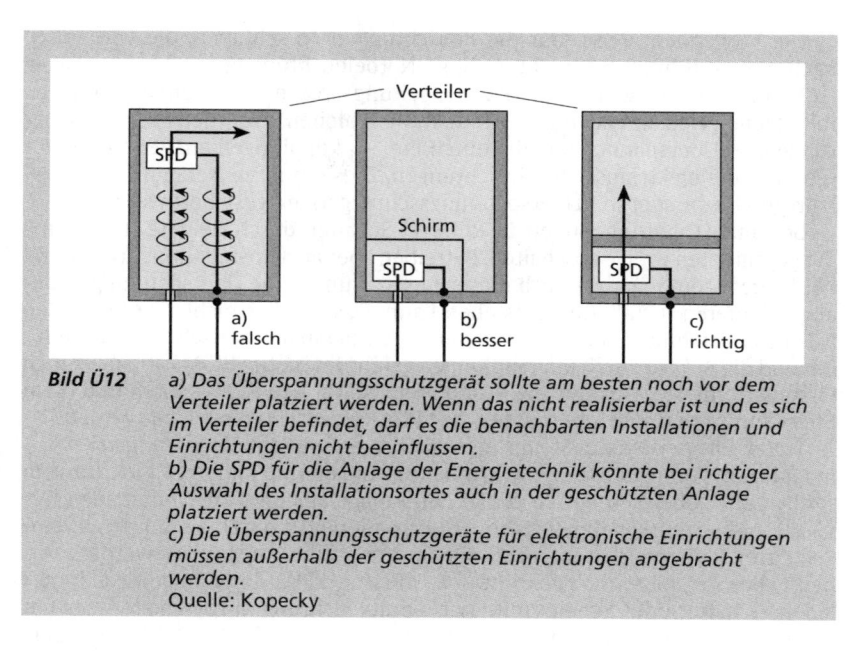

Überspannungsschutz und die Praxis

Bild Ü12
a) Das Überspannungsschutzgerät sollte am besten noch vor dem Verteiler platziert werden. Wenn das nicht realisierbar ist und es sich im Verteiler befindet, darf es die benachbarten Installationen und Einrichtungen nicht beeinflussen.
b) Die SPD für die Anlage der Energietechnik könnte bei richtiger Auswahl des Installationsortes auch in der geschützten Anlage platziert werden.
c) Die Überspannungsschutzgeräte für elektronische Einrichtungen müssen außerhalb der geschützten Einrichtungen angebracht werden.
Quelle: Kopecky

Beispiel aus der Praxis:
In einem Elektrohauptverteiler mit ordnungsgemäß eingebautem Blitzstromableiter wurde ein nachträglich in der Feldtür eingebautes elektronisches Steuerungsgerät bei einem Blitzschlag zerstört. Die Ursache bestand darin, dass der Blitzstromableiter zwar gegen die benachbarten Einrichtungen nach oben, unten links und unten rechts abgeschirmt war, aber nicht gegen das Steuerungsgerät in der Feldtür. So konnte die Kopplungsenergie das Steuerungsgerät zerstören.

Die günstigste Stelle, eine SPD zu installieren, ist deshalb außerhalb des Verteilers, direkt vor dem Kabeleintritt in den Verteiler. Mit anderen Worten, die Blitz- und Überspannungsenergie soll vor dem Verteiler (Blitzschutz-Zone) belassen und in die umgekehrte Richtung abgeleitet werden (**Bild Ü12**).

Beim → TT-System ist zu prüfen, ob die 3+1-Schaltung richtig installiert ist.

Auf dem Markt befinden sich Schutzgeräte, in denen die eingebauten Varistoren oder Gasableiter nach einer Überspannung einen Kurzschluss verursachen! Dadurch werden die nachgeschalteten elektronischen Geräte vom Netz getrennt. Das Überspannungsschutzgerät bewirkt durch den Kurzschluss eine Verschiebung des Sternpunktes vom Nullleiter und eine Spannungserhöhung auf anderen Phasen. Eine Zerstörung anderer, nicht geschützter Geräte ist somit möglich. Das zerstörte Schutzgerät muss ersetzt werden. Diese Art der Schutzmaßnahmen entspricht nicht den → anerkannten Regeln der Technik.

Nur die koordinierten Schutzmaßnahmen entsprechen den anerkannten Regeln der Technik und können gewährleisten, dass die Anlage auch nach einem Blitzschlag weiter arbeiten kann.

Überspannungsschutz und die Praxis

Die Vorgenhensweise, nur die Einrichtungen zu schützen, die von außen nach innen führen, ist nicht richtig. Notbeleuchtungen, → Alarmanlagen, → Brandmeldeanlagen, → Datenverarbeitungsanlagen und andere Anlagen mit eigenen Netzen bilden große Induktionsschleifen, eventuell auch → Näherungen. → Überspannungen, die durch Ein- → kopplungen entstehen, zerstören aber die elektronischen Einrichtungen. Diese inneren Netze müssen deshalb geschirmt oder mit Überspannungsschutzgeräten gesichert werden.

Bei einem Gewitter können die RCDs (FI-Schalter) durch kleinere Stoßströme die geschützten Kreise abschalten. Betreiber, aber auch Installationsfirmen sind häufig der Meinung, dass nach dieser Abschaltung keine Überspannung in der abgeschalteten Installation entstehen kann. Das ist aber nicht richtig für den Fall, dass sich hinter den RCDs kein anderes Überspannungsschutzgerät befindet und die Anlage durch Einkopplungen gefährdet ist. Die RCDs kann man auch in stoßstromfester Ausführung installieren. Hinter den RCDs sollten und beim Blitzschutzzonen-Konzept müssen die SPDs Kategorie D eingebaut werden.

Treten Einspeise- oder Steuerungskabel der → Außenbeleuchtungen, → Klimaanlagen, Pumpstationen, Dachrinnenheizungen und anderer Einrichtungen seitlich oder oberhalb der zu prüfenden Anlage aus dem zu schützenden Gebäude aus, so müssen die Blitz- und Überspannungsschutzmaßnahmen in umgekehrter Reihenfolge (entgegen der Stromrichtung) installiert werden. Das heißt, bei der Außenbeleuchtung z. B. müssen SPDs der Kategorie C hinter jedem Schalter oder Schaltschütz (ist die Beleuchtung ausgeschaltet, besteht keine galvanische Verbindung mit dem gefährdeten Kabel) installiert werden. Am Gebäudeaustritt der Blitzschutzzonen $0_A/1$ müssen die Kabel mit Blitzstromableitern der Kategorie B geschützt werden. In solchen Fällen ist es nötig, bei der Installation der Blitzstromableiter die Anschlüsse zu kontrollieren, weil die Klemmen für kleinere Querschnitte, z. B. 1,5 mm^2, vielfach nicht geeignet und die Anschlüsse oft lose sind. Wenn der Austritt der Kabel für die Außeneinrichtungen direkt aus dem Raum mit Blitzschutz-Zone 2 erfolgt, müssen an dieser Stelle zwei SPDs, und zwar der Anspruchskategorie B und C installiert werden.

Eine gute Möglichkeit für den nachträglichen Einbau von SPDs sind die Stellen, an denen die Kabel um 90° „gebogen" sind. Wenn das Gehäuse mit SPD unterhalb des Bogens eingebaut wird, so muss der Monteur keine zusätzliche Dose oder zusätzlichen Verteiler für die Kabelverlängerung installieren.

Ist das Kabel gerade im Lot installiert, kann man Abhilfe mit Mehrreihen-Gehäusen schaffen. In Mehrreihen-Gehäusen kann der Monteur die Kabelverlängerung innerhalb der Gehäuse ausführen.

Bei Installationen, aber auch bei Prüfungen müssen die Erdungen der SPDs kontrolliert werden. Bei Prüfungen in der Praxis wurden z. B. SPDs mit Erdungen auf den Tragschienen (35 mm) entdeckt. Das ist richtig, vorausgesetzt, dass die Tragschienen ordnungsgemäß geerdet sind. Viele Firmen meinen, die Erdung ist in Ordnung, wenn die Tragschienen auf der Stahlplatte befestigt sind. Die Befestigung der Tragschienen auf den leitfähigen Konstruktionen wird nicht immer mit ausreichender Anzahl und ausreichenden Querschnitten der Nieten oder Schrauben durchgeführt. Die Tragschienen sind überwiegend voll belegt und die Befestigungsart ist nicht zu überprüfen. Die richtige Ausführung der

Überspannungsschutz und die Praxis

Erdung der Tragschienen besteht darin, die PE-Klemmen auf den Tragschienen zu installieren, die dann miteinander und mit der Haupterdungsklemme verbunden werden.

Die vorher genannte Problematik besteht nicht nur bei SPDs in Verteilern mit Tragschienen, sondern auch bei der Erdung der Montagebügel für die LSA-PLUS-Anschlusstechnik. Von einem Gutachten wurden beispielsweise hunderte Überspannungsschutz-Schutzstecker und -Schutzblöcke in LSA-PLUS-Anschlusstechnik entdeckt, bei denen die Montagebügel nicht geerdet waren, weil sie auf PVC-Platten befestigt worden waren. Somit waren alle SPDs außer Betrieb.

Die Hersteller von Montagebügeln bieten keine vorbereiteten Anschlussmöglichkeiten im Montagebügel an. Sind die Montagebügel auf PVC-Platten oder in Original-Gehäusen für die LSA-PLUS-Anschlusstechnik installiert, benutzen die Monteure oft die Befestigungsschrauben als Erdungsanschlussschrauben. Dies ist nicht richtig. Sind Montagebügel auf geerdeten leitfähigen Platten befestigt, muss man mindestens 4 Schrauben oder Nieten á 6 mm^2 benutzen, damit ein nach Norm anerkannter Anschluss entsteht.

Die Erddrahtleisten zum Anschluss von Erdleitungen oder Schirmen (alternativ Reserve-Adern) sollten bei dem Montagebügel immer die ersten Anschlüsse in Installationsrichtung sein.

Die vorn gegebene Information über fehlerhafte SPD-Anschlüsse der Energieversorgung durch zu lange Verbindungen gilt auch für SPDs informationstechnischer Systeme. Die langen Anschlussleitungen zwischen den aktiven Adern und den Überspannungsschutzeinrichtungen verursachen eine nicht zugelassene Erhöhung des Schutzpegels.

Ein weiterer häufig zu findender Fehler ist die falsche Erdung der SPD vor der zu schützenden Elektronik (**Bild Ü13**). Mit dieser Anschlussart entsteht eine → „Zusatzspannung" an den Leitungswegen, da der abgeleitete Strom des Schutzgeräts in Richtung der zu schützenden Elektronik und dann erst zur Erde fließt. Die Zusatzspannung addiert sich zur Restspannung der SPD, was eine

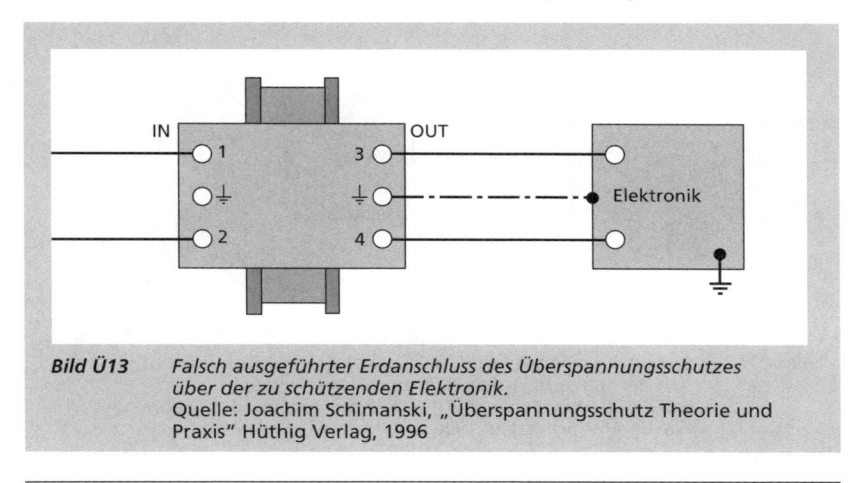

Bild Ü13   Falsch ausgeführter Erdanschluss des Überspannungsschutzes über der zu schützenden Elektronik.
Quelle: Joachim Schimanski, „Überspannungsschutz Theorie und Praxis" Hüthig Verlag, 1996

Überspannungsschutz und die Praxis

Erhöhung des Schutzspannungspegels verursacht. Mit den abgeleiteten Strömen über die zu schützende Elektronik können auch neue Einkopplungen verursacht werden.

Eine parallele Erdung der SPD und der Elektronik von einem gemeinsamen Erdungspunkt ist auch nicht richtig (**Bild Ü14**). An der Erdungsleitung entsteht ebenfalls eine → Zusatzspannung, die von der Entfernung zwischen der SPD und dem gemeinsamen Erdungspunkt abhängig ist.

Die richtige Ausführung der Installation der SPD ist auf **Bild Ü15** sichtbar. Wird nur der SPD geerdet, hat die entstehende Zusatzspannung der Erdungsleitung keinen Einfluss auf das Potential der zu schützenden Elektronik. Durch die Abstandsvergrößerung zwischen SPD und geschützter Elektronik vergrößert sich die Überspannung nicht.

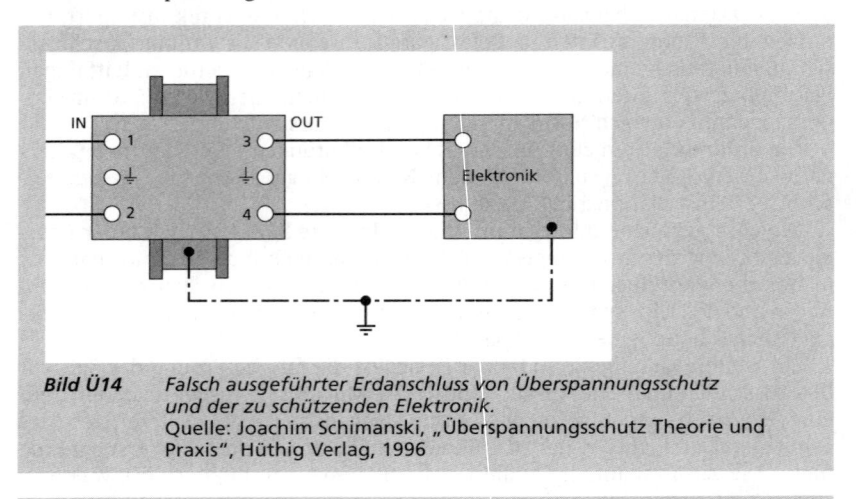

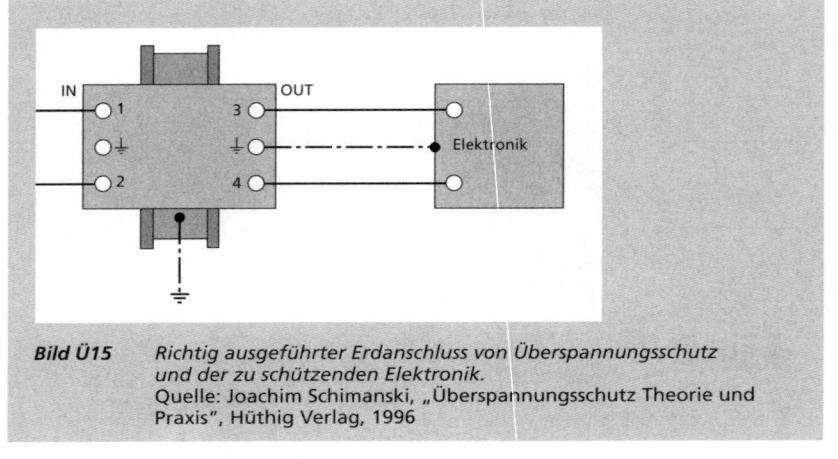

Bild Ü14 Falsch ausgeführter Erdanschluss von Überspannungsschutz und der zu schützenden Elektronik.
Quelle: Joachim Schimanski, „Überspannungsschutz Theorie und Praxis", Hüthig Verlag, 1996

Bild Ü15 Richtig ausgeführter Erdanschluss von Überspannungsschutz und der zu schützenden Elektronik.
Quelle: Joachim Schimanski, „Überspannungsschutz Theorie und Praxis", Hüthig Verlag, 1996

Überspannungsschutz und die Praxis

Bei der Prüfung von Schutzgeräten für Anlagen und Geräte der Informationstechnik kann man heute bereits eine Verbesserung der Installation der Schutzgeräte und ihrer Verdrahtungen feststellen. Viele Monteure achten bereits auf die geschützte und ungeschützte Seite der Geräte.

Manchmal findet man die Potentialausgleichsleiter (Erdungsleiter) aber noch auf der geschützten Seite angeschlossen, was falsch ist (**Bild Ü16a**), da es zu einer neuen induktiven Einkopplung zwischen der geschützten Leitung und dem Potentialausgleichsleiter kommen kann (→ Kopplungen bei Überspannungsschutzgeräten). Eine ungefährliche und damit zu empfehlende Ausführung ist in **Bild Ü16b** zu sehen. Die beste Abhilfe gegen neue Einkopplungen ist immer die Abschirmung der geschützten Leitungen. Vor allem bei nachträglichen Überspannungsschutzmaßnahmen in engen Räumen und dichter Verkabelung ist die saubere Trennung der geschützten und der ungeschützten Seite schwierig realisierbar. In diesen Fällen wird durch richtig ausgeführte Abschirmungen die Gefahr neuer Einkopplungen in die geschützten Leitungen beseitigt. Näheres → Schirmung.

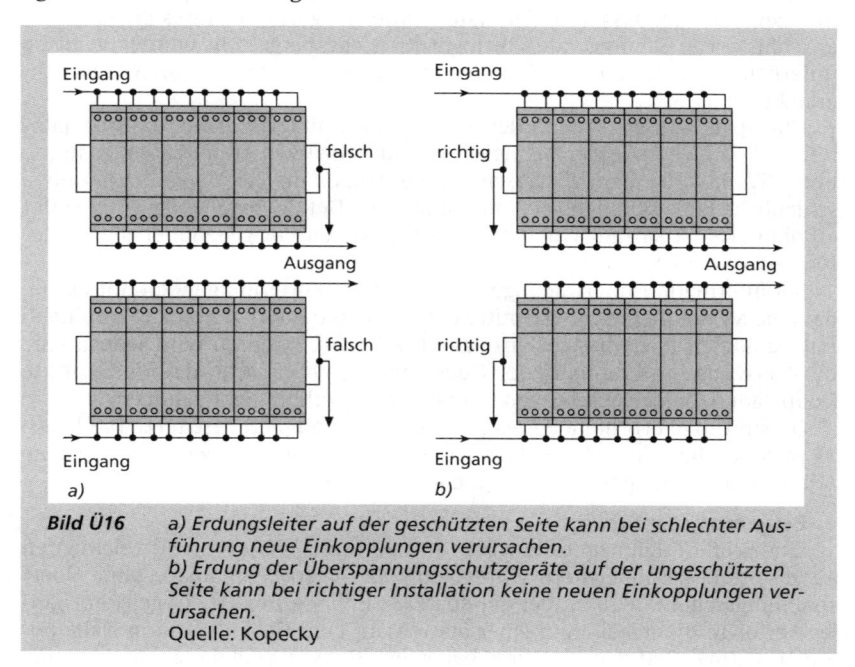

Bild Ü16 a) Erdungsleiter auf der geschützten Seite kann bei schlechter Ausführung neue Einkopplungen verursachen.
b) Erdung der Überspannungsschutzgeräte auf der ungeschützten Seite kann bei richtiger Installation keine neuen Einkopplungen verursachen.
Quelle: Kopecky

Ein weiterer Fehlerfall:

Überspannungsschutzeinrichtungen von → Fernmeldeanlagen findet man in der Praxis mitunter ohne Verbindung zum → Potentialausgleich oder nur mit der Wasserleitung verbunden, wobei nicht geprüft wurde, ob diese Wasserleitung in den Potentialausgleich einbezogen ist.

Überspannungsschutz und die Praxis

Des Weiteren:
Eine Fernmeldeanlage mit nur einem → Überspannungsschutzstecker in der LSA-PLUS-Leiste ist nicht genügend gesichert, weil der Schutzstecker alleine nicht die zu erwartenden in der Norm festgelegten 5% des gesamten Blitzstromes der Schutzklasse beherrscht. Erst bei einer größeren Anzahl von geschützten Doppeladern und auch anderer in den → Blitzschutz-Potentialausgleich einbezogener Adern, → Schirme und weiterer Einrichtungen kann man berechnen, ab welcher Anzahl Überspannungsschutzstecker für die Doppeladern ausreichenden Schutz bieten (→ Blitzprüfstrom). Bei zu kleiner Doppeladerzahl müssen an der Eintrittsstelle leistungsfähigere SPDs eingebaut werden.

Bei der Installation von Überspannungsschutzgeräten als steckbare Adapter für Computersysteme findet man die Erdungsanschlüsse der Schutzgeräte an den Gehäusebefestigungsschrauben. Die SPD-Hersteller liefern steckbare Adapter mit längeren Erdungsleitungen als nötig für alle Einsatzvarianten. Beim Einbau ist zu beachten, dass die Erdungsleitungen so weit wie möglich gekürzt werden. Jede Überlänge verursacht eine Erhöhung des Schutzpegels. Die Realität zeigt zudem, dass nach der ersten Entfernung des Gehäuses die Erdungsanschlüsse von Schutzgeräten nicht mehr wiederhergestellt wurden, weil sie unterhalb der Befestigungsschrauben angeschlossen worden waren, was nicht erlaubt ist.

Überspannungsschäden findet man oft auch hinter → Trenntransformatoren und → USV-Anlagen. Das heißt, die Ausgänge von Trenntransformatoren und USVs müssen ebenfalls geschützt werden, da die Leitungen durch unterschiedliche Einkopplungen beeinflusst werden. Der durchgehende → PE-Leiter erhöht bei einer Störung nämlich die → Längsspannung gegenüber allen anderen Leitern der USV-Anlage.

Bei Informationsübertragungen über größere Entfernungen kommt es vor, dass die Monteure die Querschnitte der benutzten Adern durch das Verbinden mit parallelen ungenutzten Einzeladern erhöhen. Dadurch wird jedoch eine nicht erwünschte Erhöhung der Querspannung verursacht, da nur verdrillte Doppeladern ausreichend gegen Querspannungserhöhungen schützen.

Oft sind zu überprüfende Anlagen auch nicht komplett geschützt. Das heißt, es müssen alle Adern der Anlage geschützt werden, auch wenn an einzelne Adern keine wichtigen Geräte angeschlossen sind.

Beispiel aus der Praxis:
Eine große Telefonzentrale wurde mit 90 Überspannungsschutzelementen ausgestattet. 4 Doppeladern wurden für die Gegensprechanlage ohne Überspannungsschutz benutzt. Bei der späteren Erweiterung der Gegensprechanlage erfolgte die Installation einer Station auf dem Geländezaun in Nähe der Einfahrt. Kurze Zeit danach wurde bei einem Blitzschlag in der Zaunumgebung die Telefonzentrale durch die 4 nicht geschützten Doppeladern zerstört.

Es wird oft vergessen, nicht benutzte Adern zu sichern. Sie müssen aber entweder mit Ableitern geschützt oder geerdet werden. Durch nicht „behandelte" Adern können Überspannungen in die „geschützten" Anlagen verschleppt werden.

Überspannungsschutz vor dem Zähler. Nach den → technischen Anschlussbedingungen für den Anschluss an das Niederspannungsnetz [L18], Abschnitt 12, Absatz (5), durften bis 1998 keine Blitz- und Überspannungsschutzgeräte (SPD) vor dem Zähler eingebaut werden.

Im Jahr 1998 hat die damalige Vereinigung Deutscher Elektrizitätswerke – VDEW – e.V. eine Richtlinie für den Einsatz von Überspannungsschutz-Schutzeinrichtungen der Anforderungsklasse B in Hauptstromversorgungssystemen [L19] herausgegeben.

Schon in Abschnitt 1 erfährt man, dass die Voraussetzungen zur Erlaubnis des Anbringens von SPDs vor dem Zähler nur in dem Fall gegeben sind, wenn dies zur Realisierung des Blitzschutzzonen-Konzeptes unbedingt erforderlich ist.

Hier die weiteren wichtigsten Voraussetzungen nach [L19], Abschnitt 3 und folgende:

- Vor dem Zähler dürfen nur SPDs der Anforderungsklasse B auf der Funkenstreckenbasis ohne Varistoren eingebaut werden.
- Die eingebauten SPDs müssen den zu erwartenden netzfrequenten Folgestrom (Kurzschlussstrom) selbst unterbrechen oder die vorgeschalteten Überstrom-Schutz-Einrichtungen[1] müssen den Folgestrom abschalten.
- Wenn die → Blitzschutzklasse für die geschützte bauliche Anlage nicht bekannt ist, muss die → Blitzstromtragfähigkeit der SPDs der Blitzschutzklasse I entsprechen.
- Die ausblasbaren SPDs müssen mit den zugeordneten Überstrom-Schutzeinrichtungen in separate, schutzisolierte, plombierbare, vom Hersteller zugelassene Gehäuse mit der Schutzart IP 54 installiert werden. Die nicht ausblasbaren SPDs können ohne besondere Schutzgehäuse installiert werden, wenn dieses in der Produktspezifikation zugelassen ist.
- Die SPDs sind in Abständen von höchstens vier Jahren auf ihren einwandfreien Zustand hin zu überprüfen.
- Die SPDs müssen bei allen Netzsystemen nach DIN V VDEV 0100-534 (VDE V 0100 Teil 534): 1999-4 [N11] installiert werden. Alle Anschlussarten sind hier im Buch unter dem Stichwort → „Überspannung und das zugehörige Netzsystem beschrieben".

1) Die vorgeschalteten Überstrom-Schutz-Einrichtungen für SPDs müssen nur dann angebracht werden, wenn die vom SPD-Hersteller vorgeschriebene maximale Vorsicherung kleiner als die Netzsicherung ist.

Überspannungs-Schutzeinrichtung ist ein Begriff, der in DIN V VDEV 0100-534 (VDE V 0100 Teil 534): 1999-4 [N11] verwendet wird. Die Überspannungs-Schutzeinrichtungen (SPDs) sind hier in dem Buch auch unter den Stichwörtern → „Überspannungsschutz" und → „SPD" beschrieben. [N11] ist derzeit die wichtigste Norm für die Installation von SPDs in Wechselstromnetzen mit Nennspannungen zwischen 100 und 1000 V. In [N11] ist die Klasseneinteilung der Überspannungsschutz-Schutzeinrichtungen festgelegt (**Tabelle Ü1**).

Übertragungseinrichtungen → Datenverarbeitungsanlagen

Überwachungskamera

E DIN VDE 0675-6 (VDE 0675 Teil 6) mit den Änderungen E DIN VDE 0675-6/A2 (DIN VDE 0675-6/A1) und E DIN VDE 0675-6/A2 (DIN VDE 0675-6/A2)	IEC(sec)37A/44/CDV
Ableiter der Anforderungsklasse B, bestimmt zum Zweck des Blitzschutzpotentialausgleiches nach DIN VDE 0185-1 (VDE 0185 Teil 1)	Überspannungs-Schutzeinrichtung, Prüfklasse I
Ableiter der Anforderungsklasse C, bestimmt zum Zweck des Überspannungsschutzes in der festen Anlage, vorzugsweise zum Einsatz in der Stehstoßspannungskategorie (Überspannungskategorie) III.	Überspannungs-Schutzeinrichtung, Prüfklasse II
Ableiter der Anforderungsklasse C, bestimmt zum Zweck des Überspannungsschutzes für ortsveränderliche und fest angeordnete Betriebsmittel, vorzugsweise zum Einsatz in der Stehstoßspannungskategorie (Überspannungskategorie) II.	Überspannungs-Schutzeinrichtung, Prüfklasse III

Tabelle Ü1 *Gegenüberstellung der Klassen von Überspannungsschutz-Schutzeinrichtungen.*
Quelle: DIN V VDEV 0100-534 (VDE V 0100 Teil 534): 1999-4 [N11], Tabelle 1

Überwachungsanlagen → Datenverarbeitungsanlagen und → Näherungen

Überwachungskamera → Datenverarbeitungsanlagen und → Näherungen

V

V-Ausführung. Wenn bei der Installation der Blitz- und Überspannungsschutzgeräte (SPDs) die empfohlene Leitungslänge bis 0,5 m nicht eingehalten werden kann, sollte der Anschluss nach DIN V VDEV 0100-534 (VDE V 0100 Teil 534): 1999-4 [N11], Anhang C (informativ), V-förmig erfolgen (Bild Ü10). Wenn die Anschlussleitungen länger als 0,5 m sind und nicht V-förmig ausgeführt wurden, entsteht eine Zusatzspannung.

VBG 4 Unfallverhütungsvorschriften für Elektrische Anlagen und Betriebsmittel werden unter dem Stichwort „Unfallverhütungsvorschriften" teilweise beschrieben.

VDE ist der Verband der Elektrotechnik, Elektronik, Informationstechnik e. V. mit Sitz in Frankfurt am Main. Der VDE arbeitet u. a. mit an der Aufstellung, Herausgabe und Auslegung des VDE-Vorschriftenwerks und der Normen für Elektrotechnik. Die VDE-Normen gelten als → anerkannte Regeln der Technik.

Ventilableiter → Stichworte mit Überspannungsschutz

Verbinder ist ein → Verbindungsbauteil zum Verbinden von zwei oder mehr Leitern [N40], Abschnitt 3.5.

Verbindungen s. Stichwort mit der Art der Verbindung, z. B. → Schweißverbindungen.

Verbindungsbauteil ist ein Bauteil zum Verbinden von Leitern untereinander oder zu metallenen Installationen. Einbezogen sind auch Überbrückungsbauteile und Ausdehnungsstücke [N40], Abschnitt 3.1.

Verdrillte Adern. Die induktive Einkopplung in einen Stromkreis kann man mit verdrillten Adern deutlich reduzieren.

Verkabelung und Leitungsführung → Potentialausgleichsnetzwerk

Vermaschte Erdungsanlage. Bei Großanlagen, z. B. Kläranlagen, Mülldeponien, großen Firmen, aber auch bei den benachbarten baulichen Anlagen unterschiedlicher Firmen, die über elektrische Versorgungskabel und Fernmeldekabel miteinander verbunden sind, müssen auch die → Erdungssysteme miteinander verbunden werden. Es wird eine maschenförmige Ausführung der

Verteilungsnetzbetreiber (VNB)

Erdungsanlage empfohlen anstatt einer nur sternförmigen Verbindung. Durch die vielen vermaschten Erdungspfade verringern sich im Störungsfall die Stör- und Ausgleichsströme über alle vorhandenen → Kabelschirme.

Verteilungsnetzbetreiber (VNB) ist ein neuer Name für die Elektrizitätsversorgungsunternehmen, weiteres → Technische Anschlussbedingungen.

Verträglichkeitspegel für Oberschwingungen sind in DIN V EN V 61000-2-2 (VDE 0839 Teil 2-2 EMV), 1994-04 [N54] und DIN EN 61000 2-4 (VDE 0839 Teil 2-4 EMV), 1995-05 [N55] festgelegt.

Der gemessene Verzerrungsfaktor THD des Oberschwingungsgehalts der Spannung muss betragen:
- in der Klasse 1 weniger als 5 %,
- in der Klasse 2 weniger als 8 %,
- in der Klasse 3 weniger als 10 %.

Der THD-Wert darf auch bei den einzelnen Ordnungszahlen, wie in den unteren **Tabellen V1** bis **V3** beschrieben ist, vorgegebene Werte nicht übersteigen.

Ordnung n	Klasse 1 U_n in %	Klasse 2 U_n in %	Klasse 3 U_n in %
5	3	6	8
7	3	5	7
11	3	3,5	5
13	3	3	5
17	2	2	4
19	1,5	1,5	4
23	1,5	1,5	3,5
25	1,5	1,5	3,5
>25	0,2 + 12,5/n	0,2 + 12,5/n	$5 \cdot \sqrt{11/n}$

Tabelle V1 Verträglichkeitspegel für Oberschwingungen, Oberschwingungsspannung, Ordnungszahl ungeradzahlig, kein Vielfaches von 3. Quelle: DIN EN 61000 2-4 (VDE 0839 Teil 2-4 EMV), 1995-05 [N55], Tabelle 3

Ordnung n	Klasse 1 U_n in %	Klasse 2 U_n in %	Klasse 3 U_n in %
3	3	5	6
9	1,5	1,5	2,5
15	0,3	0,3	2
21	0,2	0,2	1,75
>25	0,2	0,2	1

Tabelle V2 Verträglichkeitspegel für Oberschwingungen, Oberschwingungsspannung, Ordnungszahl ungeradzahlig, ein Vielfaches von 3 Quelle: DIN EN 61000 2-4 (VDE 0839 Teil 2-4 EMV), 1995-05 [N55], Tabelle 4

Vorsicherungen

Ordnung n	Klasse 1 U_n in %	Klasse 2 U_n in %	Klasse 3 U_n in %
2	2	2	3
4	1	1	1,5
6	0,5	0,5	1
8	0,5	0,5	1
10	0,5	0,5	1
>10	0,2	0,2	1

Tabelle V3 Verträglichkeitspegel für Oberschwingungen, Oberschwingungsspannungen, Ordnungszahl geradzahlig
Quelle: DIN EN 61000 2-4 (VDE 0839 Teil 2-4 EMV), 1995-05 [N55], Tabelle 5

VOB/B sind Allgemeine Vertragsbedingungen für die Ausführung von Bauleistungen. In der Fassung 2000, §4 Ausführung, Abschnitt 2 (1) steht:
"Der Auftragnehmer hat die Leistung unter eigener Verantwortung nach dem Vertrag auszuführen. Dabei hat er die anerkannten Regeln der Technik und die gesetzlichen und behördlichen Bestimmungen zu beachten. Es ist seine Sache, die Ausführung seiner vertraglichen Leistungen zu leiten und für Ordnung auf seiner Arbeitsstelle zu sorgen."

Vorschriften → Normen

Vorsicherungen. Wenn die vorgeschaltete Vorsicherung der Installation größer als die vorgeschriebene Vorsicherung für die Blitz- und Überspannungsschutzgeräte (SPDs) ist, so müssen gesonderte Vorsicherungen für die SPDs eingebaut oder andere vorhandene geeignete Vorsicherungen benutzt werden. Die Höhe der Vorsicherung ist vom SPD-Hersteller in der Einbauanweisung vorgeschrieben. Die Vorsicherung ist notwendig, um die Kurzschlussfestigkeit der SPD zu gewährleisten.
Wenn der Elektroverteiler, das Elektrokabel oder die zu schützende Einrichtung schon von vornherein mit einer Vorsicherung versehen ist, die der vorgeschriebenen maximalen Vorsicherung der zu installierenden SPD entspricht oder die kleiner als diese ist, muss keine zusätzliche Vorsicherung für die SPD installiert werden.
Die Praxis zeigt, dass die Informationen über die Notwendigkeit und Größe von Vorsicherungen häufig nicht ausreichen oder falsch sind. Man findet Vorsicherungen oft unterdimensioniert. Bei Elektroverteilern, die schon mit 100 A vorgesichert sind und zusätzlich eine Vorsicherung für die SPD haben, entstehen die in den folgenden Absätzen beschriebenen Fehler. Wenn ein Elektroverteiler bereits die gleiche oder eine kleinere Vorsicherung als die maximal vom Hersteller vorgeschriebene Vorsicherung für die SPDs hat, müssen keine zusätzlichen Vorsicherungen eingebaut werden. Der Fehler besteht darin, dass oft nicht bemerkt wird, dass die Vorsicherung entfernt wurde oder defekt ist und somit niemand weiß, dass die Anlage nicht mehr gegen Blitz oder Überspannung geschützt ist.

Vorsicherungen

Wenn die Hauptsicherung größer ist als die maximal vorgeschriebene Vorsicherung für die SPD, hat sich die Installation von Blitz- und Überspannungsgeräten hinter der schon vorhandenen Sicherung, z. B. von Heizungsanlage, Aufzug usw., als sinnvoll erwiesen. Ist die Vorsicherung nun defekt, so funktionieren Aufzug oder Heizung nicht mehr und das wird dem Fachmann auf jeden Fall gemeldet.

Für den Fall, dass verlangt wird, dass die SPD für Prüfungszwecke von der Anlage trennbar sein muss, kann man Schalter anstatt Vorsicherungen installieren.

Wird eine separate Vorsicherung allein für die SPD eingebaut, so muss ein Vorsicherungstyp mit Überwachung gewählt werden. Bei Kontrollen findet man nämlich sehr oft beschädigte oder auch entfernte Vorsicherungen von Blitz- oder Überspannungsschutzgeräten. Auf dem Markt werden überwachte Automaten angeboten. Beim Einsatz von überwachten Automaten muss jedoch gewährleistet sein, dass der gesamte Bereich der Auslösekennlinie unterhalb der Auslösekennlinie der vom SPD-Hersteller spezifizierten Vorsicherung liegt.

Bei Strömen über 80 A muss man NH-Sicherungsunterteile mit Meldeschalter (**Bild V1**) verwenden.

NH-Sicherungsunterteile sind auch für die SPDs geeignet, die die bauliche Form zum Einsetzen in das NH-Sicherungsunterteil haben.

Ehemalige Produkte wie NHVA und NHVM sowie die heutigen Produkte VNH und VANH der Firma Dehn + Söhne haben Signalstifte an der SPD, die Meldungen über die Mikroschalter auslösen, wenn diese beschädigt sind.

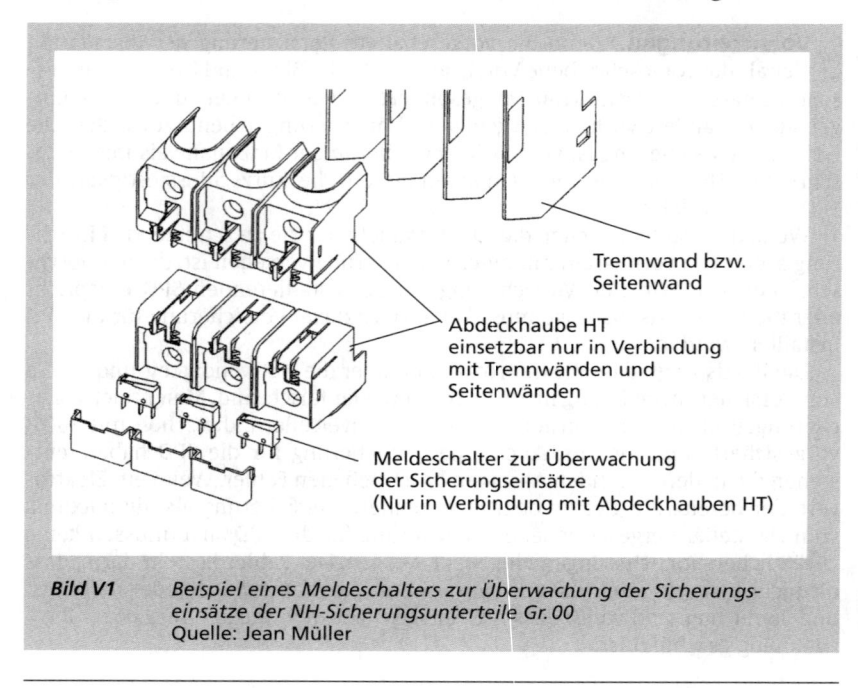

Bild V1   *Beispiel eines Meldeschalters zur Überwachung der Sicherungseinsätze der NH-Sicherungsunterteile Gr. 00*
Quelle: Jean Müller

Vorsicherungen

Wie schon oben beschrieben, findet man bei den Kontrollen auch des Öfteren unterdimensionierte Vorsicherungen. **Bild V2** zeigt das Verhalten von NH-Sicherungen während der Stoßstrombelastung 10/350 µs. Elektroplaner oder Installateure finden darin auch die Begründung, warum unterdimensionierte oder nicht überwachte Vorsicherungen nicht installiert werden dürfen.

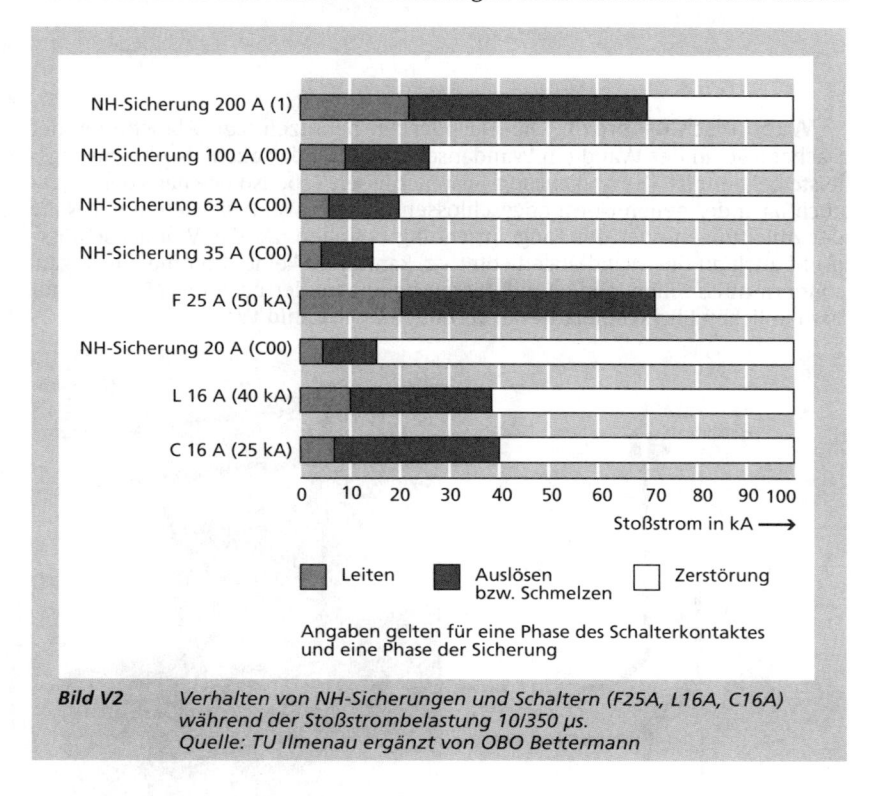

Leiten | Auslösen bzw. Schmelzen | Zerstörung

Angaben gelten für eine Phase des Schalterkontaktes und eine Phase der Sicherung

Bild V2 Verhalten von NH-Sicherungen und Schaltern (F25A, L16A, C16A) während der Stoßstrombelastung 10/350 µs.
Quelle: TU Ilmenau ergänzt von OBO Bettermann

W

Wandanschlussprofil. Die Dachdecker benutzen zur Abdichtung der Dachanlage an der Wand ein Wandanschlussprofil, das auch als Abdichtungsleiste bekannt ist. Die Abdichtungsleisten müssen - ebenso wie nach der alten - auch nach der neuen Norm angeschlossen werden, wenn sie sich in der Nähe der Ableitungen oder der Fangeinrichtung befinden. Da das Wandanschlussprofil auch an der Wand abgedichtet ist, kann man keine Klemme anbringen, sondern muss einen Winkel mit Nieten benutzen, der nach der Montage mit dem üblichen Blitzschutzmaterial verbunden wird (**Bild W1**).

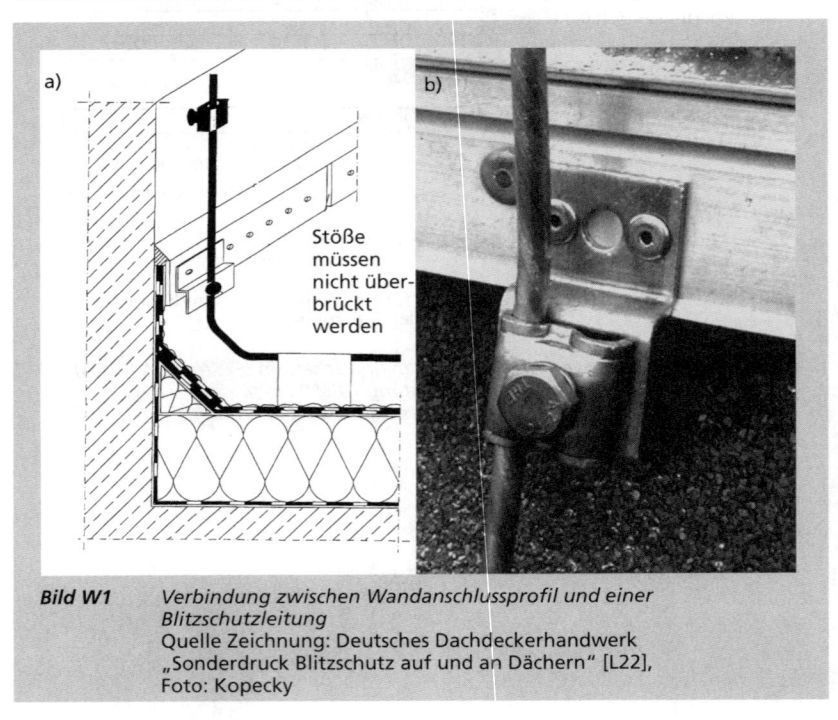

Bild W1 Verbindung zwischen Wandanschlussprofil und einer Blitzschutzleitung
Quelle Zeichnung: Deutsches Dachdeckerhandwerk „Sonderdruck Blitzschutz auf und an Dächern" [L22], Foto: Kopecky

Wasseraufbereitungsanlage → Großtechnische Anlagen

Wechselanlagen → Datenverarbeitungsanlagen

Werkstoffe

Weichdächer, z. B. aus Stroh oder Reet, müssen einen Abstand von mindestens 0,6 m zwischen der Fangeinrichtung auf dem First und dem entflammbaren Material haben. Der Abstand der übrigen Fangeinrichtungen zum entflammbaren Material muss mindestens 0,4 m betragen. Näheres in DIN 57185-2 (VDE 0185 Teil 2): 1982-11[N28], Abschnitt 6.1.2, und E DIN IEC 61024-1-2 (VDE 0185 Teil 102 Entwurf):1999-02 [N32], Abschnitt 2.4.1, Nationaler Anhang NA.

Wenner Methode: Die Messung des spezifischen Erdwiderstandes erfolgt nach der Methode von *Wenner* (*F. Wenner*, A method of measuring earth resistivity; Bull. National Bureau of Standards, Bull. 12(4), Paper 258, S 478-496; 1915/16).

Werkstoffe

Bauteile	Werkstoff	festgelegt in	Mindestmaße				
			Rundleiter		Flachleiter		
			Durch-messer in mm	Quer-schnitt in mm^2	Breite in mm	Dicke in mm	Quer-schnitt in mm^2
Fangleitungen und Fangspitzen bis 0,5 m Höhe	Stahl verzinkt	DIN 48801	8	50	20	2,5	50
	nichtrostender Stahl[2]		10	78	30	3,5	105
	Kupfer	DIN 48801	8	50	20	2,5	50
	Kupferseil		19 x 1,8	50 Kupfer			
	Kupfer rund Bleimantel 1 mm		10 (8 Kupfer)	50 Kupfer			
	Aluminium	DIN 48801	10	78	20	4	80
	Alu-Knetlegierung		8	50			
Fangleitungen zum feien Überspannen von zu schützenden Anlagen	Stahlseil verzinkt	DIN 48201 Teil 3	19 x 1,8	50			
	Kupferseil	DIN 48201 Teil 1	7 x 2,5	35			
	Aluminiumseil	DIN 48201 Teil 5	7 x 2,5	35			
	Alu-Stahl-Seil	DIN 48204	9,6	50/8			
	Aldrey-Seil	DIN 48201 Teil 6	7 x 2,5	35			
Fangstangen	Stahl verzinkt	DIN 48802	16, 20[3]				
	nichtrostender Stahl[2]		16, 20[3]				
	Kupfer		16, 20[3]				
	Alu-Legierung[8]	DIN 48802	16				
Winkel-rahmen für Schornsteine	Stahl verzinkt	DIN 48814			50/50	5	
	nichtrostender Stahl[2]				50/50	4	
	Kupfer				50/50	4	

Tabelle W1 *(Fortsetzung nächste Seite)*

Werkstoffe

Bauteile	Werkstoff	festgelegt in	Mindestmaße				
			Rundleiter		Flachleiter	
			Durch-messer in mm	Quer-schnitt in mm²	Breite in mm	Dicke in mm	Quer-schnitt in mm²
Blech-ein-deckungen[7]	Stahl verzinkt	DIN 17162 Teil 1 u. 2				0,5	
	Kupfer					0,3	
	Blei					2,0	
	Zink					0,7	
	nichtrostender Stahl[2]					0,4	
	Aluminium und Alu-Legierungen					0,7	
Ableitungen und ober-irdische Verbindungs-leitungen	Stahl verzinkt	DIN 48801	8, 10[3], 16[4]	50, 78, 200	20 30	2,5 3,5	50 105
	nichtrostender Stahl[2]		10, 12[3], 16[4]	78, 113, 200	30 30	3,5[3] 4[4]	105 120
	Kupfer	DIN 48801	8	50	20	2,5	50
	Kupferseil		19 x 1,8	50 (Kupfer)			
	Kupfer rund Bleimantel 1 mm		10 (8 Kupfer)	50 (Kupfer)			
	Aluminium[7]	DIN 48801	10	78	20	4	80
	Alu-Knetlegierung[7]	DIN 48801	8	50			
	Stahl mit 1mm Bleimantel		10 (8 Stahl)	50 (Stahl)			
Ableitungen, ober- und unterirdische Verbindungs-leitungen	Stahl verzinkt flexibel mit Kunststoff-mantel			25[6]			
	Stahl mit Kunst-stoffmantel[7]		8 (Stahl)				
	Kabel NYY[7]	VDE 0271		16			
	Kabel NAYY[7]	VDE 0271		25			
	Leiting H07V-K[7)9]	DIN 57281 Teil 103 VDE 0271					

1) Nur Feuerverzinkung: Zinküberzug; Schichtdicke: Mittelwert 70 μm, Einzelwert 55 μm
2) Werkstoffnummer z.B. 1.4001 oder 1.4301
3) Bei freistehenden Schornsteinen
4) Im Rauchgasbereich
5) Für Brückenlager, auch NSLFÖÜ 50 mm² nach VDE 0250 verwendbar
6) Für kurze Verbindungsleitungen
7) Nicht bei freistehenden Schornsteinen
8) Nicht im Rauchgasbereich
9) Nicht für unterirdische Verbindungsleitungen
10) Nach zukünftiger Norm DIN IEC 817122/CD (VDE 0185 Teil 10): 1999-2 [N29], Tabelle 7 und Entwurf prEN 50164-2 darf auch ein 8 mm Durchmesser außerhalb des Betons und der direkte Kontakt mit dem entflammbaren Werkstoff benutzt werden.

Tabelle W1 Werkstoffe für Fangeinrichtungen, Ableitungen, Verbindungsleitungen und ihre Mindestmaße
Quelle: DIN V ENV 61024-1 (VDE V 0185 Teil 100):1996-08 [N30], Nationaler Anhang NC (informativ) Tabelle NC.2

Werkstoff		Form	Mindestmaße				
			Kern			Beschichtung	
			Durch-messer in mm	Quer-schnitt in mm²	Dicke in mm	Einzel-werte in µm	Mittel-werte in µm
Stahl	feuerverzinkt[1] und nichtrostend[2]	Band[3]		100	3	63	70
		Rundstab für Ringerder	20			63	70
		Runddraht für Ober-flächenerder	10				50[4]
Kupfer	blank	Band		50	2		
		Runddraht für Ober-flächenerder	8	50			
		Seil	1,8 Einzeldraht	50			
	verzinnt	Seil	1,8 Einzeldraht	50		1	5
	mit Blei-mantel	Runddraht	10	50 Kupfer		1000	

1) Verwendbar auch für Einbettung in Beton
2) Werkstoffnummer 1.4571, ohne Beschichtung
3) Band in gewalzter Form oder geschnitten und mit runden Kanten
4) Bei Verzinkung im Durchlaufbad z. Z. fertigungstechnisch nur 50 µm herstellbar

Tabelle W2 *Werkstoffe für Erder und ihre Mindestmaße bezüglich Korrosion und mechanischer Festigkeit*
Quelle: DIN V ENV 61024-1 (VDE V 0185 Teil 100):1996-08 [N30], Nationaler Anhang NC (informativ) Tabelle NC.3

Material	Querschnitt in mm²
Kupfer	16
Aluminium	25
Stahl	50

Tabelle W3 *Mindestmaße der Blitzschutz-Potentialausgleichsleitungen*
Quelle: DIN V ENV 61024-1 (VDE V 0185 Teil 100):1996-08 [N30], Nationaler Anhang NC (informativ) Tabelle NC.4

Wiederholungsprüfung → Zeitabstände zwischen den Wiederholungsprüfungen

Wirksamkeit eines Blitzschutzsystems (E) ist das Verhältnis der Anzahl der durchschnittlichen jährlichen Einschläge, welche in der durch ein Blitzschutzsystem geschützten baulichen Anlage keinen Schaden verursachen, zu der Gesamtzahl der Direkteinschläge in die bauliche Anlage, [N30] Abschnitt 1.2.20.

Wolke-Wolke-Blitz. Bei einem Wolke-Wolke-Blitz werden auf der Erde gefährliche Spiegelentladungen freigesetzt.

Z

Zeitabstände zwischen den Wiederholungsprüfungen von → Blitzschutzsystemen sind nicht einheitlich, sondern von der → Blitzschutzklasse abhängig. **Tabelle Z1** enthält die maximalen Zeitintervalle zwischen den Wiederholungsprüfungen eines Blitzschutzsystems, die nach DIN V VDEV 0185-110 (VDE 0185 Teil 110): 1997-01 [N39], Tabelle 1, gelten.

Blitzschutzklasse	Intervall zwischen den vollständigen Prüfungen	Intervall zwischen den Sichtprüfungen von baulichen Anlagen
I	2 Jahre	1 Jahr
II	4 Jahre	2 Jahre
III, IV	6 Jahre	3 Jahre

Tabelle Z1   *Zeitintervalle zwischen den Wiederholungsprüfungen eines Blitzschutzsystems*
Quelle: DIN V VDEV 0185-110 (VDE 0185 Teil 110): 1997-01 [N39], Tabelle 1

Alten Blitzschutzanlagen sind die Blitzschutzklassen nach DIN V ENV 61024-1 (VDE V 0185 Teil 100): 1996-08 [N30] zuzuordnen. Wenn andere Institutionen oder Vorschriften Prüffristen verlangen, die von der Tabelle Z1 abweichen, so sind immer die kürzesten Zeitabstände gültig. Prüffristen sind außer in den Normen auch in den Länderverordnungen, Baurichtlinien, technischen Regelwerken und in den Arbeitsschutzbestimmungen der Unfallverhütungsvorschriften angegeben.

Beispiel:
Die baulichen Anlagen einer Firma mit einem Blitzschutzsystem nach Blitzschutzklasse III müssen entsprechend der oben genannten Norm alle 6 Jahre vollständig überprüft werden. In den → Unfallverhütungsvorschriften für Elektrische Anlagen (die Normen der VDE 0185 gehören dazu) BGV A 2 (bisher VBG 4) ist jedoch vorgeschrieben, die elektrischen Anlagen mindestens alle 4 Jahre überprüfen zu lassen. Das bedeutet in diesem Fall: Das Blitzschutzsystem darf nicht erst nach 6 Jahren überprüft werden, sondern es muss bereits spätestens nach 4 Jahren kontrolliert werden.

Zündspannung

Zeitdienstanlagen (elektrische) → Datenverarbeitungsanlagen

Zündspannung von gasgefüllten Überspannungsableitern ist ein Zündspannungswert in Abhängigkeit der transienten Spannung und ihrer Anstiegsgeschwindigkeit. Eine langsam ansteigende Spannung erreicht die Ansprechspannungslinie bei tieferem Spannungspegel als schnelle Transienten, die erst bei höherem Spannungspegel die Ansprechspannung erreichen. Dadurch entsteht eine zeitabhängige Ansprechspannungslinie. Der zeitabhängige Effekt ist bei den gasgefüllten Überspannungsableitern bekannt. Daher kann der Schutzpegel bei ihnen nicht genau bestimmt werden (**Bild Z1**).

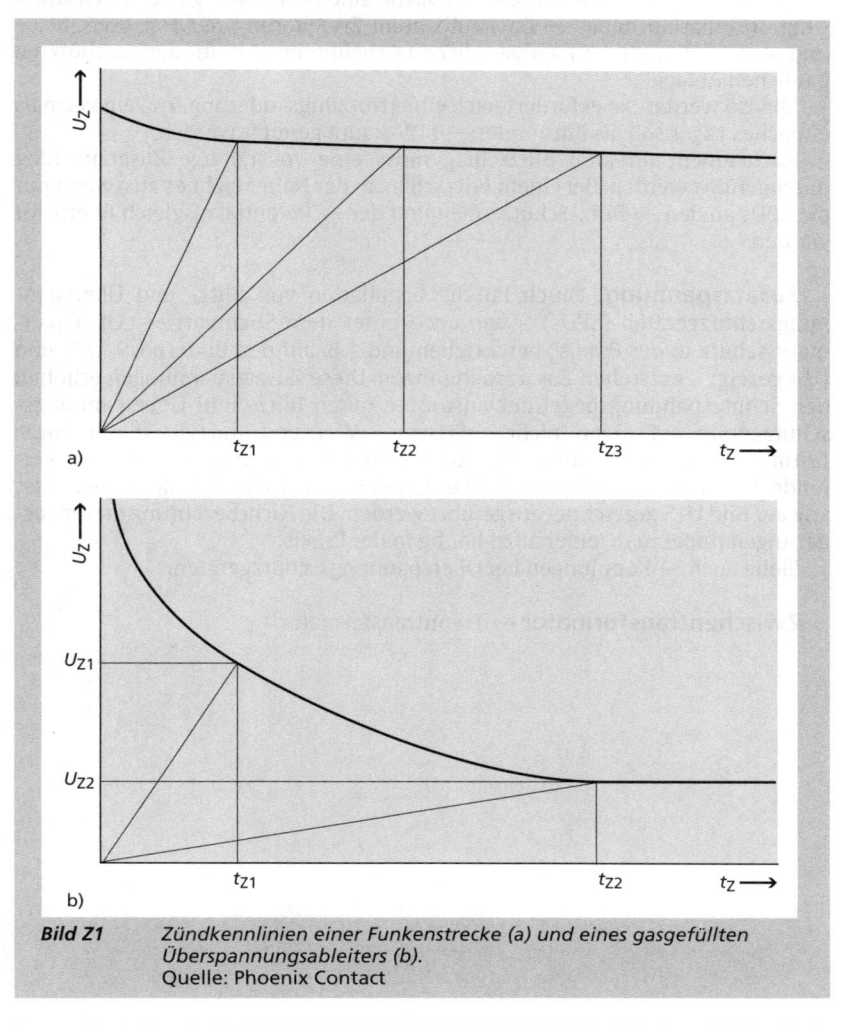

Bild Z1 Zündkennlinien einer Funkenstrecke (a) und eines gasgefüllten Überspannungsableiters (b).
Quelle: Phoenix Contact

Zusatzprüfung. (DIN V VDEV 0185-110 (VDE 0185 Teil 110): 1997-01, [N39], Abschnitt 3.5)
Bei Änderungen der baulichen Anlage, z. B. bei Nutzungsänderungen, Ergänzungen, Erweiterungen oder Reparaturen, muss immer eine Zusatzprüfung durchgeführt werden, ebenso auch nach jedem bekannt gewordenen Blitzschlag in die bauliche Anlage oder in die Nähe der Anlage. Die Zusatzprüfung kann im Extremfall alle Prüfmaßnahmen umfassen, die auch bei der Erstprüfung notwendig sind.

Beispiele:
Zusatzprüfungen oder nur ein Teil davon sind immer nötig nach Dachsanierung, Installation neuer → Dachaufbauten, Erweiterung der Heizungsanlage und auch nach anderen handwerklichen Arbeiten in oder auf der geschützten baulichen Anlage.

Ebenso werden sie gefordert nach einer Nutzungsänderung, z. B. ein vormals einfaches Lager soll als Büro- oder → EDV-Raum genutzt werden.

Nach einem direkten Blitzschlag muss eine vollständige Zusatzprüfung durchgeführt werden. Bei einem Blitzschlag in der Nähe reicht es aus, wenn nur die SPDs an den → Blitz-Schutzzonen und der → Potentialausgleich überprüft werden.

Zusatzspannung. Durch falsche Installation von Blitz- und Überspannungsschutzgeräten (SPDs) – wie auch unter dem Stichwort → „Überspannungsschutz in der Praxis" beschrieben und z. B. auf den Bildern Ü9, Ü13 und Ü14 gezeigt – entstehen Zusatzspannungen. Diese Zusatzspannungen erhöhen den Schutzspannungspegel der ansonsten guten Blitz- und Überspannungsschutzgeräte auf einen nicht zulässigen Wert und müssen durch kurze Leitungsführung oder alternativ durch Leitungsverlegung in → V-Form verhindert werden. Die Erdung der SPDs und der zu schützenden Elektronik muss wie auf Bild Ü15 gezeichnet ausgeführt werden. Die Nichtbeachtung dieser Forderungen findet man leider allzu häufig in der Praxis.

Siehe auch → Kopplungen bei Überspannungsschutzgeräten.

Zwischentransformator → Trenntransformator

Anhang-Prüfungsleitfaden

Prüfungsleitfaden Nr. .... **über das Blitzschutzsystem**

Allgemeiner Teil	Eigentümer	Errichter
Name:	....	....
Straße:	....	....
PLZ, Ort:	....	
Baujahr:		....

Angaben zur baulichen Anlage

Standort: ....
Bauliche Anlage: ....
Straße: ....
Nutzung: ....
Bauart: ....
Höhe/Geschosse: ....
Art der Dacheindeckung: ....
Dachform und Dachneigung: ....
Art der Dachkonstruktion: ....
Aufbauten auf dem Dach mit
leitfähiger Verbindung nach innen: ....
Elektrische Anlagen außerhalb
der Gebäude: ....
Blitzschutzklasse: ☐ I   ☐ II   ☐ III   ☐ IV

Grundlagen der Prüfung

DIN VDE 0185		☐ Teil 1	☐ Teil 2	☐ Teil 100	☐ Teil 103
DIN VDE 0100		☐ Teil 410	☐ Teil 540	☐ Teil 534	☐ ....
DIN VDE 0800		☐ Teil 1	☐ Teil 2	☐ Teil 10	☐ ....
DIN 18014	☐	DIN VDE 0101	☐	DIN VDE 0141	☐
DIN VDE 0165	☐	DIN VDE 0845	☐	DIN VDE 0855	☐
VOB/B	☐	....	☐	....	☐
....	☐	....	☐	....	☐

Kontrolle der technischen Unterlagen:	vorgelegt		vollständig	
	Ja	Nein	Ja	Nein
Projekt:	☐	☐	☐	☐
Gebäude-Beschreibung:	☐	☐	☐	☐
Zeichnungen:	☐	☐	☐	☐
Ermittlung der Blitzschutzklasse	☐	☐	☐	☐
Vorheriger Prüfbericht:	☐	☐	☐	☐

Art der Prüfung

Prüfung der Planung	☐	Abnahme-Prüfung	☐
Zusatzprüfung	☐	Baubegleitende Prüfung	☐
Wiederholungsprüfung	☐	Sichtprüfung	☐

Leitfaden für den Prüfbericht Nr. .... Seite 1

Anhang-Prüfungsleitfaden

Erdungsanlage	ja	nein	VDE-gerecht ja	nein	Notiz:
Fundamenterder (Anordnung Typ B)	☐	☐	☐	☐	....
Ringerder (Anordnung Typ B)	☐	☐	☐	☐	....
Tiefenerder (Anordnung Typ A)	☐	☐	☐	☐	....
Strahlenerder (Anordnung Typ A)	☐	☐	☐	☐	....
Sonstige Erder	☐	☐	☐	☐	....
Unbekannte Erder	☐	☐			....
Material / Abmessung	☐	☐	☐	☐	
Sind Erder des Typs A miteinander verbunden	☐	☐	☐	☐	....
Ist die Erdungsanlage ausreichend groß?					
- bei Typ A (Einzelerder) die Länge oder Tiefe	☐	☐	☐	☐	....
- bei Erdungsanlage nach DIN VDE 0185 T.100					
der Blitz-Schutzklassen I und II (mittlerer Radius)	☐	☐	☐	☐	....
- sind zusätzliche Strahlen					
oder Vertikalerder installiert	☐	☐	☐	☐	....
Erdeinführung 16 mm	☐	☐	☐	☐	....
30 x 3,5 mm	☐	☐	☐	☐	....
....	☐	☐	☐	☐	....
Anschlussfahnen auf dem Dach	☐	☐	☐	☐	....
....	☐	☐	☐	☐	....
Material FeZn	☐	☐	☐	☐	
V4A-W.-Nr. 1.4571	☐	☐	☐	☐	....
Kupfer	☐	☐	☐	☐	
....	☐	☐	☐	☐	....
Korrosionsschutzmaßnahmen	☐	☐	☐	☐	....
Die Erdungsanlage ist mit Erdungsanlagen					
benachbarter Gebäude verbunden.	☐	☐	☐	☐	....
dito durch Maschenerdungsnetz verbunden?	☐	☐	☐	☐	....
....	☐	☐	☐	☐	....
Wurde das Ausmaß der Korrosionswirkungen durch					
Probegrabungen kontrolliert?	☐	☐	☐	☐	....

Notizen:

Leitfaden für den Prüfbericht Nr. .... Seite 2

Anhang-Prüfungsleitfaden

Ableitungen	ja	nein	VDE-gerecht ja	nein	Notiz:
Ableitungen erforderlich / vorhanden	..../....		☐	☐	....
dito Innenhof	..../....		☐	☐	....
dito Ringleiter	..../....		☐	☐	....
Material / Abmessungen..			☐	☐	....
....			☐	☐	....
Verlegart: - innenliegend	☐	☐	☐	☐	....
- an der Wand	☐	☐	☐	☐	....
- hinter Klinker	☐	☐	☐	☐	....
- hinter Fassade	☐	☐	☐	☐	....
- am Fallrohr	☐	☐	☐	☐	....
„Hilfserder" (z.B. Fallrohr-Anschluss)	☐	☐	☐	☐	....
Direkte Fortsetzung der Fangleitungen?	☐	☐	☐	☐	....
Getrennte Ableitungen	☐	☐	☐	☐	....
Abstand von brennbaren Materialen	☐	☐	☐	☐	....
Ableitungen nahe der Erdoberfläche verbunden	☐	☐	☐	☐	....
Metallfassade, Regenfallrohre oder andere senkrechte Teile unten geerdet oder mit dem Potentialausgleich verbunden.	☐	☐	☐	☐	....
Benachbarte Einrichtungen angeschlossen	☐	☐	☐	☐	....
Natürliche Bestandteile als Ableitungen benutzt?					
....	☐	☐	☐	☐	....
....	☐	☐	☐	☐	....
Sichtbare Näherungen?	☐	☐		☐	....

Notizen:

Leitfaden für den Prüfbericht Nr. .... Seite 3

Anhang-Prüfungsleitfaden

Fangeinrichtung	ja	nein	VDE-gerecht ja	nein	Notiz:
Maschenart .... x .... Meter	☐	☐	☐	☐	....
Kein Punkt auf dem Dach					
mit Abstand > 5 m (VDE 0185 Teil 1)	☐	☐	☐	☐	....
mit Fangstange	☐	☐	☐	☐	....
mit Fangleitung	☐	☐	☐	☐	....
mit isolierter Fangeinrichtung	☐	☐	☐	☐	....
Unterdachanlage	☐	☐	☐	☐	....
- Fangspitzen alle 5 m?	☐	☐	☐	☐	....
....					
Material / Abmessungen..			☐	☐	....
			☐	☐	
Elektrische Installationen auf dem Dach ?	☐	☐	☐	☐	....
sind direkt angeschlossen	☐	☐		☐	....
sind über Trennfunkenstrecke angeschlossen	☐	☐		☐	....
sind im Schutzbereich BSZ O_B	☐	☐	☐	☐	....
Sind alle bevorzugten Einschlagstellen geschützt?	☐	☐	☐	☐	....
Sind alle Dachaufbauten geschützt?	☐	☐	☐	☐	....
Sind alle metallischen Einrichtungen geschützt?	☐	☐	☐	☐	....
Sichtbare Näherungen?	☐	☐		☐	....

Notizen:

Anhang-Prüfungsleitfaden

Messungen Erdungsanlage				VDE-gerecht		
		ja	nein	ja	nein	Notiz:
Anzahl der Trennstellen		......./.......		☐	☐	
Anordnung: Erdbereich		☐	☐	☐	☐	
Erdeinführung		☐	☐	☐	☐	
hinter Klinker		☐	☐	☐	☐	
Dach		☐	☐	☐	☐	
Messstellenkennzeichnung vorhanden		☐	☐	☐	☐	
Trennstelle Nr.:						
Erdung / Ableitung Erdung / Ableitung Erdung / Ableitung						
1= ..../........ 2= ..../........ 3= ..../........				☐	☐	
4= ..../........ 5= ..../........ 6= ..../........				☐	☐	
7= ..../........ 8= ..../........ 9= ..../........				☐	☐	
10= ..../........ 11= ..../........ 12= ..../........				☐	☐	
13= ..../........ 14= ..../........ 15= ..../........				☐	☐	
16= ..../........ 17= ..../........ 18= ..../........				☐	☐	
19= ..../........ 20= ..../........ 21= ..../........				☐	☐	
Erdungswiderstand			........Ω	☐	☐	
Gesamt-Erdungswiderstand			........Ω	☐	☐	
Spezifischer Bodenwiderstand			........Ω			
Bodenzustand			....			
Messgerätetyp		Messverfahren				

Messungen Potentialausgleich			VDE-gerecht		
	ja	nein	ja	nein	Notiz:
Wurde alles in den Potentialausgleich einbezogenen Einrichtungen gemessen?	☐	☐	☐	☐	
Wenn nein, welche nicht ?..........................	☐	☐	☐	☐	
Wurde ein Widerstand über 1 Ω gemessen?	☐	☐	☐	☐	
Messgerätetyp	Messverfahren				
Wurden Ausgleichsströme in Potentialausgleichsleitungen gemessen?	☐	☐	☐	☐	
Handelt es sich um Netzrückwirkungen ?	☐	☐	☐	☐	
Strom THD-Werte............................			☐	☐	
Spannung THD-Werte..........................			☐	☐	
Messgerätetyp	Messverfahren				

Messungen Schirmung [1]		entspricht Spezifikation		
		ja	nein	Notiz
Dämpfung der Zone 0/1 1m von der Wand	............dB.	☐	☐	
Dämpfung der Zone 1/2 1m von der Wand	............dB.	☐	☐	
Messgerätetyp	Messverfahren			

[1] Schirmungsmaßnahmen sind in diesem Leitfaden wegen der großen Anzahl verschiedener Ausführungsarten nicht detailliert beschrieben.

Notizen:

Leitfaden für den Prüfbericht Nr. .... Seite 5

Anhang-Prüfungsleitfaden

Blitzschutzpotentialausgleich und Potentialausgleichnetzwerk	ja	nein	VDE-gerecht ja	nein	Notiz:
Blitzschutzpotentialausgleich vorhanden:					
in Hauptanschlussraum	☐	☐	☐	☐	....
Alle Eintritt- und „Austrittstellen" (0/1)					
miteinander verbunden	☐	☐	☐	☐	....
Leitungsquerschnitt	∅..........		☐	☐	....
Blitzschutzpotentialausgleich zusätzlich					
in Höhe.................m	☐	☐	☐	☐	....
Potentialausgleichnetzwerk kombiniert ausgeführt	☐	☐	☐	☐	....
- nur maschenförmig	☐	☐	☐	☐	....
- nur sternförmig	☐	☐	☐	☐	....
Bei sternförmigem Potentialausgleichnetzwerk					
- Geräte gegenseitig isoliert ?	☐	☐	☐	☐	....
Bemerkung:					

Detaillierte Beschreibung von Einrichtungen in der überprüften Anlage:

	unbekannt	vorhanden ja	nein	einbezogen ja	nein	VDE-gerecht ja	nein	Notiz:
Äußerer Blitzschutz		☐	☐	☐	☐	☐	☐	....
Fundamenterder	☐	☐	☐	☐	☐	☐	☐	....
Äußere Erdungsanlage	☐	☐	☐	☐	☐	☐	☐	....
Erder der Energieversorgung	☐	☐	☐	☐	☐	☐	☐	....
PEN/PE-Leiter	☐	☐	☐	☐	☐	☐	☐	....
Wasserleitung	☐	☐	☐	☐	☐	☐	☐	....
Heizungsanlage	☐	☐	☐	☐	☐	☐	☐	....
Metalleinsätze in Schornsteinen	☐	☐	☐	☐	☐	☐	☐	....
Antennenerdung	☐	☐	☐	☐	☐	☐	☐	....
Fernmeldeanlage	☐	☐	☐	☐	☐	☐	☐	....
Breitbandkabel	☐	☐	☐	☐	☐	☐	☐	....
Gasanlage	☐	☐	☐	☐	☐	☐	☐	....
Ölanlage	☐	☐	☐	☐	☐	☐	☐	....
Klimaanlage	☐	☐	☐	☐	☐	☐	☐	....
Stoßstellen überbrückt	☐	☐	☐	☐	☐	☐	☐	....
Gebäudefugen überbrückt	☐	☐	☐	☐	☐	☐	☐	....
Aufzüge oben und unten	☐	☐	☐	☐	☐	☐	☐	....
Metallfassaden	☐	☐	☐	☐	☐	☐	☐	....
Bewehrung	☐	☐	☐	☐	☐	☐	☐	....
Schirmung:								
BSZ 0_A/1	☐	☐	☐	☐	☐	☐	☐	....
BSZ 1/2	☐	☐	☐	☐	☐	☐	☐	....
BSZ 2/3	☐	☐	☐	☐	☐	☐	☐	....
EDV-Raum	☐	☐	☐	☐	☐	☐	☐	....
Kabelkanäle	☐	☐	☐	☐	☐	☐	☐	....
Kabelschirme beidseitig geerdet	☐	☐	☐	☐	☐	☐	☐	....
Innere Kabelschirme	☐	☐	☐	☐	☐	☐	☐	....
Trennfunkenstrecke/n ist/sind eingebaut :........................						☐	☐	....

Notizen:

Anhang-Prüfungsleitfaden

Überspannungsschutz:
Einspeisung, Hauptstromversorgung:
TN-C-System ☐   TN-C-S-System ☐   TN-S-System ☐
TT-System ☐   IT-System ☐   Trenntransformator ☐

Blitz- und Überspannungsschutzgeräte sind in folgenden Zonen eingebaut:

Überspannungsschutz- Anforderungsklasse	Zone 0_A/1 B C D	Zone 0_B/1 B C D	Zone 1/2 C D	Zone 2/3 C D	VDE-gerecht ja nein
Elektroanlage	☐ ☐ ☐	☐ ☐ ☐	☐ ☐	☐ ☐	☐ ☐
RCD (FI-Schalter)	☐	☐	☐	☐	☐ ☐
Außenbeleuchtung	☐ ☐ ☐	☐ ☐ ☐	☐ ☐	☐ ☐	☐ ☐
Klimaanlage(Rückkühlgeräte)	☐ ☐ ☐	☐ ☐ ☐	☐ ☐	☐ ☐	☐ ☐
Notstrom	☐ ☐ ☐	☐ ☐ ☐	☐ ☐	☐ ☐	☐ ☐
....	☐ ☐ ☐	☐ ☐ ☐	☐ ☐	☐ ☐	☐ ☐
....	☐ ☐ ☐	☐ ☐ ☐	☐ ☐	☐ ☐	☐ ☐

Blitz- und Überspannungsschutzgeräte sind in folgenden Zonen eingebaut:

Überspannungsschutz und Koordinations-Kennzeichen KK	Zone 0_A/1 B XX X	Zone 0_B/1 C XX X	Zone 1/2 C D XX X	Zone 2/3 C D XX X	VDE-gerecht ja nein
Fernmeldeanlage	☐ ☐	☐ ☐	☐ ☐ ☐ ☐	☐ ☐ ☐ ☐	☐ ☐
Alarmanlage	☐ ☐	☐ ☐ ☐	☐ ☐ ☐ ☐	☐ ☐ ☐ ☐	☐ ☐
Brandmeldeanlagen	☐ ☐	☐ ☐ ☐	☐ ☐ ☐ ☐	☐ ☐ ☐ ☐	☐ ☐
EDV-Raum	☐ ☐	☐ ☐	☐ ☐ ☐ ☐	☐ ☐ ☐ ☐	☐ ☐
MSR	☐ ☐	☐ ☐ ☐	☐ ☐ ☐ ☐	☐ ☐ ☐ ☐	☐ ☐
Videoanlage	☐ ☐	☐ ☐ ☐	☐ ☐ ☐ ☐	☐ ☐ ☐ ☐	☐ ☐
EIB-Anlage	☐ ☐	☐ ☐ ☐	☐ ☐ ☐ ☐	☐ ☐ ☐ ☐	☐ ☐
BUS-Technik	☐ ☐	☐ ☐ ☐	☐ ☐ ☐ ☐	☐ ☐ ☐ ☐	☐ ☐
USV	☐ ☐	☐ ☐	☐ ☐ ☐ ☐	☐ ☐ ☐ ☐	☐ ☐
....	☐ ☐	☐ ☐ ☐	☐ ☐ ☐ ☐	☐ ☐ ☐ ☐	☐ ☐
....	☐ ☐	☐ ☐ ☐	☐ ☐ ☐ ☐	☐ ☐ ☐ ☐	☐ ☐

Installation der Blitz- und Überspannungsschutzgeräte

	Ja	nein	VDE-gerecht ja	nein	Notiz:
Elektro- und Erdungsanschlüsse < 0,5 m	☐	☐	☐	☐	....
- oder V-Ausführung	☐	☐	☐	☐	....
Bemerkung					
Können gefährliche Kopplungen entstehen?	☐	☐	☐	☐	....
Bemerkung					
Geschütze und ungeschützte Seiten getrennt,	☐	☐	☐	☐	....
- oder abgeschirmt	☐	☐	☐	☐	....
Bemerkung					
Überspannungsschutzgeräte überprüft (gemessen)	☐	☐	☐	☐	....
Bemerkung					

Notizen:

Anhang-Prüfungsleitfaden

Näherungen, Sicherheitsabstand	ja	nein	VDE-gerecht ja	nein	Notiz:
Muss Sicherheitsabstand beachtet werden? Wenn nein, dann nur die erste Frage beantworten. Sichtbare Einrichtungen auf dem Dach und an den Wänden in der Nähe des äußeren Blitzschutzes und in Nähe „natürlicher" Bestandteile der Blitzschutzanlage. Ist der Abstand ≥ Sicherheitsabstand s?	☐ ☐	☐ ☐	☐	☐	....
Weiter nur für nicht Blech- oder Stahlbetonbauten: Sichtbare Einrichtungen unter dem Dach unterhalb der Fangeinrichtung. Trennungsabstand ≥ Sicherheitsabstand?	☐ ☐	☐ ☐	☐	☐	....
Vermutete oder bekannte Einrichtungen in Wänden und Decken in der Nähe des äußeren Blitzschutzes und in der Nähe der „natürlichen" Bestandteile unterhalb des Putzes oder in Höhen, wo die Wandbreite kleiner als der Sicherheitsabstand s ist. Ist der Trennungsabstand ≥ Sicherheitsabstand?	☐ ☐	☐ ☐	☐	☐	....
Nicht sichtbare Einrichtungen in Wänden und Decken in der Nähe des äußeren Blitzschutzes mit Hilfe von Metallsuchgeräten oder anderen Messgeräten nachgewiesen? Ist der Trennungsabstand ≥ Sicherheitsabstand?	☐ ☐	☐ ☐	☐	☐	....
Sind alle Maßnahmen zur Beseitigung der Näherungen ordnungsgemäß durchgeführt?	☐	☐	☐	☐	....

Ab welcher Anlagehöhe ist die Wanddicke kleiner
als der Sicherheitsabstand s ?   Ableitung Nr.:/ Höhe in m ..../..............
Ableitung Nr.:/ Höhe in m ..../..............   Ableitung Nr.:/ Höhe in m ..../..............
Ableitung Nr.:/ Höhe in m ..../..............   Ableitung Nr.:/ Höhe in m ..../..............
Notizen:

Leitfaden für den Prüfbericht Nr. .... Seite 8

Anhang-Prüfungsleitfaden

Prüfergebnis	ja	nein	VDE-gerecht ja	nein
Änderungen der bauliche Anlage (siehe unten)	☐	☐		
Änderungen der Blitzschutzanlage (siehe unten)	☐	☐	☐	☐
Festgestellte Mängel (siehe unten)	☐	☐		☐

Festgestellte Änderungen der baulichen Anlage:

Festgestellte Änderungen der Blitzschutzanlage:

Festgestellte Mängel:

Nächste Prüfung: ichtprüfung .... Vollständige Prüfung ....
Der Prüfbericht enthält: ....Seiten .... Anlagen ....Zeichnungen

| Ort | Datum | Firma | Prüfer | Stempel |

Leitfaden für den Prüfbericht Nr. .... Seite 9

de-FACHWISSEN
Die Buchreihe für Elektrohandwerker, Elektroplaner und Gebäudetechniker

Die praxisnahe Projektierungshilfe für Niederspannungsanlagen

Die Autoren vermitteln Ihnen mit diesem Werk das gesamte Fachwissen, das für die Planung funktionell einwandfreier und vor allem sicherer Elektroanlagen notwendig ist. Folgende Themenbereiche werden behandelt: Transformatoren, Asynchronmotor, Notstromaggregate, Schutzeinrichtungen, Selektivität u. Back-up-Schutz, Schaltgerätekombinationen, Strombelastbarkeit, Kurzschlußströme, Spannungsfall, Blindstromkompensation, Beleuchtungsanlagen, Blitzschutzanlagen.

50 Berechnungsbeispiele dienen der praxisnahen Umsetzung der Sachverhalte. Die beiliegende CD enthält Software zur Kurzschlußstromberechnung, zur Planung von Überspannungskonzepten, zur Dimensionierung und Berechnung von Motoranläufen, zur Verteilerplanung, zur Berechnung von Beleuchtungsanlagen und zur Planung von Blindstromkompensationsanlagen.

Ismail Kasikci
Projektierung von Niederspannungsanlagen
Betriebsmittel, Vorschriften, Praxisbeispiele, Softwareanwendung

2000. XXVIII, 476 Seiten.
Mit CD-ROM. Kart.
DM 98,– öS 715,–
sFr 89,–
ISBN 3-8101-0131-1

HÜTHIG & PFLAUM
VERLAG

Postfach 10 28 69, D-69018 Heidelberg, Tel. 0 62 21/4 89-3 84, Fax 0 62 21/4 89-4 43,
e-mail: h&p-kundenservice@huethig.de, Internet: http://www.online-de.de

Worauf Sie sich absolut verlassen können

Blitz- und Überspannungsschutz-Systeme von OBO

VERBINDUNGS-SYSTEME
BEFESTIGUNGS-SYSTEME
SCHRAUB- & SCHLAGSYSTEME
BLITZSCHUTZ-SYSTEME
ÜBERSPANNUNGSSCHUTZ-SYSTEME
KABELTRAG-SYSTEME
BRANDSCHUTZ-SYSTEME
FUNKTIONSERHALT-SYSTEME
LEITUNGSFÜHRUNGS-SYSTEME
GERÄTEEINBAUKANAL-SYSTEME
UNTERFLUR-SYSTEME
SANITÄRSCHELLEN

5 YEARS PRODUCT GUARANTEE

OBO bietet geprüfte Blitzschutzauteile an.

Perfekt aufeinander abgestimmte Systemkomponenten äußere Blitzschutzbauteile - Netzgrundschutz- und Datenleitungsschutz-Geräte kennzeichnen das abgestimmte OBO Schutzzonenkonzept, auf das Sie sich absolut verlassen können.

Fordern Sie unser Informationspaket an und entscheiden Sie sich für OBO Blitz- und Überspannungsschutz.

OBO. Damit arbeiten Profis.

E-CHECK Partner-Unternehmen

OBO BETTERMANN

OBO BETTERMANN GmbH & Co.
Postfach 1120 · D-58694 Menden · Telefon 02373/89-0
Telefax 02373/89-238 · www.obo.de · E-Mail: info@obo.de

Gebündeltes Fachwissen
kompetent aus einer Hand

de – die Zeitschrift bietet 22 mal im Jahr fundiertes, technisches Fachwissen, topaktuelle Meldungen und Trends aus der Branche sowie direkt umsetzbare Tipps.

Organ des ZVEH und aller Landesinnungsverbände

de – der umfangreiche Rundumservice für Elektrofachleute:
- Fachbücher
- Handliche Broschüren
- Sonderhefte
- CD-ROMs
- Internetangebote
- Messeveranstaltungen

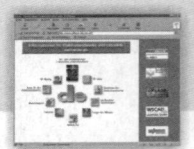

www.online-de.de

Informationen und kostenlose Probehefte bei:
Hüthig & Pflaum Verlag, Postfach 10 28 69, 69018 Heidelberg, Tel. 06221/489-384,
Fax 06221/489-443, E-mail: h&p-kundenservice@huethig.de

de-FACHWISSEN

Erfolg mit neuen Geschäftsfeldern

Markus Mayer/Harald Zisler
Glasfasernetzwerke in der Praxis
Planung, Beschaffung, Installation
2000. 127 Seiten. Kartoniert.
DM 48,– öS 350,– sFr 44,50
ISBN 3-8101-0135-4

In diesem Buch finden Sie alle Informationen, die für die fachgerechte Installation von Glasfasernetzen notwendig sind. Dazu gehören die Eigenschaften der Glasfaserkabel, zugehörige Endgeräte, spezielle Werkzeuge und Messgeräte, die Qualitätskontrolle nach der Errichtung, aber auch die Fehlersuche. Schritt für Schritt werden alle Teilvorgänge der Installation beschrieben und durch zahlreiche Abbildungen dokumentiert. Ein Glossar am Ende des Bandes erläutert noch einmal alle Fachbegriffe.

HÜTHIG & PFLAUM
V E R L A G

Postfach 10 28 69, D-69018 Heidelberg
Tel. 0 62 21/4 89-3 84, Fax 0 62 21/4 89-4 43
e-mail: h&p-kundenservice@huethig.de
Internet: http://www.online-de.de

LEUTRON

schützt Sie vor Überspannungen

PowerPro-B-Tr/50KA/PK

- Blitzstromableiter auf Funkenstreckenbasis mit Edelgasfüllung
- Blitzprüfstrom 50 kA (10/350 µs)
- Bis 4 kA (50Hz) selbstlöschend
- Keine Ausblasöffnung, daher kein Sicherheitsabstand und keine Druckausgleichsventile nötig
- Hoher Isolationswiderstand $R_{ISOL} > 10^{10}\,\Omega$
- Optional mit Fernmeldekontakt

Bitte fordern Sie nähere Info's an:
**Leutron GmbH
Überspannungsschutz**
Humboldtstr. 30
D-70771 Leinfelden-Echterdingen

Telefon +49-(0)7 11/9 47 71-0
Fax +49-(0)7 11/9 47 71-70
eMail info@leutron.de
Internet www.leutron.de

CITEL

Heinrichstraße 169
40239 Düsseldorf
Tel.: 02 11 / 96 13 70
Fax: 02 11 / 63 11 91
www.citel.de
citel_gmbh@t-online.de

Das passt!
Überspannungsschutz von CITEL

- abgestufte Schutzreihe (B,C,D)
- leicht montierbar durch bipolare Klemmen
- kostengünstig: Bestellung direkt beim Hersteller

Bestellen Sie jetzt direkt bei CITEL Tel. 02 11 / 96 13 70

CITEL

Heinrichstraße 169
40239 Düsseldorf
Tel.: 02 11/ 96 13 70
Fax: 02 11/ 63 11 91
www.citel.de
citel_gmbh@t-online.de

Einer für alle.
Überspannungsschutz von CITEL

DS 150E

- platzsparend: alle drei Schutzstufen in einem Gehäuse
- preisgünstiger: keine Kopplung zwischen den Stufen notwendig

Bestellen Sie jetzt direkt bei CITEL Tel. 02 11/ 96 13 70

de-FACHWISSEN
Die Buchreihe für Elektrohandwerker, Elektroplaner und Gebäudetechniker

Kompendium zur Hausgerätetechnik

Mehr als 300 Millionen elektrische Haushaltsgeräte in den bundesdeutschen Haushalten eröffnen den Elektrohandwerkern und Service-Technikern ein vielfältiges und attraktives Geschäftsfeld. Mit diesem Buch wird erstmalig in Deutschland ein umfassendes Praxiswerk zum Hausgeräteservice angeboten. Verfaßt von einem langjährig erfahrenen Serviceleiter, erhalten Sie eine detaillierte technische Beschreibung aller elektrischen Hausgeräte von den Grundlagen über die verwendeten Bauelemente und Bauteile bis hin zu den Steuerungskonzepten sowie der Meß- und Prüftechnik. Ausgehend von diesen Aspekten werden die Spezifika der einzelnen Geräteklassen aus der Sicht des Service-Technikers beschrieben und eingehend die praktischen Vorgehensweisen bei Fehlersuche und Fehlerbeseitigung behandelt.

Der Sicherheit elektrischer Haushaltsgeräte wird entsprechend ihrer Bedeutung ein separater Abschnitt gewidmet. Er umfaßt u.a. die Prüfung der Schutzmaßnahmen sowie die Erläuterung der verschiedenen Schutzklassen, Schutzarten und Prüfzeichen.

Informationen zu Entwicklungstendenzen auf dem Hausgerätesektor und Detailwissen für die Kundenberatung runden dieses Werk ab.

Günter E. Wegner
Elektrische Haushaltsgeräte
Techik und Service
2000. 611 Seiten.
Kartoniert.
DM 98,- öS 715,-
sFr 89,-
ISBN 3-8101-0129-X

HÜTHIG & PFLAUM
VERLAG

Postfach 10 28 69, D-69018 Heidelberg, Tel. 06221/489-384, Fax 06221/489-443,
e-mail: h&p-kundenservice@huethig.de, Internet: http://www.online-de.de

de-FACHWISSEN

Explosion – nein danke!

Heinz Olenik u.a.
Elektroinstallation und Betriebsmittel in explosionsgefährdeten Bereichen
2000. 331 Seiten. Kartoniert.
DM 68,– öS 496,– sFr 61,50
ISBN 3-8101-0130-3

Alle wichtigen Aspekte der Installation elektrischer Anlagen unter den Bedingungen des Explosionsschutzes werden in diesem Buch behandelt. Ausgehend von den physikalisch-chemischen Grundlagen erhalten Sie einen Überblick über die geltenden Gesetze, Verordnungen, Richtlinien und Normen. Darauf aufbauend folgen Erläuterungen zu den explosionsgeschützten Betriebsmitteln, zu ihrer Auswahl sowie zur Errichtung der Gesamtinstallation. Ausführungen zur sachgerechten Instandhaltung, zum Betrieb und zur Prüfung derartiger Anlagen runden dieses praxisrelevante Werk ab.

HÜTHIG & PFLAUM
VERLAG

Postfach 10 28 69, D-69018 Heidelberg
Tel. 0 62 21/4 89 - 3 84, Fax 0 62 21/4 89 - 4 43
e-mail: h&p-kundenservice@huethig.de
Internet: http://www.online-de.de

Umfassender Überspannungsschutz für Geräte und Anlagen heißt TRABTECH...

...-z.B. TRABTECH PLUGTRAB PT2PE/S... schienenmontabler, steckbarer Geräteschutz mit optischer Defektanzeige, Fernmeldekontakt und leistungsstarker Schutzschaltung.

Fordern Sie unseren 161 Seiten starken Produktkatalog an.

PHOENIX CONTACT
INNOVATION IN INTERFACE

Phoenix Contact GmbH & Co. · 32823 Blomberg
Telefon 0 52 35/34 02 22 · Telefax 0 52 35/31 20 99
http://www.phoenixcontact.com

In der Reihe „de-FACHWISSEN" erscheinen in Kürze:

Schmolke
Brandschutz in elektrischen Anlagen
Praxishandbuch für Planung, Errichtung, Prüfung und Betrieb

Sandner
Netzgekoppelte Photovoltaikanlagen
Planung, Errichtung und Verkauf für den Handwerksprofi

Stock, Haape, Littwin
Praktische Gebäudeautomation mit LON
Grundlagen, Installation, Bedienung

Diese Bücher erhalten Sie in jeder guten Buchhandlung, aber auch direkt beim Verlag.

Hüthig & Pflaum Verlag
Telefon   06221/489-384
Telefax   06221/489-443
E-Mail   h&p-kundenservice@huethig.de
Internet www.online-de.de